环境保护与污染防治研究

李金娟　司　晗　王学华　主编

吉林科学技术出版社

图书在版编目（CIP）数据

环境保护与污染防治研究 / 李金娟，司晗，王学华
主编 . -- 长春：吉林科学技术出版社，2024.3
ISBN 978-7-5744-1199-9

Ⅰ.①环… Ⅱ.①李… ②司… ③王… Ⅲ.①环境保
护—研究②环境污染—污染防治—研究 Ⅳ.① X

中国国家版本馆 CIP 数据核字 (2024) 第 066038 号

环境保护与污染防治研究

主　　编　李金娟　司　晗　王学华
出 版 人　宛　霞
责任编辑　高千卉
封面设计　古　利
制　　版　古　利
幅面尺寸　185mm×260mm
开　　本　16
字　　数　280 千字
印　　张　18.625
印　　数　1~1500 册
版　　次　2024年 3 月第1 版
印　　次　2024年10月第1次印刷

出　　版　吉林科学技术出版社
发　　行　吉林科学技术出版社
地　　址　长春市福祉大路5788 号出版大厦A 座
邮　　编　130118
发行部电话/传真　0431-81629529 81629530 81629531
　　　　　　　　　　81629532 81629533 81629534
储运部电话　0431-86059116
编辑部电话　0431-81629510
印　　刷　廊坊市印艺阁数字科技有限公司

书　　号　ISBN 978-7-5744-1199-9
定　　价　90.00元

编委会

主　编

李金娟（潍坊市青州生态环境监控中心）

司　晗（河南省许昌生态环境监测中心）

王学华（河北省承德市生态环境局滦平县分局）

副主编

肖　肖（江苏省淮安市涟水生态环境局）

周　涛（新疆维吾尔自治区乌鲁木齐生态环境监测站）

董亚萍（生态环境部太湖流域东海海域生态监督管理局
　　　　监测科研中心）

刘露云（攀枝花市盐边生态环境监测站）

孙雪倩（攀枝花市米易生态环境局）

蒋明伟（宿迁市沭阳生态环境局）

前言

QIANYAN

随着现代社会的快速发展，我国的工业化、城镇化持续推进，人们的生活水平也不断提升。但随之也衍生了一系列问题，如汽车尾气、工业废气等大量污染物的产生，导致雾霾、酸雨、温室效应、臭氧空洞等环境问题日益加剧。基于此，研究污染防治与环境监测尤为重要，整治环境污染迫在眉睫。保护和改善生态环境，实现人类社会的可持续发展，是全人类紧迫而艰巨的任务。因此，环境保护与实现可持续发展，是一个一而二，二而一的任务。保护环境是实现可持续发展的前提，只有实现了可持续发展，生态环境才能真正得到有效的保护。保护生态环境，确保人与自然的和谐，既是经济能够得到进一步发展的前提，也是人类文明得以延续的保证。

本书首先从环境统计体系入手，对环境统计核算方法与分类编码、环境经济分析，进行了分析研究；其次对环境监测、土壤质量及评价、土壤环境监测质量管理进行研究，对水、废水监测、大气与废气监测，污泥、污水的厌氧生物处理进行了探讨；最后对农村水环境生态治理模式进行了探讨。本书论述严谨，结构合理，条理清晰，内容丰富新颖，具有前瞻性。希望可以为从事相关工作人员提供参考。

本书共九章，其中第一主编李金娟（潍坊市青州生态环境监控中心）负责第一章至第三章内容编写，计10万字；第二主编司晗（河南省许昌生态环境监测中心）负责第四章至第六章内容编写，计8万字；第三主编王学华（河北省承德市生态环境局滦平县分局）负责第七章至第九章内容编写，计10万字。副主编肖肖（江苏省淮安市涟水生态环境局）、周涛（新疆维吾尔自治区乌鲁木齐生态环境监测站）、董亚萍（生态环境部太湖流域东海海域生态监督管理局监测科研中心）、刘露云（攀枝花市盐边生态环境监测站）、孙雪倩（攀枝花市米易生态环境局）、蒋明伟（宿迁市沭阳生态环境局）负责全书统稿工作。

为了确保研究内容的丰富性和多样性，在写作过程中参考了大量理论与研究文献，在此向涉及的专家学者表示衷心的感谢。最后，限于作者水平不足，加之时间仓促，本书难免存在一些疏漏，恳请同行专家和读者朋友批评指正！

前言

目录
MULU

第一章　环境统计体系

第一节　环境统计体系概述

一、环境统计

(一) 环境统计概念

"统计"一词起源于国情调查，一般包括统计理论、统计工作和统计数据。实践中，政府统计是政府通过设置统计机构与配置相应的统计工作人员，从事国家及社会所需的社会经济统计资料的收集、整理、汇总、分析、公布的全过程。

我国政府统计分为政府综合统计和部门统计。

环境是指影响人类生存和发展的各种天然的、经过人工改造的自然因素的总体，包括大气、水、海洋、土地、矿藏、森林、草原、野生生物、自然遗迹、人文遗迹、自然保护区、风景名胜区、城市和乡村等。概括地讲，环境是由大气圈、水圈和土壤各圈层的自然环境与以生物圈为代表的生态环境共同构成的物质世界——自然界，包括自然界产生的和人类活动排放的各种化学物质形成的"化学圈"。环境并不是以上几个圈的零散集合，而是一个有机整体，包括以上所有物质与形态的组合及其相互关系。所谓环境，也是指环绕于人类周围的所有物理因素、化学因素、生物因素和社会因素的总和。几个圈层共存于环境中，互相依赖、互相制约，并保持着动态平衡。人类与环境所构成的一个复杂的多元结构的平衡体系一旦被打破，必然会导致一系列环境问题。虽然环境对一定的刺激有着调节作用和缓冲能力，可以经过一系列的连锁反应建立起新的动态平衡，但若超过了环境本身的缓冲能力，就会由量变引起质变，从而改变环境的性质和质量，使环境受到污染和破坏。

随着环境污染的加剧，人们更加关注日趋严重的环境问题。环境监测是环境保护、环境质量管理和评价的科学依据，也是环境科学的一个重要组成部分。环境监测就是运用现代科学技术手段对代表环境污染和环境质量的各种环境要素 (环境污染物) 的监视、监控和测定，从而科学评价环境质量及其变化趋势的操作过程。

环境监测已经从对污染物监测，扩展延伸为对生物、生态变化的大环境的监测。环境监测机构按照规定的程序和有关的标准、法规，全方位、多角度连续地获得各种监测信息，实现信息的捕获、传递、解析、综合及控制。

环境统计用数据反映并计量人类活动引起的环境变化，以及环境变化对人类的影响，可以从环境统计科学、环境统计工作和环境统计资料三个层面认识。环境统计学是数理统计理论与方法在环境保护实践和环境科学研究中的应用，它是研究和阐明环境统计工作规律和方法论的科学；环境统计工作是指为了取得和提供统计资料而进行的各项工作，具体包括环境统计设计、环境统计调查、环境统计整理和环境统计分析等；环境统计资料是环境统计工作取得的成果，包括统计数据和统计分析报告。

我国环境统计属于政府统计，通过一系列的统计指标体系，采用科学统一的方法进行统计分析，为环保主管部门制定环境政策和规划、预测环境资源的承受能力等提供数据支撑。

环境问题是一个发展问题，要真正解决环境问题，不能把社会经济与环境保护割裂开来，更不能对立起来，应注重社会、经济、人口、资源和环境的协调发展和人的全面发展，这就是"可持续发展观"。环境统计虽然不直接研究社会经济现象本身，但它与社会经济现象密切相关。因此，环境统计属于社会经济统计范畴，并与其他社会经济统计有着紧密联系。

(二) 我国环境统计的基本内容

环境统计是环境保护的基础工作和重要组成部分，是环境规划和环境管理的基础性数据依据。环境统计的任务是对环境状况和环境保护工作情况进行统计调查、统计分析，提供统计信息和咨询，实行统计监督；环境统计的内容包括环境污染及其防治、生态保护、核与辐射安全、环境管理及其他有关环境保护事项。

(三) 环境统计的特点

1. 涉及面广、综合性强

环境问题是一个发展问题，环境统计观察和研究的对象不仅包括污染排放、环境质量等环境现象本身，还包括人口、社会、工农业生产情况等产生环境问题的经济社会因素，涉及多个部门和领域，是一门综合性很强的学科。

2. 专业性和技术性较强

排放的污染物经过一系列复杂的物理、化学和生物反应后形成局部或区域性环境问题。环境统计的污染物数据并不能直观地观测，必须借助监测仪器或者产排污系数计算或物料衡算方式才能获得。环境统计工作对企业和环保部门统计人员都有较高的专业要求。

3. 不断发展完善

环境统计以服务于环境管理为基本目标。目前，环境保护处于发展关键期，环境诉求多，环境问题复杂多变，与其他政府统计相比，环境统计更新完善的幅度大，频率快。

二、环境统计体系管理

管理是所有的人类组织（不论是家庭、企业，还是政府）都有的一种活动，这种活动由 5 项要素组成：计划、组织、指挥、协调和控制。计划包括预测未来和拟订一个行动计划；组织包括建立一个从事活动的双重机构（人的机构和物的机构）；指挥包括维持组织中人员的活动；协调就是把所有活动和工作结合起来，使之统一和谐；控制则注意使所有的事情按照已定的计划和指挥来完成。

一般来说，政府统计管理的基本内容包括以下 3 个方面：

一是对政府统计各流程的管理。政府统计基本流程包括统计设计、统计调查、统计整理、统计发布和统计分析。政府统计流程管理是政府统计管理的基础管理，通过管理使统计工作顺利进行。

二是对政府统计工作软件、硬件建设的管理。为确保政府统计的顺利实施，以及获得真实、准确、全面、及时的统计数据，必须有配套的有效的办法和措施。具体包括：统计体制管理、统计法制管理、统计流程管理、统计技术管理、统计信息化建设与管理、统计人力资源与人才管理等。这些从不同侧面和角度推动政府统计工作的顺利开展。

三是对政府统计机关的建设和管理。政府统计机关是政府统计工作的平台，是统计工作软件、硬件条件落实的保障。

结合以上分析，环境统计体系可以定义为，以环境统计管理为目标的软件、硬件管理制度和支撑体系，具体包括环境统计管理体制、环境统计法制建设、环境统计技术、环境统计队伍建设、统计信息化建设等一系列的配套制度和方法措施。

环境统计开展多年来取得了长足进展，基础性数据服务支撑作用初步显现，但是距离环境管理的要求仍有较大差距。制约环境统计事业发展的关键因素在于环境统计缺乏体系顶层框架设计，环境统计工作缺少长期性、稳步性和渐进性的可持续发展目标和框架，环境统计呈现短期目标性、片段化和随机性发展，体系性和系统性不足。

三、中国环境统计体系

(一) 中国环境统计管理体制

我国环境统计相关机构分为三类：环境保护行政主管部门的环境统计机构 (以下简称环境统计机构)；环境保护行政主管部门的相关职能机构 (以下简称环境统计职能机构)；环境统计范围内的机关、团体、企业事业单位等环境统计调查对象。环境统计机构负责相关管理工作，环境统计职能机构承担环境统计的技术支持职能，环境统计调查对象负责本单位的环境统计基础工作。

1.环境统计管理机构

我国的环境统计属于部门统计，在国务院统计行政主管部门的业务指导下，由生态环境部对全国的环境统计工作实行统一管理，制定环境统计的规章制度、标准规范、工作计划，组织开展环境统计科学研究，部署指导全国环境统计工作，汇总、管理和发布全国环境统计资料。原生态环境部污染物排放总量控制司下设统计处，归口管理全国环境统计工作。原生态环境部有关司 (办、局)，负责本司 (办、局) 业务范围内的专项环境统计工作。专项环境统计工作报统计处备案，由相关业务司局具体负责。全国污染源普查由国务院统一领导，由原生态环境部牵头，协同相关部门共同实施。

县级以上地方环境保护行政主管部门负责归口管理本级环境统计工作，目前，我国多数省级行政区将环境统计机构设置在环境保护行政主管部门的总量处。

环境统计机构的职责：制订环境统计工作规章制度和工作计划，并组织实施；建立健全环境统计指标体系，归口管理环境统计调查项目；开展环境统计分析和预测；实行环境统计质量控制和监督，采取措施保障统计资料的准确性和及时性；收集、汇总和核实环境统计资料，建立和管理环境统计数据库，提供对外公布的环境统计信息；按照规定向同级统计行政主管部门和上级环境保护行政主管部门报送环境统计资料；指导下级环境保护行政主管部门和调查对象的环境统计工作；组织环境统计人员的业务培训；开展环境统计科研和国内外环境统计业务的交流与合作；负责环境统计的保密工作。

2.环境统计技术支持单位

国家级环境统计技术支持单位为中国环境监测总站，具体工作由污染源监测室承担。县级以上地方环境保护行政主管部门确定承担环境统计职能机构。目前，各地环境统计职能机构主要设置在环境监测站、环境科学研究院 (所)、环境信息中心等。

环境统计职能机构的职责：编制业务范围内的环境统计调查方案，提交同级环境统计机构审核，并按规定经批准后组织实施；收集、汇总、审核其业务范围内的环境统计数据，并按照调查方案的要求，上报上级环境保护行政主管部门对口的相关职能机构，同时抄报给同级环境统计机构；开展环境统计资料分析，对本部门业务工作提出建议。

3. 环境统计调查对象

环境统计范围内的机关、团体、企业事业单位等环境统计调查对象，应指定专人负责本单位的环境统计工作。

环境统计调查对象的职责：完善本单位环境计量、监测制度，建立健全生产活动及其环境保护设施运行的原始记录、统计台账和核算制度；按照环境统计工作要求，按时报送和提供真实的环境统计资料，管理本单位的环境统计调查表和基本环境统计资料。

（二）中国环境统计技术体系

环境统计技术体系是环境统计工作正常运转的核心支撑。环境统计技术支撑体系包括环境统计调查方法、核算方法、分类编码、数据综合分析方法等。

1. 环境统计调查

调查是直接接触和了解自然社会经济现象，搜集事实、数据和资料，以探求客观事物的状况和发现其规律的研究方法，是一个感性认识的过程。调查是理论联系实际的重要环节。统计调查指根据统计研究的目的，有计划、有组织、科学、系统地向社会搜集统计资料的工作过程。统计调查是统计认识活动的基础环节，是统计认识活动的起点，决定了整个统计认识活动的成败。统计调查方法按组织方式可分为普查、抽样调查、重点调查、全面调查等。中国环境统计发展至今已经形成了一套以污染源普查为基准、抽样调查和科学估算相结合、专项调查有效补充的调查方法体系。根据调查的方式和周期的不同，我国的环境统计调查分为污染源普查、专项调查、环境统计年报和环境统计季报4种方式。

（1）统计调查概述

统计调查的直接目的是搜集原始数据资料，即直接从各调查单位收集反映个体特征的数据资料；统计调查的最终目的是通过对个体数据资料的汇总分析，掌握总体的状态、趋势或发现总体中存在的问题。

统计调查的基本原则是：准确性，调查资料要能够正确反映个体特征；及时性，调查资料要反映现状；系统性，调查资料要有体系；全面性，对个体的调查最终是为了获得总体的信息，所以统计调查的覆盖面要尽可能涵盖总体或者以某种方式来使获得的个体信息可以代表总体特征。

统计调查有多种分类方式。按调查单位的范围大小，统计调查可分为全面调查和非全面调查。全面调查是对被调查对象中所有的单位全部进行调查，如我国的人口普查。非全面调查是对被调查对象中一部分单位进行调查，如重点调查、典型调查、抽样调查等。

按调查时间的连续性，统计调查可分为经常性调查和一次性调查。经常性调查是指结合日常登记和核实资料，通过定期报表进行的一种经常性的、连续不断的调查，如月度调查、季度调查、年度调查，这种调查一般是由常设专门机构或已有相关机构，通过层层上报和资料汇总来进行，不必专门组织。一次性调查则是不连续登记的调查，是对事物每隔一段时期在一定时点上的状态进行登记，一般需要专门组织，根据调查的复杂程度不同，可设立专门机构或委派已有相关机构来执行。一次性调查还可再分为定期调查和不定期调查。定期调查是每隔一段固定时间进行一次调查，如我国的人口普查；不定期调查是时间间隔不完全相等，如我国的环保产业调查。

按调查组织方式的不同，统计调查可分为统计报表制度和专门调查。统计报表制度是按照国家统一规定的调查要求与文件（指标、表格形式、计算方法等）自下而上地提供统计资料的一种报表制度，如我国的环境统计报表制度；专门调查则是为了某一特定目的而专门组织的统计调查，如我国的污染源普查。

为全面了解社会经济运行情况，为政府制定发展规划和管理提供信息基础，各国都在统计实践中逐步建立了统计调查制度体系。统计调查制度是统计调查理论在统计实践工作中的具体应用，是国家管理和组织统计调查的一整套管理体制与方法制度体系。在我国，规定各部门制定统计调查项目时，应当同时制定该项目的统计调查制度，并依照《中华人民共和国统计法》（以下简称《统计法》）的规定一并报经审批或者备案，一经批注或备案就产生法律效力。统计调查制度应当对调查目的、调查内容、调查方法、调查对象、调查组织方式、调查表式、统计资料的报送和公布等作出规定，是实施统计调查必须遵守的技术性规范。

调查目的是指通过调查要实现的目标。

调查内容是指为了达到统计调查目的，需要搜集的统计调查对象的相关原始数据和资料等。

调查方法是指统计资料的搜集方法，即确定或选取统计调查对象的方法，经常采用的统计调查方法有普查、抽样调查、重点调查等。

调查对象是指在政府统计调查活动中，具有统计资料报送义务，应当提供属于调查内容的自身情况相关资料的单位和个人。国家机关、企业事业单位和其他组织以及个体工商户、个人等都可以是统计调查对象；具体到不同统计调查项目，根据调查方法的不同，统计调查对象可能包括目标总体范围的全部或部分对象。

调查组织方式是指统计调查实施过程的组织管理方式，包括向调查对象送达统计调查表的方式、统计调查对象提供统计资料的方式、统计资料的审核和汇总方式等。

调查表式是指要求被调查对象填报的、用于搜集原始数据和资料的统计调查表的格式。

统计资料的报送，包括报送的时间和报送的方式等。

统计资料的公布，包括公布的主体、审批程序、公布的时间和公布的方式等。

（2）普查

普查，一般是一个国家或一个地区为详细了解某项重要信息而专门组织的一次性、大规模调查，主要用来搜集某些不能够或不适宜用定期的全面调查报表收集的信息资料，通常用于获得一定时点或时期内的社会经济现象的总量。我国已开展的主要普查包括人口普查、农业普查、经济普查（原基本单位普查、工业普查和第三产业普查）、污染源普查。

普查的优点是可以获得全面的、系统的信息资料，且误差小、精度高。缺点是调查内容有限，一般只能调查最基本的和最重要的项目，且普查需要消耗大量人力、物力、财力以及时间，组织工作相当繁重，所以往往不能持续每年进行，一般对同一专题的调查要隔数年进行一次，如人口普查 10 年一次，这也造成了该普查数据的连续性较差。

普查的组织一般要依托已有相关机构，建立专门的普查机构，培训专门的调查人员来进行调查；统一规定调查的标准时点；各调查单位或调查点要尽可能同时进行调查，方法、步调协调一致。

普查中的一个特殊形式是快速普查。快速普查的调查项目很少，最后只有 1~2 个调查指标，一般采用直达方式，由快速普查的组织者向被调查的基层单位直接布置任务、直接收集资料，其特点是全面、快速、准确。

（3）抽样调查

抽样调查是一种非全面调查，但其目的是取得反映总体情况的信息资料。抽样调查是非全面调查中用来推算和代表总体的最合适的调查方法。按照是否考虑随机原则，抽样调查可分为概率抽样和非概率抽样。概率抽样是指按照概率论原理，根据随机原则从总体中抽选样本，从数量上对总体的某些特征作出推断，对推断可能出现的误差可以从概率意义上加以控制；非概率抽样是指不考虑随机原则，按照调查员主观设立的某个标准抽选样本。用非概率抽样的结果推断总体，不能估计其可靠性。

通常所说的抽样调查是指概率抽样调查。抽样调查的最重要特征是按随机原则抽取样本，总体中每一个单位被抽取的机会是均等的，保证被抽中的单位在总体中均匀分布，不会出现倾向性误差，尽管抽样调查的只是总体的一部分，但这一部分可以实现对总体的良好代表性。调查样本的数量一般是根据调查误差的要求通过统计计算来确定，将抽样调查的误差控制在允许的范围以内，以保证调查结果的准确性，在统计实践中，也可以根据经验、经费、时间等因素来确定调查样本量。

抽样调查原则上要求对调查总体的分布情况有一个基本的把握，在此基础上选择抽样调查的具体方法才有可能实现样本对总体的良好代表性。但在实践中，对总体情况的掌握常常是不完整的，从而影响了抽样调查的准确性。

常用的抽样调查方法如下：

①简单随机抽样，也称纯随机抽样。对调查总体不做任何处理，如分类、分层、排序等，完全按随机的原则，直接从调查总体中抽取样本单位加以观察。理论上说，简单随机抽样最符合抽样调查的随机原则，是抽样调查的最基本形式。但对于规模特别大的调查总体，一般很难实施简单随机抽样。

②分层抽样，也称分类抽样、类型抽样。先将调查总体各单位按主要标志加以分层，而后在各层中按随机的原则抽取若干样本单位，由各层的样本单位组成一个样本。即首先将调查总体的 n 个单位分为互不交叉、互不重叠的 k 个部分，称为层；在每个层内抽取 $n_1, n_2, \cdots, n_k$ 个样本，构成一个样本容量为 $n = \sum\limits_{i=1}^{k} n_i$ 的样本。分层抽样的实质是将调查总体单位按其属性特征分成若干类型或层，然后在类型或层中随机抽取样本单位。分层抽样的特点是由于划类分层，增大了各类型中单位间的共同性，容易取得具有代表性的调查样本。分层抽样适于调查总体情况复杂、各单位之间差异较大、单位较多的情况，且既可以对总体参数进行估计，也可以对各层的目标量进行估计，是目前应用最普遍的抽样技术。

③等距抽样，也称机械抽样或系统抽样。将调查总体全部单位按某一标志排队，而后按固定的顺序和相等间隔在调查总体中抽取若干样本单位，构成一个容量为 n 的样本。等距抽样适于对调查总体结构有一定了解后，充分利用已有信息对总体单位进行排队后再抽样。

④整群抽样。将调查总体各单位划分为若干群，然后以群为单元，从调查总体中随机抽取一部分群，对被抽中的群内所有单位进行全面调查。整群抽样对调查总体划分群的基本要求：第一，群与群之间不重叠，即调查总体中的任一单位只能属于某个群；第二，全部总体单位毫无遗漏，即调查总体中的任一单位必须属于某个群。整群抽样适合缺乏总体单位的抽样框，要求各群有较好的代表性，即群内差异

大，群间差异小。整群抽样的抽样误差通常较大。一般而言，要得到与简单随机抽样相同的精度，整群抽样需要更多的基本调查单元。

⑤多阶段抽样。当调查总体很大时，可把抽样过程分成几个过渡阶段，到最后才具体抽到样本单位。多阶段抽样适合抽样调查面特别大，没有包括所有总体单位的抽样框，或调查总体范围太大无法直接抽取样本。缺点是从样本推断总体的估计过程比较复杂。

⑥PPS抽样。按规模大小比例的概率抽样，是使用辅助信息，使每个单位均有按其规模大小比例的被抽中概率的一种抽样方式。PPS抽样的优点是使用辅助信息，减少抽样误差；缺点是对辅助信息要求较高，方差估计复杂。

⑦双重抽样，也称二重抽样、复式抽样。在抽样时分两次抽取样本的抽样方式，首先抽取一个初步样木，并搜取一些简单项目来获得有关调查总体的信息，在此基础上进行深入抽样。

在调查实践中，一般综合运用各种抽样方法来获得目标总体的信息。

（4）重点调查

重点调查也是一种非全面调查，是在调查对象中选择一部分对全局具有决定性作用的重点单位进行调查，主要适用于反映主要情况或基本趋势。重点调查组织方式有两种：一种是专门组织的一次性调查；另一种是利用定期统计报表经常性地对一些重点单位进行调查。重点调查的优点是花费较少人力、物力，在较少时间内即时取得有关的基本情况；缺点是由于重点单位与一般单位的差别较大，通常不能由重点调查的结果来推算整个调查总体的指标。

重点调查的前提是总体中确实存在举足轻重的、能够代表总体的特征和主要发展变化趋势的重点单位。在选择重点单位时，应注意重点单位尽可能少，但其标志值在总体中所占的比重应尽可能大，以保证足够的代表性，且重点单位应尽可能选取管理健全、统计工作较好的。

重点调查适用于调查任务只要求掌握调查总体的基本情况，调查标志比较单一，调查标志表现在数量上集中于少数单位，而这些少数单位的标志值之和在总体中又占绝对优势的情况。重点调查常用于不定期的一次性调查，有时也用于经常性的连续调查，主要采取专门调查的组织形式，也可以通过颁发定期统计报表的形式来组织。

（5）典型调查

典型调查也是一种非全面调查，是指根据调查的目的与要求，在对被调查对象进行全面分析的基础上，从总体中有意识地选择若干具有代表性的典型单位进行深入、周密、系统的调查。典型调查的优点是灵活机动、通过少数典型即可取得深入翔实的统计资料，可以补充全面调查的不足，在一定条件下还可以验证全面调查数据的真实性。典型调查的缺点是难以避免主观随意性，因为样本选择受主观认识的影响，所以对总体的代表性有限，不能从统计意义上说明总体，必须同其他调查结合起来使用，才能避免出现片面性。

典型调查的核心问题是如何正确选择典型单位，保证典型单位的代表性。根据调查研究目的的不同，选择典型单位的方法也不同。

如果是为了近似地估算总体的数值，可以在了解总体大概情况的基础上，把总体分成若干类型，按每一类型在总体中所占比例大小，选出若干典型单位进行调查。如果是为了了解总体的一般数量表现，可以选中等的典型单位作为调查单位。如果是为了研究成功的经验和失败的教训，还可以选出先进的典型单位和落后的典型单位，或选择上、中、下各类型的典型单位进行比较。

(6) 调查方法比较

简言之，普查是对构成总体的所有个体无一例外地逐个进行调查；抽样调查是从所研究的总体中按一定规则抽取部分元素进行调查，以样本特征推断总体特征；重点调查是对比较集中的、对总体具有决定性作用的一个或几个单位进行的调查，用总体的主要部分来反映总体的特征；典型调查则是从调查对象中选择具有代表性的单位作为典型，通过对典型单位的调查来了解同类对象的本质及其发展规律。

2. 环境统计核算

环境统计核算方法是指污染物产生量和排放量的测算方法，即调查对象根据产品产量、生产工艺、污染物浓度等相关基础数据计算各种污染物产生量和排放量的方法。环境统计核算方法是准确获得环境统计数据的关键环节。目前，环境统计中污染物产生量和排放量核算方法主要有实测法 (监测数据法)、产排污系数法和物料衡算法 3 种。

(1) 监测数据法

监测数据法是我国环境统计管理部门相关技术规定中认定的污染物排放总量核算方法之一，在环境污染核算方面应用。监测数据法是指依据调查对象实际监测的废水量、废气 (流) 量及其污染物浓度，计算出废气、废水及各种污染物的产生量和排放量的办法。多年来，监测数据法为各地污染源排放量核查核算工作提供了有力的技术支持，发挥了重要作用。

监测部门将监督性监测数据定期提供给环境统计部门，再由环境统计部门向调查对象布置报表时提供 (有的调查对象也会直接从监测部门处获得监测数据)。调查对象根据监测数据使用的相关技术规定，选用监督性监测数据或自动在线监测数据核算污染物产生量和排放量，之后将污染物排放量和核算使用的监测数据一同上报环境统计部门，以备审核。环境统计部门在收到调查对象上报资料后，在监测部门的协助下开展审核并反馈。

目前监测数据类型多样，主要有监督性监测数据、自动在线监测数据、"三同时"竣工验收监测数据、企业自行监测数据、企业委托监测数据等。由于现行污染源调查制度对各类监测数据的使用没有规定或规定不够完善，各地在将各类监测数据应用到污染源统计数据核算时，做法各不相同：有的地方只认某种符合当地利益的监测数据，有的地方将几种监测数据随意给予一定比重取值，有的地方干脆取"最大值或最小值"，而由于种种原因，作为最具权威的监督性监测数据，利用率却最低，上述情况在污染减排中最为常见。

监测数据法应用的优点包括以下几点：

① 相对精确，在质量得到保证的前提下，计算数据最为可靠

监测数据出自监测仪器，相对比较精确，用其核算污染物排放量，易被企业接受，特别是随着排污权交易的推进，企业对污染物产生排放量的核算结果将由传统的被动接受变为主动关注，使用较为精确的参数核算污染物产生量和排放量应是工业污染源污染核算的发展趋势。在保证监测数据质量的前提下，由于有足够的监测频次，使用监测数据法计算排污总量最为合理，尤其对于核算排污不规律的企业更具优势。

② 不受治污设施变化的影响

监测数据法直接选用废水、废气污染物的监测浓度值及流量进行核算，治污设施的变化直接引起污染物浓度的变化，故监测数据法并不依赖治污设施本身来核算污染物产生量和排放量，这也是产排污系数法和物料衡算法所不能比拟的。

③ 可获取信息最为直接、全面

监测数据法是计算排污量非常有效的方法，不仅可以计算监测当天的排污量，还可以结合生产负荷数据推算一定时段内的排污量。

(2) 产排污系数法

排放系数法是一种在没有实测数据时使用的简易计算方法，因系数的来源和适用的条件不同，必须把握好适用的边界条件，不能随意使用。使用排放系数时，必须根据企业实际的生产工艺、生产规模及污染治理的情况，参照国家提供的有关系数，选择合适的系数值，保证计算结果的系统性和稳定性。

产排污系数对微观点源的计算至关重要，产排污系数长期不调整、系数不准确直接导致数据的准确性难以保证，而污染点源的监测数据质量又直接关系减排的成效，因此分析产排污系数存在的问题并研究改进措施，对提高污染源产排量数据质量意义重大。

(3) 物料衡算法

物料衡算法是指根据物质质量守恒定律，对生产过程中使用的物料变化情况进行定量分析的一种方法。即投入物料量总和 = 产出物料量总和 = 主副产品和回收及综合利用的物质量总和 + 排出系统外的废物质量（包括可控制与不可控制生产性废物及工艺过程的泄漏等物料流失）。采用物料衡算法核算污染物产生量和排放量时，应对企业生产工艺流程和能源、水、物料的投入、使用、消耗情况进行充分调查和了解，从物料平衡分析着手，对企业的原材料、辅料、能源、水的消耗量和生产工艺过程进行综合分析，使测算出的污染物产生量和排放量能够比较真实地反映企业在生产过程中的实际情况。

利用物料衡算法进行污染物排放核算的步骤：作控制体的流程图，标记进入边界的物质，或对其编号；根据选取的衡算物料质量基准，在图上注明各已知的物料质量和组成，给待求未知量标以相应的参数符号；列出独立方程，校对方程准确度与是否可解；解方程组求出各未知量。

物料衡算法是特定行业、特定污染物产排量核算相对成熟的核算方法，但通常仅作为另外两种主要核算方法的辅助方法。如果适用对象不明确、核算方法不清晰，则无法充分发挥物料衡算法的应有作用。环境统计调查制度关于物料衡算法规定仅限于使用物料衡算法计算排污量时，必须详细掌握企业的生产工艺、污染治理、管理水平等情况。既没有对物料衡算法的方法原理给出解释，也没有对物料衡算法的适用范围和具体使用步骤作出规定，使得物料衡算法在实际应用过程中未能发挥应有作用。

物料衡算法对于某些特定行业，如工业锅炉、钢铁行业中烧结工序、炼油工序二氧化硫产生量核算，具有得天独厚的优势，且准确度较高。这是因为，此类行业燃料或原料等活动水平参数容易获得且数据质量较高，燃料或原料中的硫元素含量及其转化情况较为明确，因此根据质量守恒定律，通过硫平衡的计算，即可核算出燃料或原料中转化而成的二氧化硫，算法相对成熟且被广泛接受。

3.环境统计数据综合分析

环境统计分析是指为满足特定目的，以适当的方法对收集到的数据进行归纳概括以获取有用信息和形成结论的过程。通过环境统计分析，可以把隐藏在一大批看似杂乱无章的数据背后的信息集中和提炼出来，总结出研究对象的内在规律和发展趋势，并以分析报告等形式提供给决策部门和公众，既能服务于污染治理和环境管理决策需求，又能满足社会公众及社会组织等各类主体的环境信息需求。

准确理解和把握环境统计分析的内涵，需要正确认识环境统计与环境统计分析的关系。统计认识社会的过程一般分为统计调查、统计整理和统计分析三个阶段。

前两个阶段只停留在分散的、感性的认识阶段，只有经过第三个阶段——统计分析，我们才能把握住社会经济发展的规律及其相互关系，才能达到由感性认识上升到理性认识。没有环境统计分析，就无法将环境统计数据转化为环境管理和综合决策所需的环境信息。

就环境统计工作而言，环境统计分析工作的重要地位和作用已经在相关法律法规中有了明确体现。

随着由经济总量和人口规模持续扩大引发的资源环境危机的不断加深，经济与环境决策对环境数据与环境信息的需求范围和精度也逐渐提高。环境统计分析作为连接环境统计与环境管理及综合环境经济决策的重要工作，其重要性日益凸显。做好环境统计分析工作，不仅是正确判断环境形势、科学制定环境保护政策和规划的基础，是有效实施主要污染物排放总量控制计划、切实提高环境质量状况的基础，也是有效提高环境监管和执法水平、保障国家环境安全的基础，更是环境保护主动参与和改善宏观调控，促进经济结构调整，推进资源节约型、环境友好型社会建设的基础。

四、环境统计工作的思考

(一) 环境统计工作的主要特点

1. 环境统计工作的广泛性

为了能够实现对环境的保护，在环境统计的工作中，必须对生活中各个方面加以重视与管理，如废弃物的排放、处理以及治理等各个方面，使环境统计所收集到的数据信息更加全面，进而为环境保护工作的顺利进行提供依据，提升环境的质量。

2. 环境统计工作的技术性

环境统计工作涉及的范围较广、内容较多，这就要求环境统计工作必须具有较强的技术性，进而确保环境统计工作能够高效有序地进行，为环保工作质量提升奠定基础。随着经济的快速发展，我国的工业企业越来越多，这也就提升了环境统计的难度，只有掌握较强的专业技术，才能够对环境问题进行实时的监测管理，进而促进环境保护工作的高效进行。

3. 环境统计工作的重要性

环境统计的主要目的就是为环境保护工作的顺利进行提供数据支持。只有确保数据的准确性和真实性，才能确保环境保护工作的顺利进行，进而使我国的整体环境得到改善。这也是环境统计工作重要性的主要体现。

(二) 准确定位环境统计工作的作用

从微观视角来看，环境统计工作的作用主要体现在以下 6 个方面：

① 整合环境统计数据与相关成果，细化数据指标。

② 分析环境统计数据，准确识别当前与未来的环保工作需求，针对具体环保问题制定科学的对策。

③ 评估环境保护工作效果，识别环保工作与社会发展的矛盾。

④ 监督环保工作的执行进度与效果，为广大公众提供相关信息。

⑤ 构建环境保护模型，精确计算各项参数。

⑥ 准确定位环境污染源，依法执行环境保护政策，治理各项污染问题。

(三) 提高环境统计数据的精确度

对于整个环保管理工作来说，环境统计数据精确度不仅关系着环保政策的落实效果，而且决定着后期的环保工作质量，对环境效益、生态效益和社会经济效益的影响至关重要。目前，通过运行环境统计报表管理制度和逐层审核制度，虽然能够在很大程度上降低数据误差，但是并不能从根本上解决数据质量问题，工作效率也较低。对此，必须把握好以下三项关键因素：

第一，精选数据来源。编辑和填写统计调查报表是收集、整合环境统计数据的关键，在此环节，不仅要准确收集所有数据，而且要精确设计数据核算模型，在该模型中体现数据核算结果、环保技术参数与环保研究因素。

第二，认真解读环保设计方案，设置台账管理平台，细化各项指标，对各层环境统计数据进行整合管理与分析，定期评估模型测算结果，修正参数错误。此外，要对每次的误差进行统计与对比，避免误差过大。

第三，促进数据层次管理和应用边界管理的有机结合，在实现环保目标的基础上做好经济成本核算工作，定期对国家级、省级、市级和县级的环境统计数据进行汇总与审核，确保数据的一致性。另外，要制定完善的环保考核制度，通过运行该制度对环境统计工作进行客观评估与考察，以此提高数据质量。

(四) 提升环境统计工作质量与效率的策略

1.加强对信息技术以及信息设备的引进与利用

在信息技术的时代下，为了能够促进环境统计工作效率的提升，为环境保护工作提供发展依据，政府首先要加强对信息技术的运用，同时加强对信息设备的引进，进而使得相关的工作人员在工作过程中能够利用信息设备对环境问题进行统计分析，确保统计数据的真实性和可靠性。

现阶段，已经陆续有部分地区在环境统计工作中加强对信息技术的运用。以某市的环境统计工作为例，某市生态环境部门为了能够实现对当地环境的保护，通过对信息技术的运用，利用全球定位系统（Global Positioning System，GPS）技术、射频识别（Radio Frequency Identification，RFID）技术以及各种传感器技术对当地的环境进行实时检测，在信息化的环境统计工作中，每隔 2 小时就会对环境进行一次自动检测，能够了解全天各个时间段的环境问题，并能够在最短的时间内将数据传递给相关的工作人员，使得工作人员能够及时地对数据进行分析，为环境保护工作的顺利进行提供重要的依据。

2. 建立完善的环境统计制度

制度制定的主要目的就是对工作人员的行为进行约束与规范，进而使得环境统计数据真实可靠。政府加强对环境统计管理制度的建立，使相关的工作人员在工作过程中能够有法可依，促进环境统计工作高效有序地进行。在制定环境统计管理制度的过程中，还应该包括对员工的奖励制度，以此来激发员工的工作热情，进而确保环境统计工作效率的提升。对于在工作中表现突出、统计数据准确性高的员工，企业可以给予相应的物质奖励。另外，还可以将员工的工作绩效与薪资发放相结合，进而使得员工能够积极地参与到环境统计工作之中，促进工作效率的提升。

3. 加强对环境统计管理人员的培养

为了促进环境统计工作质量的提升，政府首先应该加强对环境统计工作人员的培训，提高其专业能力与专业素养，确保环境统计工作顺利进行。在对环境统计人员进行培训的过程中，还应该加强对其信息技术运用能力的培训，使其在工作过程中能够加强对信息技术的利用，促进环境统计工作的现代化发展。

4. 加强对数据的分析处理，确保信息的时效性

在完成环境统计工作之后，相关的工作人员还应该加强对数据的分析处理，进而使得数据能够及时地被利用，确保数据的时效性。加强对数据的分析处理，使得政府在对环境污染问题进行治理的过程中能够根据数据信息，对环境进行有针对性的治理与防护，进而使环境问题能够得到解决。

环境统计数据的时效性与真实性对于环境保护工作能够顺利进行有着重要的影响。政府应该重视环境统计工作，加强对环境统计工作中问题的分析，进而探索出最佳的环境统计工作模式，促进环境统计工作效率与质量的共同进步。首先，政府要加强对信息技术以及信息设备的引进与利用，进而能够及时地对数据进行分析处理，确保数据的时效性。其次，应该加强对环境统计制度的完善，加强对环境统计管理人员的培养，提高统计人员的专业能力，确保统计数据真实可靠。

(五) 加强环境统计工作的思考

1. 队伍建设

环境统计工作具有综合性强、涉及面广、污染物核算复杂、质量控制严格的特点，这就对人员的素质提出了很高的要求。统计人员尤其是基层统计人员身兼数职，变动频繁，培训不及时，对统计报表制度和软件不熟悉，对企业情况、工艺流程不了解，对数据间的逻辑关系判断能力差，业务能力不能满足环境统计的要求。基层企业特别是中小企业对环境统计应付了事的态度，影响了环境统计的整体质量。始终坚持把教育培训作为提升环境统计队伍综合素质的有效途径，通过举办统计知识专题讲座，邀请专家学者授课，结合实际进行模拟培训等，从深度和广度上提高统计人员的能力和水平，打造一支过硬的环统队伍。通过加强企业负责人和统计人员的培训工作，减轻环保人员的压力和弥补县级人员素质不高的缺憾，为统计工作建立良好的信息来源渠道。

2. 能力建设

环境统计不受重视，基础能力薄弱，经费短缺，人员培训不足已经成为制约工作开展的突出问题。加强环境统计能力建设，将环境统计工作纳入部门预算，积极争取财政对环境统计的资金投入，结合实际开发环境数据审核分析汇编软件，构建环统数据质量保障机制，形成规范、系统、高效的环统数据审核分析工作模式，减轻工作强度，提高数据质量。同时，加大对基层环境统计能力建设的支持力度，建立环境统计基层联系点制度。各级环保部门应经常有计划地组织环境统计人员定期走进联系点，走进企业，加强调查研究，实地了解企业的各项生产经营情况，加强对企业报表填报工作的指导和服务。建立考核机制，由统计、市政、公安、农业、环保等部门参加的联席会审制度，由总量、污防、环评、固管、监测、执法等单位参加的联合会审制度，集中各方优势力量组建环境统计数据审核技术专家组，实施专家会审制度，切实提高数据质量。

第二节　环境统计体系框架设计

一、理论基础

(一) 系统分析方法

系统是指由若干特定属性的要素经一定关系而构成的具有特定功能的整体。系统方法最早是运用于自然物质对象的研究，随着人类对社会有机体认识的深入，系统方法开始作为社会科学的研究方法得到运用。系统分析的关注点，是有关如何改进或重新设计人类系统，以及如何设计更有效地达到目标的全新系统的应用知识。

系统分析方法强调联系的整体性、有序性和优化特点。在当前人与自然、人与人关系出现紧张的时代，系统的观点越来越被人们接受，特别是在生态伦理、环境伦理、环境保护政策等领域的研究中，被广泛使用。

系统分析认为，在制定一项公共政策或者制度创新时，应该建立信息、咨询、决断、执行和反馈等子系统所构成的大系统。政策过程及其各项功能活动是由这些子系统共同完成的，这些子系统各有分工、相互独立，又密切配合、协同一致，促使新政策得以顺利展开。这些子系统包括以下几个部分：

1. 信息子系统

信息子系统是由掌握信息技术的专门人才组成，从事信息的搜集、整理、储存和传递等活动，为公共决策提供信息资料。从某种意义上说，公共决策过程也就是信息的流动与转换的过程；而信息原则是公共决策的基本原则，信息是政策制定、执行、评估和监控的依据；没有信息，这些活动就无法展开。信息子系统在政策过程中具有重要的地位和作用，它是政策系统的神经系统，为政策制定、执行、评估和监控及时地提供各种准确、适用的信息。这主要体现在信息的收集、信息的加工处理、信息的传递3个方面。

2. 咨询子系统

咨询子系统又称参谋子系统或智囊子系统，它是由政策研究组织以及各种专家、学者所组成的子系统。它集中专家的集体智慧，运用科学的方法和技术，为公共决策提供方案和其他方面的咨询服务。

咨询子系统是现代化公共决策系统的一个重要组成部分，它参与公共决策活动，在其中发挥着参谋咨询的重要作用，保证公共决策科学化、民主化。咨询子系统在政策制定活动中的主要作用：① 政策问题分析；② 政策未来预测；③ 方案设计及论证；④ 其他政策相关问题的咨询；⑤ 参与政策评估并反馈信息。

3. 决断子系统

决断子系统又称中枢子系统，它是由拥有决断权力的高层领导者组成。决断子系统在整个公共决断系统中居于核心地位，既是公共决断活动的组织者，又是政策的最终决定者，领导公共决断活动的全过程。

决断子系统在公共决断过程中的主要作用：考虑政策目标的确立、组织政策方案的设计、负责政策的最终决定。对政策的最终决定是决断子系统在公共决断活动中的最重要的职责。决断子系统必须具有决断的能力和魄力，能够高瞻远瞩，综合权衡，并作出正确的决断。

4. 执行子系统

执行子系统是由政策执行组织及其人员特别是政府行政机关和行政人员所构成的。它是政策系统的有机组成部分，其主要职责是将政策方案转变为政策效果。

执行子系统具有现实性、综合性、具体性和灵活性的特点。现实性是指执行子系统能够将政策方案转变为政策效益；综合性是指政策执行涉及许多动态的因素，必须采取各种措施和行动。具体性是指执行子系统必须将政策目标加以分解，使其具体化，把执行任务落实到具体的单位和个人。灵活性是指执行子系统所遇到的是复杂多变的情况，新问题、新矛盾随时会发生，执行子系统必须具有灵活性。

执行子系统在公共决策活动中的作用：① 为政策方案或项目的执行做好准备。为保证方案的顺利实施，在具体实施前，执行子系统必须制订出周密、严谨的具体实施计划或行动细则。要建立一定的机构并进行人员配备，为政策方案转化为具体的执行活动提供组织保障；要进行必要的宣传活动，把政策方案的目的、意义和具体要求向执行者讲清楚；要进行必要的物质准备，包括执行过程中所需要的各种器具和装备，为此要编制预算、落实经费。② 从事指挥、沟通、协调等方面的工作。③ 分析和总结执行情况。在完成执行任务之后，执行机关和人员必须把执行工作放在原政策方案的价值指标或标准上，进行全面、细致的衡量，进行实事求是的评定，总结出经验和教训。

5. 监控子系统

监控子系统是整个政策系统的有机组成部分，它是体制内和体制外的有关部门、单位和个人所组成的一个子系统，相对独立于信息、咨询、决断、执行等子系统，其地位较为特殊。它的作用贯穿整个公共决策过程尤其是政策执行的过程之中，目的是使政策目标得以顺利实施，避免政策的变形走样，保持政策的权威性和严肃性。

监控子系统是由体制内、体制外的有关部门、单位和个人构成的，它的基本功能和作用：① 根据公共政策的目标，确立具体的监控标准或指标，并作为实施监控的依据。② 对执行子系统的政策执行情况进行监控。③ 反馈执行情况。将政策执行情况及其环境、条件变化的信息及时反馈给决策子系统，使之能够根据变化了的新情况，尽快对公共政策进行修订、完善或总结。

6. 反馈子系统

反馈子系统是一个由人、机（用于信息的处理和传递）两部分组成的相对独立的信息传输综合体，也是一个多层次、多网络、纵横交错、通达灵便，能够有效地、系统完整地搜集和传输信息的系统。反馈子系统的任务是进行信息传递或传输，但又不具有纠错纠偏功能，这使它能够与信息子系统、监控子系统区别开。

反馈子系统的功能：为决策子系统进行科学决策提供信息依据；客观、准确、灵敏、迅速地向决策子系统反映政策运行过程中的真实情况。

上述子系统之间是相互联系、相互依存、相互作用的有机整体。在这些子系统中，决断子系统是政策系统的核心；信息子系统和咨询子系统是决策系统的基础；执行子系统是政策系统运行的实践环节，是政策主体与客体相互作用中最具有直接性的环节；监控子系统是政策系统的保障；反馈子系统则是整个体系不断完善的必要条件。在决策运行中，各子系统承担不同的功能，发挥不同的作用。若设置不健全，必然会有一些工作没有相应的机构承担，决策功能相互脱节，或多种工作集中到某些机构之中，造成决策质量下降。而系统机构重复设置，又会引起工作上的摩擦、扯皮和责任不清，增加决断子系统协调的工作量，分散决策者精力。因此，要结合具体实际情况合理界定各个子系统的内涵，使其发挥各自的最大效用。

(二)"体制－机制－法制"论

体制、机制创新已经成为我国改革开放以来政策制定过程中的热门话语和逻辑起点，各行各业都将体制、机制创新作为开展工作的着力点和突破口，但很多人并未真正厘清体制与机制的区别，也未认识到它们所具有的方法论意义。直到近几年公共管理领域的专家学者将"体制－机制－法制"的分析框架运用到应急管理体系、安全生产监管等公共政策体系的构建中，人们才开始进一步区分体制、机制以及法制的关系。下文结合已有的研究成果从方法论的意义上来详细解释该框架的含义。

1.体制

体制是社会活动的组织体系和结构形式，包括特定社会活动的组织结构形式、权责划分、职能配置模式和相关的管理规定等。在形式上，体现为具有不同权责的主体组成的静态框架结构。例如，经济体制是一定社会进行生产、流通和分配等经济活动的具体组织形式和管理体系，包括生产体制、流通体制、财政体制、金融体制、投资体制、监管体制、税收体制等。科技体制是科学技术活动的组织体系和管理制度的总称，包括科技组织体制、科技投入体制、科技管理体制、科技创新体制等。

环境统计体制是指环境统计系统的结构和组成方式，即采用怎样的组织形式以及如何将这些组织结合成为一个合理的有机系统，并以怎样的手段和方法来实现环境统计的任务。因此，对环境统计体制进行评估的标准就是考察各个环境统计环节是否有明确的责任主体，每个机构是否有其明确的职责和管理范围并能最高效地履行其职责。环境统计体制需要解决两大核心问题：一是界定政府、企业和社会组织、公众在环境统计过程中各自应该扮演的角色和承担的责任；二是政府环境统计机构内部各个层级以及部门之间的职权配置关系，包括中央与地方环境统计部门、环境统计与政府综合统计等之间的关系。

2. 机制

"机制"原本是自然科学领域中的一个重要概念。最早是指机器的构造和工作原理。在英文中，"机制"（Mechanism）是指机械系统中各个部件之间结构组合的方式及其相互关联、相互作用的机理。这一概念后来被引入生物学、医学，用以说明生物有机体各器官之间相互联系、相互作用、相互制约的方式和机理。人们把"机制"概念进一步扩展，引入社会领域，泛指社会系统的内在结构、要素之间组合、联系、运作的方式和相互作用的机理。

体制与机制的区别：体制的完善必须通过改革和创新来实现；而机制的完善则需要机制的所有要素的优化和协调耦合来实现，其中既包括主体素质的提高，也包括规则性要素的完善。体制的形成和确立具有即时性的特点；而机制的形成和确立则更具有过程性的特点。机制是体制建构的指导原则，体制是机制发挥作用的载体，依据某种机制建立的体制一旦形成，该体制在运行过程中自然会产生某种必然结果。

3. 法制

法制可以从静态和动态两种意义上来理解。从静态来看，法制是指法律和制度的总称，包括法律规范、法律组织、法律设施等。从动态来看，法制是指各种法律活动的总称，包括立法、执法、司法、法律监督、法律宣传等在内的一系列动态过程。静态意义上的法制又可以分为广义和狭义两种。广义的法制包括各种具体制度，它们是法律法规的重要补充。具体制度一般包括三个部分：一是条件，即规定本制度的适用范围；二是规则，即规定应该做什么，应该怎样做，禁止做什么，禁止怎样做；三是制裁，即规定违反本制度必须承担的责任和后果。具体制度的制定过程中需要注意三个方面：一是与相关法律法规相适应，在制度中明确组织机构和人员的权限；二是制度设置要符合本单位本部门的实际，具有可操作性，避免流于形式；三是各项制度的制定应发扬民主，鼓励组织成员积极参与讨论制定。狭义的法制是指法律和规章制度的总称。按照法的效力层级的不同，可以分为宪法、法律、行政法规、地方性法规、部门规章、地方政府规章、规范性文件、国际条约等多个层次。

4. 三者的关系

体制和机制都可以看作组织为达成某种目标而作的一种制度设计，所不同的是它们各自反映了组织在实现其任务过程中的不同规则，即体制设定了框架结构和功能，机制规定了运行方式。三者的关系可以从表1-1中得以反映。

表 1-1 体制、机制、法制之间的关系

分析框架	核 心	主要内容	所要解决的问题	特 征	定 位	形 态
体制	权责	组织结构	权限划分和隶属关系	结构性	基础	显在
机制	运作	工作流程	运作的动力和活力	功能性	关键	潜在
法制	程序	法律法规	行为的依据和规范性	规范性	保障	显在

体制属于宏观层次，以权责为核心、以组织结构为主要内容，解决的是环境统计体系的组织结构、权限划分和隶属关系问题。机制属于中观层次，以运作为核心，以工作流程为主要内容，解决的是环境统计体系的动力和活力问题。法制属于规范层次，以程序为核心，以法律保障和制度规范为主要内容，解决的是环境统计体系的依据和规范问题。

体制是机制形成和法制发挥作用的基础，没有体制支撑，机制就失去了存在的意义；机制是体制功能发挥的载体，是整个体系的关键，没有机制的运作，体制的价值无从发挥，法制更无从谈起；法制则是体制和机制的保障，保证体制与机制在正确的轨道运行。三者相互作用、相互补充，共同构成环境统计体系的核心要素。

通过梳理政策创新过程中的理论范式和分析框架，从而构建一种契合我国环境统计体系改革的理论模型，不仅能够帮助我们全面诊断我国环境统计体系的现状，而且能够给我国的环境统计体系框架的设计提供新的思路。

二、中国环境统计体系框架构建

(一) 总体目标

环境统计的任务是对环境状况和环境保护工作情况进行统计调查、统计分析，提供统计信息和咨询，实行统计监督。环境统计数据是环境统计为社会提供服务的载体，数据质量是环境统计的核心。

环境统计体系框架设计的最终目标是提高环境统计数据质量，努力使环境统计数据能够较为全面地、真实地反映环境状况和环保工作进展，反映经济运行中伴随的环境问题，为环境管理、决策和经济社会的可持续发展提供及时的、有效的数据支持。

环境统计体系框架设计的具体目标：① 建立理想的环境统计政策系统，理想的环境统计政策系统内容尽可能全面，各部分内容相互关联，是一个有机整体；② 理顺环境统计管理体制；③ 促进环境统计能力的提高；④ 提高环境统计为环境管理服务的能力。

(二) 环境统计体系框架

环境统计作为一个独立的系统，应包含管理体系和技术体系两个层次。环境统计的正常运行是在一定的管理体制下，在相关法律法规的规范下，在充分的能力保障下，以及在相关技术支撑下进行的。

管理体制属于宏观层次，以权责为核心、以组织结构为主要内容，解决的是环境统计体系的组织结构、权限划分和隶属关系问题。

运行机制属于中观层次，以运作为载体、以工作流程为主要内容，解决的是环境统计运行体系。环境统计体系的运行机制主要探讨环境统计数据从采集、审核、报送、分析、发布和应用等环节的具体工作流程，如何开展才能实现高效运转和良性运作。

"三横五纵"的统计管理框架体系，其优势体现在：其一，咨询、决策、执行、监控和反馈系统是公共政策领域应用最广泛的一个理论分析范式，也是日常公共决策实践中的经验总结。按照这样一个"闭环"的模式对我国环境统计体系进行"横断面"的分析，可以清晰地、全面地、周延地反映当前我国环境统计体系的现状和存在的不足，明确短板和不足之处，改变研究的分散性和碎片化。其二，从管理体制、运行机制和法律规范三个层面来对环境统计的各个子系统进行"纵向"的剖析，有助于建立责权清晰明确、运转协调顺畅、法律保障有力的环境统计体系，使环境统计工作在实践中有抓手、在基层中见实效、在实务中获认同。

1.决策体系

决策体系是环境统计体系的中枢和灵魂，决策体系将决定环境统计的方向与目标。环境统计决策体系的责任主体是环境统计的行政主管部门，具体而言，是生态环境部污染物排放总量控制司以及各级生态环境部门环境统计主管部门。决策的科学性是决策体系建设的首要任务。确定决策问题和目标是决策系统首要的、具有决定意义的任务。同时，决策体系还要承担建立规章制度的职能。

现有决策体系不完善，无法满足环境管理前瞻性需求。理想情况下，环境统计应具有一定的前瞻性，在采取具体的环境管理措施之前积累一定的数据基础，为环境管理提供信息服务。然而，目前环境统计并未实现这样的效能，往往是与环境管理同步，或者晚于环境管理，在某种意义上成了环境管理信息的后续记录。

建立环境统计调查更新程序，完善决策机制。应充分发挥咨询系统的作用，结合国际经验和最新的科学研究进展，预估未来环境管理对各类环境信息，尤其是对污染物和污染源排放信息的需求。在对这些信息开展环境统计调查可行性评估的基础上，及时更新调查内容和范围。另外，对于实践证明对环境管理意义不大的指标，也应按照这样的程序进行淘汰。

2. 执行体系

执行体系也是环境统计的实施系统，是环境统计体系中的核心，由具体承担环境统计各项工作的部门及人员通过具体的行动将环境统计政策目标予以实现。

环境统计执行主体是环境统计各级技术支持单位以及调查对象的责任人。执行体系是将决策体系确定的目标转化为具体行动，包括环境统计的整个工作流程，即环境统计报表制度制定、数据收集上报、数据审核、数据管理等操作层面。

3. 咨询体系

咨询体系是环境统计体系的"智囊"，为环境统计体系运行提供基础性与前沿性的咨询服务，以"多谋"服务决策体系的"善断"。

目前我国环境统计体系没有系统性的咨询平台。而环境统计涉及面广，尤其是在各重点行业污染排放调查与核算方面，需要行业专家的指导与参与。目前，虽然也零星地征求行业专家的意见，但由于体系不完善，咨询专家范围小，咨询形式单一，效果有限。

应建立环境统计咨询专家库，纳入重点行业专家、科研人员、地方统计工作人员、环境规划及管理部门、其他部门统计工作人员等各类专家，在进行环境统计决策和执行时可进行较为全面的咨询。建立环境统计学术交流平台，将分散于各地的环境统计研究成果和经验积累集中起来，更好地服务于环境统计的提升。

4. 监控体系

监控体系是整个政策系统的有机组成部分，它是体制内和体制外的有关部门、单位和个人所组成的一个子系统，相对独立于咨询、决断、执行等系统，其地位较为特殊。

监控系统要运行，必须先建立监控准则，主要作用为确立政策执行的准确和规则，提供检查执行情况的依据。必须明确一项公共政策由谁来执行、怎么执行、执行到什么程度。监控至少存在3个方面：第一，环境统计主管部门对调查对象（主要是工业企业）的监控；第二，环境统计上级机构对下级机构的监控；第三，体制外部门以及公众对环境统计执行情况的监控。

政策监测是监控体系中一项重要的内容。在政策执行过程中，由于信息不充分、有限理性、既得利益偏好、意外事件等因素，使得政策方案被误解、曲解、滥用政策或执行不力，直接影响了政策执行结果。因此，必须对政策执行过程加以监测，以保证正确的政策能得到贯彻实施，并及时发现和纠正政策偏差。政策监测是用来提供公共政策的原因和结果信息的一种分析程序，或者说是测量和记录政策运作信息的一类分析方法，其目的在于说明和解释政策执行情况以及评估其执行效果，以保证政策的有效执行，促进既定政策目标的实现。

处罚激励机制是监控体系中另一项重要内容，是政策有效、正确执行的保障措施。对执行效果达不到预计程度的予以处罚，对执行效果好的予以奖励，处罚不是目的，真正的目的是引导企业认真填报排放信息，促使地方环境统计人员认真负责。处罚要有威慑力，能够起到制止作用。

目前环境统计过程中的监督缺位现象比较严重，主要表现在三个方面：上级环境统计部门对下级的监督比较薄弱；环境统计部门对企业的监督处罚机制基本处于空白状态；企业环境信息未公开，公众监督明显缺位。完善环境统计监控体系，应重点从三个方面着手：第一，建立环境统计工作激励处罚机制；第二，完善环境统计执法途径；第三，明确环境统计信息公开办法，确定企业环境统计信息公开责任。

5. 应用反馈体系

由于主客观多种原因，最后确定的决策方案，有的需要作出根本性修正，有的需要进行必要的修正和完善，这是反馈系统的主要任务。尤其是一些重大的战略决策，要通过局部试验成功，才可进入全面普遍实施阶段。

环境统计中的应用反馈体系是环境统计体系的落脚点和"矫正器"。统计数据经过加工和分析，转化为可以直接为政府环境决策服务的信息，反馈给政府相关部门，使得环境统计信息得以应用到环境政策制定、环境污染监管等方面，为政府的综合决策提供高效服务。环境统计成果的应用情况也可应用于检验当前的环境统计工作是否满足管理的需求和社会的需求，从而不断改进和完善我国的环境统计体系。

目前的环境统计应用反馈体系也十分薄弱。从环境统计工作的整体性来看，环境统计和环境统计分析相脱节，存在重环境统计轻统计分析的现象，统计工作难以与环境管理工作实现紧密结合。另外，由于缺乏简化、适用和规范的环境统计分析方法，统计人员往往无所适从。

环境统计主要通过对环境统计数据进行加工处理，分析环境现状，预测污染形势，从而为环境管理提供信息支持。因此，应建立一套环境统计数据的综合分析体系，针对常见的信息需求编制数据分析模板，从而能够对环境管理的需求进行快速反应，提高效率。对于环境统计信息发布，应挖掘年报、季报、季报直报等数据资源，分析政府、科研院校、公众等用户的不同需求，考虑总量减排、环境规划等环境管理重点工作，形成一套信息发布及时、资源优化利用、面向用户并满足环境管理要求的新型环境统计信息产品的应用模式。

第二章　环境统计核算方法与分类编码

第一节　环境统计核算方法

一、工业源

(一)工业污染源核算方法应用优化研究

1.监测数据法应用优化研究

对监测数据法进行优化，应有针对性地从监测数据法的受限因素和使用过程中容易出现的问题入手考虑优化措施。

(1)监测数据法方法体系优化措施

① 加大监测频次，提高监测数据代表性

在综合考虑监测成本前提下，将当前污染物监测次数适当提升；为确保数据分散性和提高测量数据代表性，建议监测时尽量考虑时间的合理分布。

② 详细核实监测工况，使监测数据贴近排污实际情况

每次监测时，详细记录监测工况。根据多次监测值的工况，推算核算期内的平均工况，以此来校正监测数据法核算结果，使监测数据核算值贴近实际排污情况。

③ 科学处理各种监测数据，做到各种监测数据的合理使用

主要有监督性监测数据、自动在线监测数据、"三同时"竣工验收监测数据，企业自行监测数据、企业委托监测数据等。对各类监测数据是否适合用于污染源统计核算，或者达到何种要求方可用于污染核算，或者在多数数据存在前提下应优先选择哪个数据进行核算，针对以上问题环境统计主管部门必须制定统一要求，以此结束监测数据乱用、滥用现象。考虑到监测频次和代表性原因，因为"三同时"竣工验收监测频次只有1次，且代表的是企业工况、治污设施运行最好状态下的排污情况，企业委托监测数据是由企业自行采样送样，样品的代表性不够，所以暂定应用于污染源统计数据核算的监测数据类型限于监督性监测数据、自动在线监测数据、企业自行监测数据，并根据一定规则确定这三种监测数据使用的优先顺序。

④ 使用替代数据，剔除监测数据法中的不确定因素

如当使用监测数据法对火电厂的烟气量计算以及工业排放废水量核算时，监测

测量数据仅为某一端面某一点在某一时刻的瞬时数据，与大尺度上、长时间段的结果存在较大差异。因此，在使用监测数据计算排放量时，不能简单地将某一负荷条件下的污染物排放量作为某一时间段的排放水平，而应利用测量满负荷条件下废水或废气的排放量与机组满负荷运行时间等参数计算实际排放量。

⑤ 提高监测数据的进入"门槛"，最大限度地提高监测数据核算结果的准确性

根据上述，对监督性监测数据的监测频次、监测因子、监测工况等提出了优化措施，对自动在线监测数据的优化主要应从自动在线监测数据的规范性、准确性、连续完整性等角度考虑。企业自测数据优化参照监督性监测数据进行。

(2) 监测数据法使用优化措施

① 正确处理监测数据，从技术层面改进污染核算质量

对有多次监测数据的，用浓度平均值来核算污染物排放量。有污染物数据流量的，建议计算加权平均值；无法计算加权平均值的，则计算算术平均值；多次监测数据中有未检出污染物的，视作异常值剔除后再计算平均值。

使用有效性自动在线监测数据时，可以暂不考虑工况；其他监测数据必须考虑监测时的工况，并根据工况折算污染物排放量，以废水污染物排放量计算为例，计算方法见式 (2-1)。

$$P = \left(C \times Q \times \frac{1}{F} \times T \right) \times G \times \frac{1}{1000} \qquad (2\text{-}1)$$

式中：P——计算时段内某污染物排放量，kg；

C——某污染物监测当日平均浓度，mg/L；

Q——监测当日废水排放量，m^3/d；

F——监测当日生产负荷，%；

T——计算时段内对应的企业生产天数，d；

G——计算时段内企业平均生产负荷，%。

对于季节性生产等全年非连续正常生产的企业，若使用瞬时流量与监测浓度核算时，须根据当年实际生产时间确定年排污量；若使用生产时间内的累计流量，则在考虑工况的情况下用累计流量与平均浓度核算即可。

原则规定调查对象必须使用调查年度当年的监测数据来核算污染排放。对于有多年监测数据的企业，若产能、治污设施没有明显变化，监测数据突变，则可用历史监测数据来校核，利于查找原因，排除异常值。

② 加强监测数据法核算的审核、培训与研究

加强审核，建立联合会审制度，统计、监测、总量等部门共同把关。加大培训力度，扩大培训面，培训对象至少涵盖国控污染源。管理部门研究建立监测数据法

使用技术规范、审核办法和考核评价体系，从根本上保证利用监测数据法核算污染排放数据质量。

研究基于监测数据的工业污染源排污定量模型的建立与确定，实现污染物排放量核算的精准化和科学化。

③ 正确对待监测数据法

众所周知，监测数据再准确，也只能代表当时工况、原辅材料使用和污染治理设施运行水平下的瞬时产排污情况。即使符合前面对有效监测数据的所有要求，用监测数据来核算污染源全年的排污量，与实际情况也总会存在一定的误差，根据监测数据使用现状，这种误差总是小于真实情况。因此，对监测数据的应用要执行最严格的制度，包括但不限于充分考虑监测频次、监测时的平均工况、治污状况，必须与其他污染物核算方法进行校核等。

正确对待监测数据的使用，不能因为现在监测数据使用中存在的诸多问题（如核算产排污量低于产排污系数法数据，也有很多是不符合监测数据使用规定引起的）而全盘否定监测数据的使用。监测数据是监测系统乃至环保系统的重要数据支撑，如果因为目前使用中存在的问题而弃之不用，则会舍本逐末。笔者认为，应该借助监测技术大比武等手段，进一步规范污染源的监测，再通过制定严格的监测数据在污染源污染物产排量核算中的"准入"制度，建立重点污染源"由监测数据说话"、一般污染源"由系数估算说话"的核算方法体系。

2. 产排污系数法应用优化研究

（1）定期动态更新产排污系数

为了做好产排污系数动态更新的基础技术储备，环境统计技术支持单位根据管理需求和现有产排污系数现状，制订产排污系数动态更新计划和实施方案，设立重点行业和观测／实验站点，根据各观测站点定期收集和整理的观测数据，进行深入分析，根据专家讨论、现场验证等方式，提出产排污系数动态更新建议，适时更新产排污系数。

（2）开展补充监测、组织分类核算、召集专家研讨，补充完善产排污系数

对选定的重点行业开展补充监测，根据监测数据和企业基础数据实施分类核算，并召集专家对工业源产排污系数的普适性、针对性和分类的合理性进行反复研讨。

选取部分非监测样本的企业作为试点评估修正系数的适用性，同时征求地方意见。根据地方反馈意见等对工业源产排污系数进行核实、纠错和完善，完成工业源产排污系数的完善。

3. 物料衡算法应用优化研究

物料衡算法存在适用范围相对较窄、核算数据结果易受质疑和对复杂工程核算

数据可靠性不佳等不足之处。建议应用如下方法优化：

① 在运用物料衡算法进行工业污染物排放量核算时，其依据的是质量守恒定律。在工业工艺生产过程中，平衡所用指标物质或元素的损耗是不可忽略的。且操作工艺不同，导致物质的损耗率有很大差异。但目前对于损耗系数的估计都是粗略的。因此，建议核准物质损耗系数，将损耗系数像产排污系数一样进行准分类并尽量保证准确度，进而尽量使核算值接近准确值。

② 物料衡算法是将庞大复杂体系转化为简单明晰体系并进行估算的过程，为了更准确地使用物料衡算法进行工业污染源排放核算，在使用此方法之前，建议全面分析工业生产反应过程原理，以便在核算过程中忽略对平衡影响较小的因素，将对平衡影响较大因素的影响通过损耗系数等参数校准平衡方程，一方面简化物料平衡法的操作，另一方面保证结果的准确度。

③ 在运用物料衡算法进行污染物排放量核算过程中，人为估量因素较多，因此运用物料衡算法对核算人员工作经验和专业知识要求较高。由此，建议加强物料衡算法操作相关人员的培训和管理。

④ 在运用物料衡算法进行污染物排放量核算过程中，为降低方法原理和人为操控带来的误差，可结合排污量核定实践，综合进行物料衡算的技巧和一般方法，科学地模化物质转化转移过程，即使用模型进行物料衡算法的污染物核算，这也是提高物料衡算法准确度的方法之一。

⑤ 在进行核算时，一些其他的参数可间接影响物料衡算的结果，因此建议在进行核算前，对一些重点影响指标进行检查抽测。例如，在利用物料衡算法进行二氧化硫排放量核算时，排放量使用的燃煤、重油、原料的用量和硫分，会直接影响物料衡算的结果，因此，如使用物料衡算法，须将这些指标的检查抽测纳入污染源监督检查范围，通过较多数据的积累，确保核算结果的客观准确性。

4.三种核算方法之间应用优化研究

在对三种通用核算方法（监测数据法、产排污系数法和物料衡算法）进行优化后，应明确各种方法的适用范围，使三种方法的使用范围"不重叠""不空白"。研究三种方法各自的适用条件，制定各自的适用范围，在条件和范围确定的情况下，尽量不互相校核，不简单"取大数"，对减少数据核算中的不确定性、提高数据质量起到积极作用。建议在参考国外现行环境统计方法的前提下，以我国环境统计政策为基础，使用实验论证、专家打分以及一些数理统计分析方法，明确各种方法的适用范围或具体到某一类工业的某一种污染物的排放量核算的唯一最适方法。具体方法如下：

① 在工业细致分类的基础上，明确具体工业、具体污染物的最适核算方法，逐步发展为"唯一"的核算方法。

② 对于那些未纳入具体工业、具体污染物分类的污染物核算，建立普遍适用的、国家推荐的通用核算方法。

(二)重点行业污染物核算方法应用示例——火电行业

1. 火电行业简介

火电行业是国民经济发展的关键和保障，火电行业的发展为我国经济的发展提供了坚实的能量支撑，我国各行各业的发展与火电行业息息相关。换言之，火电行业的发展规模在一定程度上反映了国民经济的发展水平。

在不断促进国民经济发展的同时，火电行业也会对我国环境造成较大的负面影响。从小范围分析，发电企业排放烟尘，废弃固体颗粒和有害废气、废水都将对区域环境和当地居民产生不利的影响；从大范围来讲，全国的发电企业对于整个国家乃至全球的气候和环境都会造成不可估量的影响，空气颗粒物（PM_{10} 和 $PM_{2.5}$）的增多、酸雨的加剧、光化学烟雾等环境污染问题就是最好的佐证。因此，火电行业的污染控制是关系国计民生的大事，而准确地核算火电行业的污染排放量是进行火电行业环境风险分析的前提，也是火电行业污染控制的依据。

2. 火电行业污染物核算指标

当前，我国火电行业污染核算污染指标主要有废气排放量、二氧化硫产生量、二氧化硫排放量、氮氧化物产排量和烟（粉）尘产生量，以及烟气中汞等重金属产排量等；欧盟火电行业污染物排放核算指标主要有二氧化硫（SO_2）、氮氧化物（NO_4）、甲烷（CH_4）、一氧化碳（CO）、二氧化碳（CO_2）、一氧化二氮（N_2O）、氨气（NH_3）、非甲烷挥发性有机物（NMVOC）、重金属（砷、铅、镍、铜、汞等）等排放量。

二、城镇生活污染源

(一)生活污染源水污染物环境统计优化需求分析

污染源普查中生活源水污染物产排污系数由居民生活和第三产业两部分组成。由于第三产业核算基础服务设施数及其使用率与流动人口关系较强，而与城镇常住人口关系并不明显，城镇常住人口与第三产业服务设施的增长并不同步等，因此，将第三产业合并为日常管理的大生活系数时，导致人均排污系数产生一些不合理的偏差，造成一些地区的系数在时间上、空间上（包括邻域、同等社会经济发展水平城镇之间）可比性较差的现象。

通过对普查数据库的分析发现，部分城市的普查基量填报存在一定偏差，主要包括对城镇常住人口统计口径认识不同引起的常住人口偏差，以及服务设施数存在个别异常值，导致人均组合大生活排污系数发生偏差。

环境统计与污染减排使用的系数核算方法体系脱节，造成在日后的使用上，由于省、市统计的人口差异，仍会使由地市人口汇总的产污量与用省人口直接计算出的人口不一致，从而导致环境统计与污染减排现产污量"两张皮"现象。

(二) 生活污染源废气污染物核算方法优化需求分析

以生活源废气污染物为例来说明当前生活源污染物环境统计核算体系的不足之处，进行优化需求分析。

1. 核算范围仅为居民小区

按照生活废气排放来源及处理措施特点，将其划分为集中排放和分散排放两种。集中排放的大多是第三产业等服务业，其中第三产业包括住宿、餐饮、居民服务和其他服务业、医院、汽车运输业，这些行业的生活源废气燃烧设施规模一般介于工业废气排放设施和居民家庭生活废气排放设施二者之间。工业废气一般是经过静电去除油烟处理的有组织排放；居民家庭生活废气排放主要是分散排放、规模小，一般不经过处理直接排放，且很多是无组织排放，具有面源的特征。

2. 煤炭含硫率分区过细

煤炭含硫率细分到省级行政区，但实际上，我国煤炭资源分布具有明显的区域性特征，煤炭消费省际流动强度逐年增强，流动范围逐年扩展，源汇关系日趋复杂，从而使得某一个省级行政区的煤炭含硫率是多样化的。用过分精细的含硫率反而会增大统计误差。

3. 地级市能源消费数据无法获取

在现有的统计年鉴中，无法获取各地级市能源消费数据，而从其他渠道获取的能源数据不但过程烦琐、工作量大，而且因为统计口径混乱，导致区域之间的可比性差。

(三) 生活污染源废气污染物核算方法优化研究

1. 以常住人口为统计基量的人均生活废气核算方法研究概况

为了建立起城镇生活源水污染和能源废气污染物统一，笔者对以城镇常住人口为统计基量的核算方法进行了多方位的研究。

(1) 以人均耗能量为基础的排污强度法

建立以常住人口为基数的人均生活废气源产排污系数体系，主要构思如下：

① 分析确定全国各地区生活能源人均消费量 (标煤) 分布特征。

② 分析生活能源的主要消费行为，包括居家生活 (如采暖、空调、照明、冰箱、炊事等) 和商业消费 (如住宿、餐饮、居民服务和其他服务业、医院、汽车运输业)，

确定生活能源的统计口径 (注意: 居民小区、第三产业中的住宿和洗浴业的集中式供热锅炉隶属于工业源, 不是研究的对象)。

③ 分析生活能源消费结构, 包括电、燃气 (煤气、天然气和液化石油气)、煤 (不同品种煤炭)、燃油 (汽油、煤油和柴油)、热 (集中供热)。

④ 实验测定各种能源在生活使用中的产排污系数 (尽量细化)。

⑤ 将各种能源产排污系数合并简化成几大类能源的产排污系数。

⑥ 调研建立各行政区 (省、市、县) 生活能耗各类能源比例申报、统计与校核方法。

⑦ 建立基于各类能源比例的人均标准能源的各行政区 (省、市) 人均废气产排污系数体系:

$$Q = N\sum_{i=1}^{n}F_i e_i = N\sum_{i=1}^{n}F_i\left(\lambda_i E\right) \tag{2-2}$$

式中: Q——污染物总产生 (排放) 量;

N——区域城镇常住人口, 通过相关统计资料获得;

F_i——第 i 种生活能源的产排污系数, 由实验室率定;

E——人均能源消费总量, 通过相关统计资料核算;

e_i——第 i 种生活能源人均消费量;

λ_i——第 i 种生活能源占总能源消费的比例, 由各地区填报。

⑧ 系数的试用与合理性论证、验证。

(2) 以人均能耗量为基础的排污强度法

① 排污强度计算

可从统计年鉴获得城镇生活以及第三产业能源消耗量 (实物量) 数据; 各种能源产排污系数通过试验率定, 做必要的合并、简化成综合产排污系数; 根据获取统计年鉴数据中城镇生活以及第三产业能源消耗量 (实物量) 与实验率定的产排污系数, 直接算出各省排污强度。

$$e = \frac{\sum_{i=1}^{n}F_i W_i}{N} \tag{2-3}$$

式中: e——各省排污强度;

F_i——第 i 种能源类别的排污系数;

W_i——第 i 种能源类别的城镇消耗量 (实物量);

N——城镇常住人口数。

② 污染物核算方法

基本原则: 由于各省级行政区能源消费量与全国总消费量一般不平衡, 因此在总量核算过程中应坚持"以省平市"的原则。

A. 方法一：根据各省、市的城镇常住人口数与排放强度，核算该省、市的污染物排放量。

市级核算：

$$Q_j = N_j \cdot e = N_j \cdot \frac{\sum_{i=1}^{n} F_i W_i}{N} = \frac{N_j}{N} \cdot \sum_{i=1}^{n} F_i W_i = \frac{N_j}{N} \cdot Q \tag{2-4}$$

省级核算：

$$Q = N \cdot e = \sum_{i=1}^{n} F_i W_i = \sum_{j=1}^{m} Q_j \tag{2-5}$$

式中：i——第 i 种能源；

j——第 j 个城镇；

n——能源种类；

m——某省级行政区的地级市个数。

该方法的假设条件：各市与全省的能源结构一致。由于污染源核算的范围为城镇区域，用一个能源结构具有一定合理性，同时数据资料容易获取。

B. 方法二：将各种能源消耗量按以下规则分配到各地级市。

首先，按用气量或用气人口或气化率 × 城镇常住人口占全省比例分配燃气消费量。

其次，按（城镇常住人口—用气人口）或（1—气化率）× 城镇常住人口占全省比例分配煤炭消费量。

具体数据来源：

《城市建设统计年鉴》统计口径不太一致，但有液化石油气、人工煤气、天然气的统计数据。

《中国城市统计年鉴》统计口径相对一致，但只有煤气与天然气汇总数和液化石油气，此时，煤气与天然气按同一比例分配。

最后，核算各个地级市的废气污染物排放量。

市级核算：

$$Q_j = \sum_{i=1}^{n} F_i \left(\beta_i W_{ij} \right) \tag{2-6}$$

省级核算：

$$Q = \sum_{i=1}^{n} F_i W_i = \sum_{j=1}^{m} Q_j \tag{2-7}$$

该方法考虑到各市能源结构的差异，但由于涉及的能源种类比较多，β_i 的分配方法比较复杂。

C.方法三：排污强度也可根据实际情况由省分到各市，但在总量核算过程中应坚持"以省平市"的原则。

（3）以能源使用率为基础的动态排污强度法

① 城镇居民生活产排污系数

煤炭：

$$F'_C = A_1 g^{\alpha_1} F_C \cdot 365 \tag{2-8}$$

液化石油气：

$$F'_L = A_2 g^{\alpha_2} F_L \cdot 365 \tag{2-9}$$

管道煤气：

$$F'_p = A_3 g^{\alpha_3} F_p \cdot 365 \tag{2-10}$$

天然气：

$$F'_N = A_4 g^{\alpha_4} F_N \cdot 365 \tag{2-11}$$

式中：g——燃气普及率（气化率），%；

A——在 $g=100\%$ 时的人均日燃煤（气）量，包含中国寒冷地区划分 [主要参考《民用建筑热工设计规范》（GB 50176—2016）]、能源富裕程度等地域特征以及现有技术条件 [燃烧技术革新（决定燃烧效率）、节能建筑] 因素，同时也包含燃气的使用率（燃气普及率仅表示居民有消费燃气的机会，并代表居民最大限度地使用燃气，这一燃气使用率与燃气的价格以及燃气相对其他能源转换效率的大小等方面有关），kg/（人·d）或 m³/（人·d）；

α——弹性系数，表征煤炭与燃气之间的替代作用的强度；

F——原始产排污系数；

F'——新的人均产排污系数，基数为城镇常住人口。

② 第三产业产排污系数

$$F'_T = F_T g^{\alpha} \cdot 365 \tag{2-12}$$

式中：F_T——在 $g=100\%$ 时的某一污染物人均日排放量；

g——气化率，%；

α——气化率弹性系数；

F_r——新的人均产排污系数，基数为城镇常住人口。

③ 污染物总量核算方法

省级核算：

$$Q = F' \cdot N = Ag^{\alpha}F \cdot 365 \cdot N \text{（城镇生活）} \tag{2-13}$$

$$Q = F' \cdot N = Ag^{\alpha} \cdot 365 \cdot N \text{（第三产业）} \tag{2-14}$$

市级核算：

$$Q_i = Q \cdot \frac{g_i^{\alpha} \cdot N_i}{\sum g_i^{\alpha} \cdot N} \tag{2-15}$$

（4）小结

综合考虑基础数据的可获性、统计填报难易程度、数据的处理、模型的复杂程度等多方面因素，对以上各方案的可行性进行了充分的论证，最终认为，构建以常住人口为统计基量的人均生活能源废气产排污系数核算方法体系存在一些技术上的难点，核算生活源能源废气产排污量仍然需要从能源消费量入手，重新构建。

2. 生活能源废气核算方法

（1）基础统计数据的获取

① 生活煤炭消费量：来源于统计部门的能源平衡表（实物量），包括终端消费部分的批发和零售贸易业、餐饮业煤耗，城镇生活煤耗，以及能源加工转换投入产出部分的生活供热煤耗（取绝对值）3 个部分。其中，批发和零售贸易业、餐饮业煤耗和城镇生活煤耗从能源平衡表直接获得；由于能源平衡表中供热煤耗为工业和生活供热总煤耗，生活供热煤耗须在供热总煤耗基础上扣除工业供热煤耗得到。生活供热煤耗和生活总煤耗计算公式见式（2-15）和式（2-16）。

生活供热煤耗 = 供热煤耗（能源平衡表）－ 工业供热煤耗

生活煤炭消费量 = 批发和零售贸易业、餐饮业煤耗 + 城镇生活煤耗 + 生活供热煤耗

$$\tag{2-16}$$

② 生活其他能源（煤气、天然气和液化石油气）消费量：来源于统计部门的能源平衡表（实物量），包括终端消费部分的批发和零售贸易业、餐饮业能耗和城镇生活能耗两个部分，从能源平衡表直接获得。其中煤气包括焦炉煤气和其他煤气两项指标。天然气包括能源加工转换投入产出部分的生活供热天然气消费量（取绝对值）。

生活供热天然气消费量 = 供热天然气消费量（能源平衡表）－ 工业供热天然气消费量

$$\tag{2-17}$$

（2）核算系数与方法

① 生活燃煤二氧化硫采用物料衡算法进行核算

$$Q = G \times 2 \times R \times S \tag{2-18}$$

式中：G——耗煤量；

R——硫转化率，取 0.8；

S——煤中含硫量。

② 排放系数法核算公式

$$Q = G \times f \qquad (2\text{-}19)$$

式中：G——各类燃气消费量；

f——污染物排放系数。

三、农业源

(一) 农业源核算方法概述

农业源环境统计是摸清农业污染底数、做好农业环境管理的重要基础。通过农业源环境统计，全面了解和掌握不同农业源污染物的区域分布、污染类型、产生量、排放量及其去向，为农业环境污染防治提供决策依据。

农业源主要分为种植业污染源、畜禽养殖业污染源和水产养殖业污染源三类。

种植业污染源主要针对粮食作物（谷类、豆类和薯类）、经济作物（棉花、麻类、桑类、油料、糖料、烟草、茶、花卉、药材、果树等）和蔬菜作物（根茎叶类、瓜果类、水生类）的主产区，对种植业生产过程中污染物的产生、流失情况进行统计。

畜禽养殖业污染源以舍饲、半舍饲规模化养殖单元为对象，针对猪、奶牛、肉牛、蛋鸡和肉鸡养殖过程中产生的畜禽粪便和污水污染物的产生、排放情况开展统计。主要统计内容：① 畜禽养殖基本情况，包括饲养目的、畜禽种类、存栏量、出栏量、饲养阶段、各阶段存栏量、饲养周期等；② 污染物产生和排放情况，包括污水产生量、清粪方式、粪便和污水处理利用方式、粪便和污水处理利用量、排放去向等。

水产养殖业污染源以池塘养殖、网箱养殖、围栏养殖、工厂化养殖以及浅海筏式养殖、滩涂增养殖等有饲料、渔药、肥料投入的规模化养殖单元为对象，针对鱼、虾、贝、蟹等养殖过程中产生的污染开展统计。

根据我国种植业、畜禽养殖业、水产养殖业的区域布局，在综合考虑影响农业源污染物产生、排放因素的基础上，确定全国农业污染源普查分区，分区、分类抽样监测农业源污染物产排量，获得不同分区主要类型农业源的产排污系数。

(二) 农业源污染物核算方法优化需求分析

1. 畜禽养殖业

① 畜禽养殖业产排污系数涉及的统计基量过多，不便于调查，使用难度大。如养猪产污系数分保育段、育肥段，但现养殖场保育和育肥段区分不明显，很多养殖人员不清楚保育猪和育肥猪存栏量，或者分不清存栏量与出栏量的区别，导致调查基量的重大误差。此外，奶牛也分为育成牛和产奶牛，蛋鸡分为育雏鸡和产蛋鸡，众多的统计基量，给统计工作增加了难度。

② 畜禽养殖排污方式过于简化。对污染物处理方式考虑不够全面，仅有干清粪、水冲粪和垫草垫料3种养殖的清粪方式。这种方式给出的排污系数在一定程度上无法全面反映污染物处理水平，也不利于从减排角度引导养殖户减少环境污染。

③ 一些畜禽养殖排污系数不合理。如垫草垫料全部按排污量为0，而实际上垫草垫料养殖方式也必须在一定周期内更换垫料或生物垫料，更换出来的垫料处理可能造成二次污染，同时在垫草垫料使用过程也会产生一定量的污液。

④ 产排污系数主要污染物指标不全面。现有系数缺少粪便中氨氮指标；畜禽养殖业产排污系数只有猪、奶牛、肉牛养殖业有氨氮系数，且不包括粪便中的氨氮；蛋鸡和肉鸡没有氨氮指标，而实际上粪便的一些含氮物质，一旦与水接触后就有氨氮释放出来，进入水体中。因此，系数中不含粪便氨氮将导致氨氮产排污量偏低。

⑤ 畜禽养殖业产排污系数区域可比性较差。如肉鸡COD产污量中南、西南地区为13.1g/d，东北、西北地区则为34.2g/d，华东地区为42.3g/d。区域内存在较大差异，这与实际不相符，导致在管理和应用上的混乱。

⑥ 农业源普查成果与环境统计管理和减排需求尚有一定距离。农业污染源核算过程中涉及的统计基量包括产排污系数、播种面积、出栏量、存栏量、各饲养阶段存栏量、水产品产量等，这些统计基量与农业统计基量之间差别较大。

2. 水产养殖业

① 分类过于细，不便于进行调查统计。例如，淡水鱼养殖按不同种类的鱼给出系数，而在统计时很难获得与之对应的基量，尤其是混养更难以估算。

② 水产养殖排污系数地区差异大，地区之间可比性不足，但地区之间的养殖方式（主要是排污方式）又缺乏细分，尚不能满足总量减排的需要。

3. 种植业

① 降雨量对种植业排污系数影响较大，降雨量在一年中的变化的随机性较大，而系数仅以一年的监测值为代表，监测代表性方面不足。

② 种植业排污系数中确定的种植模式过多，且适用范围较小，实际种植过程可

能与给定模式相匹配较少，并且核算污染物量所需的统计基量在日常环境统计中不易获得，导致应用受限，难以操作。

(三) 农业源核算方法优化研究

1. 畜禽养殖业产排污核算方法优化研究

(1) 畜禽养殖业产排污系数体系

在充分考虑上述影响因素的基础上，经广泛调研、深入分析各类畜禽的产污特点，将畜禽养殖业产排污系数体系进行合理整合，简化为"一猪 (生猪)、二鸡 (肉鸡、蛋鸡)、二牛 (牛肉、奶牛)"的系数体系。同时，为了与国家统计资料相衔接，充分利用已有数据资料，及时、准确核算产排污量，经过对现有农业统计资料研究，确定畜禽养殖农业统计的基本统计量主要有出栏量、存栏量和产品产量 3 种统计基量，因此，核算体系主要以出栏量 (猪、肉牛、肉鸡)、存栏量 (奶牛、蛋鸡) 为主要统计基量，并兼顾产品产量。

同时，通过对各地区养殖情况的调查和分析发现，在一定地区内养殖污染物处理方式和处理水平有较大的相似性，通过资料调研与广泛现场调查，总结出全国畜禽养殖业污染处理、利用削减主要方式如下：

3 种养殖清粪方式：① 干清粪；② 水冲清粪；③ 垫草垫料 (生物发酵床)。

4 种畜禽粪便处理：① 直接农业利用 (还田、水产养殖、种食用菌)；② 生产有机肥；③ 生产沼气；④ 无处理。

5 种畜禽养殖废水处理方式：① 直接农业利用 (还田、水产养殖)；② 厌氧处理；③ 厌氧处理 + 好氧处理；④ 厌氧处理 + 好氧处理 + 深度处理；⑤ 无处理。

因此，畜禽养殖业产排污系数以区域 (省级) —养殖规模 (养殖场、养殖小区、养殖专业户) —畜禽种类 ("一猪、二鸡、二牛") —处理、利用 (3 种养殖清粪方式、4 种畜禽粪便处理、5 种畜禽养殖废水处理方式) 为框架，形成了以出栏量和存栏量为主要统计基量的核算体系。

(2) 畜禽养殖业产排污量核算方法

在沿用传统污染减排基本思路的基础上，建立以系统核准动态产污量，核准实际削减量，核清排污量的新的减排体系，开创新的产、削、排、质 (环境质量) 统一动态环境管理新系统体系。

由于污染物治理设施削减效率受自然条件 (降雨量、温度)、管理水平和经济水平影响较大，不同地区污染治理设施削减污染物的效率存在较大差别，见表2-1。因此，通过对全国不同地区、不同污染治理设施去除污染物削减效率实测和削减效率综合分析，最终确定主要污染处理设施削减比例等核算参数。

表 2-1　各地区畜禽养殖业特征

地 区	养殖特征
华北区	该区是我国的传统养殖区，由于水资源相对缺乏，一般以用水量少的干清粪为主，粪便处理方式有环保处理后达标排放、沼气综合利用、简单堆积后农田利用以及直接排放等多种方式，但环保处理量较低。
东北区	该区畜禽养殖数量和粪便产生量大，畜禽粪便基本不进行处理，贮存后直接用于农田，回田比例大，用水量和污水排放量小。
华东区	该区是规模化养殖水平较高的地区，粪便污水处理方式和去向多样，既有环保处理后达标排放，也有沼气综合利用、简单堆积后农田利用以及直接排放。该区畜禽养殖数量大，但土地面积小、水网丰富，与其他地区相比，污水排放量大，环压力较大。
中南区	该区规模化养殖水平较高，5万头以上的超大规模养猪场占全国的1/3，1万头以上的猪场的生猪出栏量占全国的20%，饲养规模大且地表水丰富，清粪方式有水冲清粪、干清粪两种方式。畜禽粪便部分经沉淀等进行一定的处理，然后排放用于农田或池塘。
西南区	该区是我国最主要的生猪产地，但该区生猪规模化水平较低，以家庭饲养为主。饲料既有全价配合饲料，也有青绿饲料，粪便部分采用沼气处理，多数直接排放，容易随地表径流进入环境。
西北区	该区雨量少，气候干燥，冬寒夏暑，昼热夜凉，日温差大。奶牛和肉牛养殖以放牧和小区饲养为主，饲料主要为饲草和秸秆，饲养成本较低，奶牛粪便污水基本不进行处理，部分贮存后用于农田。

① 产污量核算方法

采用产污系数法核算。根据畜禽养殖量（生猪以出栏量、母猪以存栏量、肉牛以出栏量、奶牛以存栏量、肉鸡以出栏量、蛋鸡以存栏量）与产污系数两者相乘，得出产污量。

$$产污量 = 养殖量（出栏量、存栏量）\times 产污系数 \qquad (2-20)$$

② 排污量核算方法

规模化养殖场、养殖小区排污量核算：

削减量采用"组合累积扣减比例法"方法核算。这一方法通过调查确定各种养殖清粪方式的比例、粪便利用方式的比例、尿液/污水处理方式的比例，从而确定各种污染治理设施和综合利用方式对污染物综合削减比例，以产污量为基础，计算削减量，即可求得排污量。

$$排污量 = 产生量 - 削减量 \qquad (2-21)$$

$$削减量 = 产污量 \times 各种处理方式比例 \times 对应处理方式削减比例 \qquad (2-22)$$

养殖专业户排污量核算：

养殖专业户排污量按排污强度进行核算，即按行政区制定出单位畜禽（猪出栏

量、肉牛出栏量、肉鸡出栏量、奶牛存栏量、蛋鸡存栏量）排污强度，根据排污强度与养殖量进行核算，即

$$排污量 = 养殖量 \times 排污强度 \qquad (2\text{-}23)$$

其中养殖专业户排污强度由产污量减去削减量及养殖量计算所得，即

$$排污强度 = （产污量 - 削减量）/ 养殖量 = 产污系数 \times （1 - 削减比例） \qquad (2\text{-}24)$$

2. 水产养殖业产排污核算方法优化研究

（1）水产养殖业产排污系数体系

影响水产养殖生产过程中造成的污染物产生和排放的因素众多，其中养殖系统的形式和养殖生物的种类是影响水产养殖业产排污系数的主要因素。依据《中国渔业统计年鉴》，水产养殖在养殖水体上可分为海水养殖、淡水养殖；在养殖模式上淡水可分为池塘养殖、湖泊养殖（围栏和网箱）、水库养殖、河沟和稻田养殖等，其中集约化养殖方式可分为围栏、网箱和工厂化养殖；海水养殖可分为海上养殖、滩涂养殖和陆基养殖，其中海上养殖主要有浅海筏式养殖、浅海底播养殖和网箱养殖，陆基养殖主要有池塘养殖和工厂化养殖，海水养殖中的集约化养殖方式主要有网箱养殖和工厂化养殖。

在养殖种类方面，淡水的传统养殖品种"青、草、鲢、鳙、鲤、鲫、鳊"，七种鱼类的养殖产量约占淡水鱼类养殖产量的80%。除淡水传统养殖品种外，我国目前已形成规模化养殖的水产品种类已达到近50种，进入国际市场的养殖产品已达20余种，排前6位的鳗鲡、对虾、海水贝类、河蟹、大黄鱼、罗非鱼，其总产量已占出口水产品总量的85%左右，且其养殖已显现出区域化发展的特点，形成分布相对集中的优势出口水产养殖带。

然而，目前我国水产养殖工艺参差不齐、养殖规模大小不一、养殖区域布局不尽相同，养殖生产过程污染物产生机制和排出水平及其动态规律复杂。要核准其污染物产生和排放量仍存在一定难度。

（2）水产养殖业产排污量核算方法

水产养殖只计算排放量。为了结合现有统计资料，水产养殖业的排放量按水产品年产量单位排污强度法进行核算，即

$$水产养殖排污量 = 产量 \times 单位产品排污强度 \qquad (2\text{-}25)$$

3. 种植业产排污核算方法优化研究

（1）种植业产排污系数体系

要构建种植业污染物核算系数体系需要综合考虑种植区域规模、种植方式、耕作方式、农田类型、土壤类型、地形地貌和主要作物的农田污染物流失系数等因素。为简化核算程序，将种植业产排污系数体系按主要土地利用类型和排污特点将种植业分为水田、旱地、园地、保护地4类。种植业只统计排污量（流失量），核查指标

为 TN、TP、氨氮。

（2）种植业产排污量核算方法

种植业产排污量核算按单位种植面积排污强度进行核算，即

$$排污量 = 种植面积 \times 单位种植面积排污强度 \qquad (2-26)$$

（四）农业污染物入河量研究

污染物从产生源头到目标水体的输移过程中，会因蒸发、渗漏、沉降、降解等过程产生衰减，最终仅是部分进入目标水体。但在流域总量控制中纳污能力测算是针对污染物入河量，排污总量在流域、区域层次的控制对象也是污染物入河总量，而污染物层次总量控制对象是污染物排放总量，因此要准确评估流域、区域层次的农业污染物排放总量，必须建立污染源排放总量与入河总量直接的关系，从而便于建立起污染物入河量与目标水体水质状况的关系。

根据不同类型污染源的入河方式与特征，通过入河排污口调查、监测结果以及地表水不同水期的污染物通量分析，分别建立点源与非点源的入河系数核算方法，获取污染物排放总量与入河总量之间的对应关系，从而形成流域水污染物排放总量与入河总量核算的技术体系。

此时，农业污染物入河量为

$$D = \sum_{i=1}^{n} \lambda_i D_i \qquad (2-27)$$

式中：D——农业污染物入河量；

λ_i 和 D_i——分别为第 i 类农业污染源的入河系数和污染物排放量。

区域或流域污染物入河总量可以通过入河排污口调查、地表水通量分析、污染物构成分析等多种方法进行核定，从而综合验证入河排污口调查、入河系数估算的准确性和合理性。

1. 污染物入河量调查

入河排污口是指直接排入水功能区水域的排污口。由排污口进入功能区水域的废污水量和污染物量，统称废污水入河量和污染物入河量。通过实地勘察和搜集资料，查清各水功能区内入河排污口。调查主要内容包括排污口的名称、入河位置（经纬度）、排污方式（明渠入河或暗管／涵入河）、服务人口数量、水功能区、污染物入河总量等。

2. 点源入河系数

污染物从产生源头到目标水体的输移过程中，会因蒸发、渗漏、沉降、降解等过程产生衰减，并且这种衰减会随着输移距离（或时间）的增大而增加，最终仅是部

分进入目标水体。污染物排污量与入河量之间可以通过入河系数建立关系。点源的入河系数可以根据入河排污口的形式，通过对入河距离、渠道形式、气温等主要影响因素进行合理修正获得。

四、移动源

(一)移动源核算方法概述

移动源大气污染物环境统计以道路机动车为主(原则上暂不包括船舶、航空、铁路、农用机械和工程机械等非道路移动源的大气污染物排放)，暂以尾气排放为主。移动源包括民用汽车、低速汽车和摩托车三类。

根据车辆类型、使用性质、燃油种类及初次登记日期将机动车分为四级。其中，第一级根据车辆类型分为微型客车、小型客车、中型客车、大型客车、微型货车、轻型货车、中型货车、重型货车、三轮汽车、低速货车、普通摩托车、轻便摩托车；第二级根据使用性质分为出租、公交和其他；第三级根据燃油种类分为汽油、柴油、燃气等；第四级根据初次登记日期分至每一年。

(二)移动源核算方法研究

常用的移动源机动车排放量核算方法包括保有量算法、交通量算法、燃油消耗量算法。其中，保有量算法是目前最为成熟的方法，保有量等相关参数容易获取，当前的环境统计采用该方法；交通量算法较为成熟，精准度比保有量算法高，具备高时空分辨率，但交通量难以获取，目前尚不具备条件；燃油消耗量算法仅用于验算。

1. 保有量算法

机动车尾气排放总量根据车辆保有量进行计算，公式如下：

$$E = \sum P_{i,j,k} \times PX_{i,j,k} \tag{2-28}$$

式中：i——车型；

j——燃油种类；

k——初次登记日期所在年；

P——保有量，辆；

PX——排放系数，排放因子与年行驶里程的乘积，g/(a·辆)。

首先，由公安交管部门获取按车辆类型、燃料种类、排放阶段的机动车保有量；其次，通过排放测试、文献调研、物料衡算等，获取机动车基本排放因子，然后基于当地循环工况特征、温度、湿度、海拔、负载、燃料等条件，对基本排放因子进行修正，得到综合排放因子；再次，经实际调查、文献调研，获取机动车年行驶里程；最后，将上述三个参数相乘后得到机动车排放量。

2. 交通量算法

机动车尾气排放总量根据交通量进行计算，公式如下：

$$E = \sum_{i,j} T_{i,j,k,l} \times L_l \times EF_{i,j,k,l} \tag{2-29}$$

式中：i——车型；

j——燃油种类；

k——初次登记日期所在年；

l——道路；

T——交通量，辆/d；

L——道路长度，km；

EF——排放因子，g/（km·辆）。

首先，结合浮动车数据、交通模型反演、实际调查校核等，获取不同路段、不同车辆类型的道路交通量；其次，由最新的 ArcGIS 地图获取当地不同路段的道路信息及长度；最后，通过排放测试、文献调研、物料衡算等，获取机动车基本排放因子，然后基于当地循环工况特征、温度、湿度、海拔、负载、燃料等条件，对基本排放因子进行修正，得到综合排放因子。

3. 排放系数测算方法

机动车排放系数为机动车综合排放因子与年行驶里程的乘积。

机动车综合排放因子根据基本排放因子和修正排放因子测算获得，公式如下：

$$EF = BEF \times CF \tag{2-30}$$

式中：EF——机动车综合排放因子，g/（km·辆）；

BEF——基本排放因子，g/（km·辆）；

CF——综合修正排放因子，包括速度（工况）、温度、海拔、空调、负载、燃料及劣化修正。

$$BEF = \frac{BER \times \delta}{V} \times 3600 \tag{2-31}$$

4. 循环工况调查

使用全球定位系统（GPS），采取划定区域随机跟车法或设定路线正常行驶法，记录逐秒的位置、速度、时间数据。使用 MATLAB 开发的专用软件系统将全部数据自动划分成时间间隔为 900～1200s 的数据区间。计算出各区间数据的工况特征值、全部数据的特征值以及不同速度区间的特征值，根据相关系数的大小选出备选的代表数据区间；对代表数据区间进行其速度 – 加速度分布统计，考察代表区间的速度－加速度构成与总体的速度－加速度构成的相似性，选出相似性好的 2~3 个代表工况，观察其工况形态，选择适于进行台架实验的工况作为最终代表工况。

第二节　环境统计分类编码

一、环境统计分类编码需求分析

环境统计指标编码首先根据环境统计业务将指标进行分类，将指标赋予一定规律性的、易为计算机识别和处理的一组有序的符号排列。分类编码的标准化，是已形成的一套统一经济、社会、科技统计指标体系及其编码体系，是信息化应用及环境统计制度管理十分重要的基础工作，对数据分析统计、污染物控制、环境规划与管理具有重要意义。

要开展环境统计分类编码规范研究，首先必须确定一个环境统计基本理论框架，以便确定统计对象。为了使环境统计更加系统化和科学化，许多国家已经或正在着手进行环境统计的系统规划。从各国情况来看，有两种框架较常用：一是由联合国统计署（UNSD）开发的环境统计开发框架（FDES）；二是由经济合作与发展组织（OECD）开发的压力－状态－反应框架（PSR），如欧盟各成员就采用 PSR 来组织他们的环境统计资料和信息。依据对环境的广义定义（其中包含资源），PSR 框架在基本模式上吸收了经济合作与发展组织（OECD）关于"压力－状态－反应"的构造思路，但又有所变化，形成了所谓"压力－影响－反应－存量与背景"的四段模式。此后该模式还有各种变通式、推广式的应用，如欧盟的"驱动力－压力－状态－冲击－反应"模式、联合国针对可持续发展开发的"驱动力－状态－反应"模式等。

根据表 2-2 中两种环境统计框架的对比可知，我国环境统计更注重主要污染物的排放和治理情况，统计指标关注的重点是污染物，包括废水、废气、化学需氧量、氨氮、二氧化硫、氮氧化物、生活垃圾和工业固体废物等，重点反映这些污染物的产生、治理和排放。根据污染物控制与环境保护工作实际需要，我国环境统计对象主要包括污染源企业、农业面源、生活源、机动车以及集中式处置设施。

表 2-2　PSR 与 FDES 框架比较

PSR 框架	FDES 框架
压力（动力）	社会经济活动和事件
状态	影响与效果
反应	影响的反应
背景（通常包括在状态中的详细目录和存量）	详细目录、存量、背景条件

从现行的环境统计报表制度来看，环境统计分类编码有按属性分类和按行业分类两种主要应用模式。已进行标准化编码的指标中引用了8项有关经济、环保方面的国家标准规范，其余编码皆为顺序码。采用国家标准规范进行编码，保证了编码的规范性和统一性，提高了环境统计数据采集的工作质量。

但在实际环境统计工作中，仅有几项指标进行了编码规范，远远不能满足当前的工作需要。基于现有指标标准化编码现状，从环统工作实际角度出发，总结出环境统计分类编码存在以下不足。

(一) 环境统计编码系统性不足

在制定环境统计报告制度时主要考虑统计内容本身，包括统计范围、统计口径、统计指标项等，以期全面反映统计对象的生产情况、污染物排放情况、污染治理情况，并没有从统计结果的统计分析角度考虑，没有针对指标的分类编码标准化进行系统式的设计与规划，指标之间缺乏内在联系，难以通过编码进行快速综合分析和评价，未能形成科学实用的编码体系。同时，环境统计指标量化困难，几类指标同属一个层次，又局限于环境系统内，没有与经济社会数据挂钩，没有价值量指标，难以准确反映与环境经济发展的内在联系及相互作用。因此，应尽快研究制定一套包括经济、社会和环境在内的，既有综合性又简明扼要的、适应可持续发展要求的指标编码体系。

(二) 指标编码覆盖度不够

环境统计统计包括工业源、农业源、城镇生活源、机动车、集中式污染治理设施、环境管理六大类上百项指标，现行的环境统计报表制度引入了行政区代码、污染物名称代码、国民经济行业分类代码等国家标准与行业标准，但实现编码的统计指标仅占其中的一小部分。

因此，环境统计的其他指标质量很大程度上依赖于被调查单位或报表填报人员的专业程度，极容易造成统计口径不同、统计指标内容描述不统一、统计指标类别划分偏差大等问题，例如主要生产产品，主要有毒原辅材料、生产工艺、污染治理设施、污染治理方法等统计指标大部分集中在其他类别中，很大程度降低了环境统计数据的准确性和权威性。

二、各部门分类及编码工作经验

(一)统计部门

国家统计局为工业经济现状制定经济政策、编制和检查工业计划执行情况,需要对工业企业生产经营活动进行统计,为各级政府制定政策和规划、进行经济管理与宏观调控提供依据。

国家统计局对工业企业生产经营活动统计采用的是工业统计报表制度,主要统计报表包括单位基本情况、从业人员状况、生产经营状况、能源消费情况、工业用水情况等。

根据工业统计报表制度规定,被调查企业生产经营状况和能源消费情况的统计需要使用产品、能源等指标,其中使用的编码方式见表2-3。

表2-3 工业统计报表主要统计指标

统计报表	统计指标	编码示例
单位生产经营状况	产品编码	3140-0-8-0(钢筋)
	产品计量单位	流水号
能源消费状况	能源名称	16-02(卷烟耗电)
	能源计量单位	流水号
	工业用水	16-03(卷烟耗水)

由于经济活动中产品生产种类繁多,在工业统计报表中统计编码分类方式主要采用《国民经济行业分类与代码》中规定的行业分类标准。

1.行业指标编码分类方法

国家统计局在执行统计业务时,其指标编码分类方法是按照《国民经济行业分类与代码》提供的分类编码方式,按国民经济活动划分的方式对工业企业生产统计数据进行分类,可以同其他部门统计数据建立较为准确的关联关系(见表2-4)。

表2-4 国民经济行业分类与代码体系

代码		类别名称	代码		类别名称
门类	大类		门类	大类	
A		农、林、牧、渔业	C	28	化学纤维制造业
	1	农业		29	橡胶和塑料制品业
	2	林业		30	非金属矿物制品业
	3	畜牧业		31	黑色金属冶炼和压延加工业

代码		类别名称	代码		类别名称
门类	大类		门类	大类	
A	4	渔业	C	32	有色金属冶炼和压延加工业
	5	农、林、牧、渔服务业		33	金属制品业
B		采矿业		34	通用设备制造业
	6	煤炭开采和洗选业		35	专用设备制造业
	7	石油和天然气开采业		36	汽车制造业
	8	黑色金属矿采选业		37	铁路、船舶、航空航天和其他运输设备制造业
	9	有色金属矿采选业		38	电气机械和器材制造业
	10	非金属矿采选业		39	计算机、通信和其他电子设备制造业
	11	开采辅助活动		40	仪器仪表制造业
	12	其他采矿业		41	其他制造业
C		制造业		42	废弃资源综合利用业
	13	农副食品加工业		43	金属制品、机械和设备修理业
	14	食品制造业	D		电力、热力、燃气及水生产和供应业
	15	酒、饮料和精制茶制造业		44	电力、热力生产和供应业
	16	烟草制品业		45	燃气生产和供应业
	17	纺织业		46	水的生产和供应业
	18	纺织服装、服饰业	E		建筑业
	19	皮革、毛皮、羽毛及其制品和制鞋业		47	房屋建筑业
	20	木材加工和木、竹、藤、棕、草制品业		48	土木工程建筑业
	21	家具制造业		49	建筑安装业
	22	造纸和纸制品业		50	建筑装饰和其他建筑业
	23	印刷和记录媒介复制业	F		批发和零售业
	24	文教、工美、体育和娱乐用品制造业		51	批发业
	25	石油加工、炼焦和核燃料加工业		52	零售业
	26	化学原料和化学制品制造业	G		交通运输、仓储和邮政业
	27	医药制造业		53	铁路运输业

续表

代码		类别名称	代码		类别名称
门类	大类		门类	大类	
G	54	道路运输业	N		水利、环境和公共设施管理业
	55	水上运输业		76	水利管理业
	56	航空运输业		77	生态保护和环境治理业
	57	管道运输业		78	公共设施管理业
	58	装卸搬运和运输代理业	O		居民服务、修理和其他服务业
	59	仓储业		79	居民服务业
	60	邮政业		80	机动车、电子产品和日用产品修理业
H		住宿和餐饮业		81	其他服务业
	61	住宿业	P		教育
	62	餐饮业		82	教育
I		信息传输、软件和信息技术服务业	Q		卫生和社会工作
	63	电信、广播电视和卫星传输服务		83	卫生
	64	互联网和相关服务		84	社会工作
	65	软件和信息技术服务业	R		文化、体育和娱乐业
J		金融业		85	新闻和出版业
	66	货币金融服务		86	广播、电视、电影和影视录音制作业
	67	资本市场服务		87	文化艺术业
	68	保险业		88	体育
	69	其他金融业		89	娱乐业
K		房地产业	S		公共管理、社会保障和社会组织
	70	房地产业		90	中国共产党机关
L		租赁和商务服务业		91	国家机构
	71	租赁业		92	人民政协、民主党派
	72	商务服务业		93	社会保障
M		科学研究和技术服务业		94	群众团体、社会团体和其他成员组织
	73	研究和试验发展		95	基层群众自治组织

代码		类别名称	代码		类别名称
门类	大类		门类	大类	
M	74	专业技术服务业	T		国际组织
	75	科技推广和应用服务业		96	国际组织

2.产品指标编码分类方法

产品编码采用了七位数编码：第一段为前四位编码，使用《国民经济行业分类与代码》中"行业编码小类"的分类编码代表产品行业；第二段为后三位编码，分三部分分别代表具体行业下的产品大类、产品小类和具体产品，采用流水号形式编码。如钢筋编码为3140-0-1-0，前四位编码3140代表钢材延压产品，第五位编码0代表没有钢材延压产品的大类，第六位编码1代表钢材延压产品中类棒材类，第七位编码0代表没有棒材的小类。

3.产品能耗指标分类方法

产品能耗、产品用水量等指标编码采用四位数：第一段为前两位，使用《国民经济行业分类与代码》中"行业编码大类"；第二段为后两位代表具体消耗能源的种类，采用流水号形式编码。例如，卷烟耗电编码为1602，前两位编码16代表烟草行业，第三位、第四位编码02代表能耗种类为耗电。

国家统计局颁布的《国民经济行业分类与代码》分类标准及编码体系具有普遍适用性，可以适用于环境、农林、工商、税务等多个行业统计，通过"行业分类"为纽带实现不同部门之间数据的整合与共享，更能反映国家社会经济发展、环境治理等情况。经过多年的使用论证，国家统计局的《国民经济行业分类与代码》标准已逐步完善与成熟。因此，环境统计分类编码技术研究所涉及的行业建议仍使用《国民经济行业分类与代码》标准，并根据环境统计的侧重点调整编码的深度和广度。

（二）水利部门

水利部门的统计工作主要针对各区域水文、水利活动和水行设施等方面的基本情况，通过水利统计数据反映国家水利发展形势，为水利建设和相关行业提供数据支撑和决策支持。其信息已按照多种方式进行了分类，并以不同的形式记录在不同的载体之上。为促进水利信息的科学管理和标准化，我国在水利信息的分类编码标准化方面进行了大量的研究，形成了一系列行业标准，这些标准改变了以往不同部门之间使用各自信息分类编码的状况，解决了许多基础信息重复整编、互不统一、无法共享的局面，对推动我国水利信息化建设和信息共享起到了重要作用。

《水利技术标准体系表》针对水利信息化标准的现状和特点，将水利信息按照专业门类划分为水文、水资源、水环境、水利水电、防洪抗旱、供水节水、灌溉排水、水土保持、小水电及农村电气化、综合利用等类别，此分类为水利行业技术标准的管理和使用提供了便利，这也是对水利信息分类的一次有益尝试，具有重要的理论和实践价值。但是，该分类仅是针对我国水利技术标准成果的管理这一特殊用途的一种分类体系，随着水利信息化发展和应用需求，其分类层次和内容体系还有待进一步完善。

在国家层面上，《学科分类与代码》将水利工程学科划分为水利工程基础学科、水利工程测量、水工材料、水工结构、水力机械、水利工程施工、水处理、河流泥沙工程学、海洋工程、环境水利、水利管理、防洪工程、水利经济学等。可以看出，该分类是一种学科分类，而且存在学科分类过粗的现象，与水利行业有关的学科未得到充分体现，不能满足水利行业的科学数据管理和科技创新工作的实际需要。尤其是在实际工作中产生的水利科学数据，国家学科分类与代码标准并不能完全适用。

水利部门综合统计指标采用3位编码。第一段编码为第一位采用字母，代表水利统计基本分类；第二段编码为第二位、第三位，采用流水号代表水利统计具体指标。

水利部门统计编码是按照水利业务关注的指标进行分类的，采用其部门内部编码规则，反映了水利统计业务的专业特点。这一编码分类方法同其他部门所使用的统计编码分类方法没有关联性，水利统计数据很难通过编码同其他部门统计数据建立关联。但水利统计分类及编码具有简单、易用等特点，环境统计分类编码标准技术研究与编码体系制定可参考这一特性，将普通行业编码层级尽量控制在三级以内，重点行业编码层级可放宽至四级或五级。

三、环境统计分类编码原则

(一) 分类编码易操作

目前的环境统计工作采取分级负责的制度，技术工作仅依赖各级的环境监测站，在基层的技术力量比较薄弱，相对的工作任务较重，基本上一个人要负责收集、录入和审核成百上千条数据，而且基层的工作人员流动性很大，大部分没有经过专业的培训就要上岗工作。

制定标准的统计分类和编码体系规范，能够简单地反映到环境统计软件中去，使基层环境统计工作人员或非专业被调查人员正确选择企业的生产产品、原辅材料、生产工艺、排污治理等内容，规范此类指标的填报数据。

制定标准的统计分类和编码体系规范，省级国家级统计人员能够根据分类等级对市县级上报的环境统计数据进行不同级别的统计汇总，集中反映重点行业的产品产量、原辅材料使用、污染治理设施情况，深化环境统计数据的统计分析，为污染减排、环境管理提供服务与支持。

(二) 分类编码规范性

环境统计作为污染减排"三大体系"之一，是反映环境质量状况重要的基础数据，因此，环境统计分类编码技术与编码体系建立将重点考虑重点行业的重要性，区分重点行业与非重点行业统计指标的深度、广度及细化程度，以满足各类环境管理工作需求，特别是总量减排目标考核所需要的数据支撑方面的精细化、精确化需求。

根据环境统计分析以及环境管理不断发展的需求，环境统计分类编码标准技术研究需要根据环境统计指标之间的逻辑关系，在现有分类编码基础上增加部分关键指标编码，增强环境统计分类编码的实用性，提高环境统计指标体系的完整性和严谨性，以实现环境统计能够客观反映社会经济发展与环境污染之间的关系。

四、环境统计分类编码方案设计

(一) 编码方法概述

1. 信息编码

信息编码是将实物或概念 (编码对象) 赋予具有一定规律、易于计算机和人识别处理的符号，形成代码元素集合。代码元素集合中的代码元素就是赋予编码对象的符号，即编码对象的代码值。

所有类型的信息都能够进行编码，信息编码包含的内容有数据表达成代码的方法、数据的代码表示形式、代码元素集合的赋值。

编码的目的是把编码对象彼此区分开，在编码对象的集合范围内，编码对象的代码值是其唯一性标志；信息编码的分类作用实质上是对类进行标识；信息编码的参照作用体现在编码对象的代码值可作为不同应用系统或应用领域之间发生关联的关键字。

2. 信息编码的基本原则

① 唯一性：在一个分类编码标准中，每一个编码对象仅应有一个代码，一个代码只唯一表示一个编码对象；

② 合理性：代码结构应与分类体系相适应；

③ 可扩充性：代码应留有适当的后备容量，以便适应不断扩充的需要；

④ 简明性：代码结构应尽量简单，长度尽量短，以便节省机器存储空间和减少代码的差错率；

⑤ 适用性：代码应尽可能反映编码对象的特点，适用于不同的相关应用领域，支持系统集成；

⑥ 规范性：在一个信息分类编码标准中，代码的类型、代码的结构及代码的编写格式应当统一。

3. 信息编码方法

编码方法应以预定的应用需求和编码对象的性质为基础，选择适当的代码结构。在决定代码结构过程中，既要考虑各种代码的编码规则，又要考虑各种代码的优缺点，还要分析代码的一般性特征，选取合适的代码表现形式，研究代码设计所涉及的各种因素，避免潜在的不良后果。

信息编码的基本方法有 3 种：线分类法、面分类法和混合分类法。其中，线分类法又称层级分类法、体系分类法，面分类法又称组配分类法。

（1）线分类法

线分类法是将分类对象（被划分的事物或概念）按所选定的若干个属性或特征逐次地分成相应的若干个层级的类目，并排成一个有层次的、逐渐展开的分类体系。在这个分类体系中，被划分的类目称为上位类，划分出的类目称为下位类，由一个类目直接划分出来的下一级各类目，彼此成为同位类。同位类类目之间存在并列关系，下位类与上位类类目之间存在隶属关系。

（2）面分类法

面分类法是将所选定的分类对象的若干属性或特征视为若干个"面"，每个"面"中又可分为彼此独立的若干个类目。使用时，可根据需要将这些"面"中的类目组合在一起，形成一个复合类目。

例如，服务的分类可采用面分类法，选服装所用材料、男女式样、服装款式作为 3 个"面"，每个"面"又可分为若干个类目，见表 2-5。

表 2-5　面分类法实例

材料	男女式样	服装款式
纯棉	男式	中山装
纯毛	女式	西服
中长纤维		猎装
		连衣裙

使用时，将有关类目组配起来，如纯毛男式中山装、中长纤维女式西服等。

(3) 混合分类法

混合分类法是将线分类法和面分类法组合使用，以其中一种分类法为主，另一种做补充的信息分类方法。

（二）分类编码指标

按照统计指标内容将环境统计指标归集成工业源、农业源、城镇生活源、含机动车、集中式污染治理设施、环境管理六大类，按照统计指标特性将各类污染源指标分为四部分，分别是基本信息指标、台账指标、污染物产排情况指标和治理设施及运行情况指标。其中，污染物产排情况指标和治理设施及运行情况指标是核心指标，是生态环境部门参与宏观决策、反映环境规划和治理成效的指标；基本信息指标和台账指标是为了支撑及核实核心指标准确性的辅助指标。其中，基本信息指标主要关注企业基本情况，包括企业地址、经纬度坐标、企业规模、排水去向、受纳水体；台账指标主要关注调查对象的经济发展情况，包括产品产量、原辅材料、生产工艺、设备等，重点反映这些资源状况和执行情况；污染排放指标关注的重点是污染物，包括废水、废气及工业固体废物等，重点反映这些污染物的产生及排放；治污投入指标主要关注治理污染投入情况，包括污染物治理工艺执行治理设备使用情况。基于这个基本架构，进一步将各类指标项按照其特性分别归入不同的主题之中，从可操作性强、简单实用原则出发，按照信息分类的线分类法，环境统计可以按照环境管理要素(污染物类型)的不同对统计对象进行分类，并形成根类表。

（三）编码体系方案

1.设计原则

环境统计分类编码标准技术体系设计是根据环境统计数据内容或特征，将统计数据按照一定的原则和方法进行区分和归类，建立起一定的分类标准和排列顺序，并用一种易于被计算机和人识别的符号体系表示出来的过程。

环境统计分类编码体系设计目标是在现有环境统计分类编码的基础上，完善并设计环境统计重点指标编码，便于环境统计工作人员顺利地开展统计工作，并将统计数据有序地存入计算机，对它们进行有效的存储、管理、检索分析、输出和交换等，使其成为环境统计数据标准化建设与环境统计数据库数据组织、存储、管理和交换的共同基础，实现环境统计数据的共享与互操作。

环境统计编码需要准确反映所代表的环境统计指标，同时编码规则应尽可能简洁美观、高效实用。因此，编码标准技术体系的设计必须遵循以下原则：

（1）先进实用，紧贴统计需求

突出重点，加强针对性，环境统计分类编码体系设计要把不同管理部门最关注的统计信息组织好，方便查询、直观简明地汇总分析。把握环境管理决策的最新数据需要，及时做好新的统计指标的编码设计。

（2）高度集约化利用各部门现有数据资源，降低工作量

环保系统内外已统计的专业环境数据较为成熟，只要统筹设计从这些环境数据库中转换的"纽带"指标编码即可，统计指标的选择及编码体系设计将主要立足利用现有资源。

（3）信息集成共享

通过环境统计分类编码标准技术研究，将环境影响评价、排污申报、污染源普查、污染物专项检查等管理业务的专业数据贯穿起来，实现数据和信息的高度集成；各业务管理部门通过统一的分类编码体系关联相关的环境信息，实现数据与信息的共享。

（4）全面覆盖统计职能机构

环境统计分类编码标准技术研究全面覆盖各级统计职能机构的实际需求，降低环境统计难度，提高环境统计编码实用性；其他统计管理部门只要通过行业分类指标就可以关联统计内容，实现统计资源全面整合，提升环境统计应用价值。

（5）经济性与开放性

环境统计分类编码标准技术研究是在现有统计编码的基础上进行完善与提升，避免浪费往年环境统计工作成果与投资。同时，分类编码标准技术体系设计过程中充分考虑统计指标调查数据的开放性，保证各业务管理部门能够获取业务管理过程中的必要信息。

（6）易于扩展性

随着环境保护工作的开展，环境与健康的关系越来越得到政府和社会公众的关注，环境监管已不能停留在常规水质指标的水平，更多环境污染要素必须逐步纳入环境统计中。其中应拓展集中式处理设施、农业面源、畜禽养殖、机动车、生活污染等多方面的信息，环境统计分类编码标准技术体系本身应具有较强的可扩充能力，接入集成更多的环境要素和监管因子。

2.编码规则与码位设计

（1）编码规则

根据信息分类与编码的方法论，编码规则包括编码数据的类型、排列顺序、结构和编码模型。

环境统计数据编码规则充分体现环境统计指标分类体系结构和排列顺序，重点反映环境统计数据结构的适用性、扩展性、逻辑性等。

环境统计不仅关注污染物排放行业，还关注污染物排放种类。现有环境统计编码体系大多数指标编码使用层级分类法，通过码位的层级关系反映指标属性，例如，企业生产产品编码是按照产品所属行业进行分类，即通过编码中的不同码位的层级关系代表指标所属的行业类别。此外，危险废物的指标编码使用了面分类法，利用统计指标编码中的不同码位代表指标的不同属性。因此，环境统计编码设计采用层次分类法为主、结合面分类法的分类方法。

(2) 码位设计

编码代码类型有数字型、字母型与数字字母混合型三类。从直观与记忆方便角度分析，环境统计分类编码使用数字字母混合型代码，并且根据环境统计业务实际需要使用不等长型的码位设计(按需编码)。

代码分为大类、中类、小类等。经统计分析，环境统计每个类别的指标内容数量基本小于100。因此，编码统一使用二位码位。

3. 编码体系设计方案

(1) 统计指标的编码依据

① 企业行业分布

"企业行业分布"指标的主要意义是可以根据污染物的排放行业分布特点，对其行业属性进行分析，研究其行业类别的特点。

环境统计需要根据此标准按国民经济活动划分的方式，选取具有污染排放的"06-46"行业分类，对工业企业排污及治污数据进行分类，同其他部门统计数据建立较为准确的关联关系。

② 主要生产产品

"主要生产产品"指标的统计，能够反映经济活动中具体产品与污染物排放之间的关系，并结合国家经济产业分类开展分析。

"主要生产产品"主要参照统计部门颁布的《统计用产品分类目录》，在工业企业统计的行业分布范围内选取主要的产品目录，针对重点行业选取具体分类较为细致的产品目录。

③ 生产产品原辅材料

"生产产品原辅材料"指标能够反映不同生产原辅料对污染排放造成的影响，考察其行业属性，并结合相关工程技术进行分析。

"生产产品原辅材料"主要参照污染源普查产排污系数手册以及相关文献资料。

④ 生产工艺

"生产工艺"指标能够反映不同生产工艺对污染排放造成的影响，考察其行业属性，并结合相关工程技术进行分析。

"生产工艺"主要参照污染源普查产排污系数手册以及相关文献资料。

⑤ 主要污染物

"主要污染物"指标重点反映污染物种类特点，通过污染物排放总量的汇总分析，可以反映地区及行业对环境的影响。根据我国环境管理统筹安排，污染物指标将引用环境管理现有的相关标准和规范。

⑥ 污染物处理工艺

"污染物处理工艺"指标主要反映污染物处理工艺分类。根据污染物种类，并结合相关工程技术进行指标设计，反映各行业及地区对环境污染采取的积极活动。

⑦ 污染物处理设施

"污染物处理设施"指标用于反映污染物处理设施分类。根据污染物种类，并结合相关工程技术进行指标设计。

"污染物处理工艺"主要参照污染源普查产排污系数手册以及相关文献资料。

(2) 环境统计分类编码设计

根据现有各指标所使用的编码方法和结构，参照已有的编码标准规范，制定现有环境统计指标的分类编码规范。

① 企业生产产品

编码规则为 CP-××-××-××-××-××。

第 1~2 位代码代为该编码标识，为字母"CP"。

第 3~4 位代码表示产品所属行业，按照《国民经济行业分类与代码》中"行业大类"代码编排。

第 5~6 位代码表示产品大类，用两位流水号表示，从 01 开始；如果产品类别为"其他"，则编码为 99。

第 7~8 位代码表示产品中类，用两位流水号表示，从 01 开始；如果产品类别为"其他"，则编码为 99。

第 9~10 位代码表示产品小类，用两位流水号表示，从 01 开始；如果产品类别为"其他"，则编码为 99。

第 11~12 位代码表示具体产品，用两位流水号表示，从 01 开始；如果产品名称为"其他"，则编码为 99。

为了满足化学品专项调查的统计需要，"化学原料及化学制品"保留至 12 位编码。其他行业的产品大类、产品中类、产品小类根据统计需要酌情调整，编码长度也按需动态调整。

② 企业生产产品原料

编码规则为 YL-××-××-××-××-××。

第1～2位代码代为该编码标识，为字母"YL"。

第3～4位代码表示原料所属行业，按照《国民经济行业分类与代码》中"行业大类"代码编排。

第5～6位代码表示原料大类，用两位流水号表示，从01开始；如果原料类别为"其他"，则编码为99。

第7～8位代码表示原料中类，用两位流水号表示，从01开始；如果原料类别为"其他"，则编码为99。

第9～10位代码表示原料小类，用两位流水号表示，从01开始；如果原料类别为"其他"，则编码为99。

第11～12位代码表示具体原料，用两位流水号表示，从01开始；如果原料名称为"其他"，则编码为99。

企业生产产品原料的原料大类、原料中类、原料小类根据各行业的特点以及环境统计需要酌情调整，编码长度也按实际情况动态调整。

③ 企业生产工艺

编码规则为GY-××-××-××-××-××。

第1～2位代码代为该编码标识，为字母"GY"。

第3～4位代码表示工艺所属行业，按照《国民经济行业分类与代码》中"行业大类"代码编排。

第5～6位代码表示工艺大类，用两位流水号表示，从01开始；如果工艺类别为"其他"，则编码为99。

第7～8位代码表示工艺中类，用两位流水号表示，从01开始；如果工艺类别为"其他"，则编码为99。

第9～10位代码表示工艺小类，用两位流水号表示，从01开始；如果工艺类别为"其他"，则编码为99。

第11～12位代码表示具体工艺，用两位流水号表示，从01开始；如果工艺类名称为"其他"，则编码为99。

企业生产工艺指标的工艺大类、工艺中类、工艺小类根据各行业的特点以及环境统计需要酌情调整，编码长度也按实际情况动态调整。

④ 污染物

根据我国环境管理办法，污染物主要分为水、大气、噪声、固体废物四类，环境统计重点调查水、大气、固体废物三类污染物。

我国污染物方面现行的标准规范主要包括《水污染物名称代码》(HJ525—2009)、《大气污染物名称代码》(HJ524—2009)、《国家危险废物名录》等，环境统计污染物分类及编码将引用以上分类标准和编码规则。

污染物编码规则为 ×-××-×××。

第1位代码为该污染源分类标识，规定字母"W"为水污染物类别代码，字母"A"为气污染物类别代码，字母"G"为固体废物类别代码。

第2～3位代码表示污染物类别，用两位流水号表示，从01开始。

第4～5位代码表示具体污染物，用两位流水号表示，从01开始；如果污染物名称为"其他"，则编码为999。

⑤ 污染物处理设施

根据污染物的类型区别，污染物处理设施编码也分为水污染物处理设施、大气污染物处理设施和固体废物处理设施三类。

污染物处理设施编码规则为 S-×-××-××-××。

第1位代码为处理设施标识码，"S"代表处理设施。

第2位代码为处理污染物类别代码，规定字母"W"为水污染物类别代码，字母"A"为气污染物类别代码，字母"G"为固体废物类别代码。

第3～4位代码表示处理设施大类，用两位流水号表示，从01开始。

第5～6位代码表示处理设施小类，用两位流水号表示，从01开始；如果处理设施类别为"其他"，则编码为99。

第7～8位代码表示污处理具体处理设施，用两位流水号表示，从01开始；如果处理设施类别为"其他"，则编码为99。

⑥ 污染物处理方法

根据污染物的类型区别，污染物处理方法编码也分为水污染物处理方法、大气污染物处理方法和固体废物处理方法三类。

污染物处理方法编码规则为 F-××-××-××-××。

第1位代码为处理方法标识码，"F"代表处理方法。

第2位代码为处理污染物类别代码，规定字母"W"为水污染物类别代码，字母"A"为气污染物类别代码，字母"G"为固体废物类别代码。

第3～4位代码表示处理方法大类，用两位流水号表示，从01开始；如果处理方法类别为"其他"，则编码为99。

第5～6位代码表示处理方法小类，用两位流水号表示，从01开始；如果处理方法类别为"其他"，则编码为99。

第7～8位代码表示处理具体方法，用两位流水号表示，从01开始；如果处理方法类别为"其他"，则编码为99。

（3）环境统计分类指标编码库

按照有关分类编码规范要求，编制对应指标项的分类编码，建立体系完整的环境统计分类编码库，实现对编码的规范化管理。根据初步制定的分类编码标准，对各个行业生产产品、原辅材料、工艺流程、污染物、污染物处理设施、污染物处理方法等内容进行编码，形成环境统计分类编码库。

第三章 环境经济分析

第一节 环境经济综合分析

一、环境经济综合分析概述

(一)环境经济综合分析的意义

环境经济综合分析是在可持续发展理论指导下，以统计数据为主要数据源，以各种环境统计方法和环境经济方法为主要手段，根据分析研究的目的，进行经济环境现状综合分析、经济发展环境压力分析、经济环境预测以及经济环境核算等不同内容的分析研究，把经济系统和环境系统结合起来，揭示环境经济现象的内在本质和发展规律。

环境经济统计作为认识环境经济现象的重要工具，其根本任务在于揭示环境经济现象的内在本质及其规律。但是，环境经济现象是错综复杂的，它们的发展变化是各种因素相互制约、相互影响的结果。因此，从全面综合的角度，把经济系统和环境系统联系起来进行环境经济综合分析，具有重要的政策内涵。

首先，环境压力预警分析对地区经济发展规模调控、产业结构调整等方面具有重要的倒逼作用。在压力－状态－响应（PSR）理论模型的指导下，构建经济发展与环境污染关系的指标体系，结合地区环境承载力，分析在不同经济发展速度和不同经济发展模式下，经济发展对环境污染的压力状态和地区的环境承受程度，可为地区产业结构调整、污染减排政策落实、地区经济可持续发展等提供重要的科学依据。

其次，经济环境预测模拟为国家、地区环境管理、规划和相关决策提供有效支撑。利用各种环境经济数据和环境经济预测模型，把社会、经济、环境三个子系统联系起来，利用多种预测情景，模拟在不同经济发展速度和不同环境污染治理水平下，区域环境各种污染物的产生和排放情况以及污染治理投资水平，为国家环境形势预测提供科学、持续的动态工具。

最后，经济发展的资源环境代价核算为建立资源节约型、环境友好型社会，改变传统的 GDP 政绩考核制度提供科学依据。利用各种环境经济核算的理论方法，对经济发展的资源、环境、生态损失进行核算，分析经济发展的资源环境代价，将经济发展的资源环境损失从国民经济中扣减，真实地反映国民经济发展的社会福利水平，探讨区域可持续发展能力，为推动生态文明建设、改变传统 GDP 政绩考核提供参考。

(二) 环境经济综合分析的特点

1.综合性与系统性相结合

环境经济综合分析是把经济系统和环境系统联系起来，对在社会经济发展驱动下环境系统产生的压力、状态、响应等进行分析、判断和预测。要揭示环境系统的压力、状态、响应关系，就需要对多种介质，利用多个指标、多种环境问题，采用多种方法进行量算和分析。同时，环境经济系统是由环境子系统和经济子系统组成，在环境系统下，又由大气环境系统、水环境系统、土壤环境系统等亚系统组成。因此，综合性和系统性是环境经济综合分析的显著特征。

2.定量分析与定性分析相结合

环境经济综合分析是利用大量环境经济统计数据，对相关环境经济问题进行综合分析、预测、模拟和核算，定量分析是环境经济综合分析的主要特征之一。但是，环境经济综合分析也需要专家对相关数据揭示出的环境问题进行判断、分析和决策，对相关情景和参数进行设定和质量把控。因此，环境经济综合分析需要定量与定性相结合。

3.分析性与政策性相结合

环境经济综合分析不仅要对所研究的环境经济问题作出周密的分析和正确的判断与评价，还要发现问题、剖析问题、揭示矛盾，对揭示的问题，提出解决方案和建议，及时为有关部门提供决策参考。例如，在总量减排工作中，我们可以依据已知现有的资料开展环境经济的综合分析，从中找出随着经济的发展在污染物减排工作中存在的问题，哪些行业的减排工作力度需要加大，哪些企业的污染治理设施需要重点关注等。以此可制定相应的政策，提高减排工作成效。

二、环境压力分析和预测

(一) 环境压力分析

环境压力是指人类活动引起的能够造成环境服务功能退化的对环境状态的扰动力，可以是基于物质流的指标 (物质投入与排放) 从宏观层面度量环境所遭受的扰动大小。通常将经济活动过程中投入与排放的所有直接和间接的物质量称为环境载荷。由于环境载荷只能从时间尺度上反映环境压力的变化，而不能度量环境压力的程度，因此，需要同时考虑区域的环境载荷及其承载能力，即环境压强。

单位国土面积承受的环境载荷称为"环境压强"或"环境应力"，用以反映区域的环境载荷与其承载能力的关系，计算公式如下：

环境压强＝环境载荷／载荷面积

工业系统物质投入端的环境压强主要表现为因综合能源、主要资源和水资源的直接消耗所造成的对自然／资源的需求压力。因此，以直接消耗的综合能源、主要资源和水资源作为投入部分的环境载荷指标。排出部分的环境载荷指标以生产过程中直接排放的主要水体污染物、主要大气污染物和固体废物表征。主要水体污染物以 COD 和 NH_3-N 的排放总量表示，主要大气污染物用 SO_2、NO_x、烟尘和工业粉尘的排放量表示，固体废物是一般工业废物和危险固体废物的总和。

经济发展的经验表明，在经济发展的初期阶段，环境压力与经济增长的关系是环境压力随着经济增长速度的加快和经济规模的扩大而加重，环境退化与经济增长有密切的互动关系。但随着经济的发展、技术的提高，环境压力与经济增长呈现不同步增长趋势。环境库兹涅茨曲线提出经济发展与环境压力呈现倒"U"形关系。OECD 通过计算弹性系数，即某特征指标的增长速度与国民经济增长速度的比值，揭示某特征指标与经济增长的互动关系，为此，提出了"脱钩"理论。

"脱钩"（Decoupling）理论是经济合作与发展组织（OECD）提出的形容阻断经济增长与资源消耗或环境污染联系的基本理论。OECD 把"脱钩"定义为经济增长与环境冲击耦合关系的破裂，并把"脱钩"分为绝对脱钩和相对脱钩。其中，绝对脱钩是指在经济发展的同时与之相关的环境变量保持稳定或下降的现象，而相对脱钩则定义为经济增长率和环境变量的变化率都为正值，但环境变量的变化率小于经济增长率的情形。目前，脱钩理论主要应用于能源消费与经济发展的关系、耕地变化与经济发展的关系、环境压力与经济发展的关系等方面的研究。"脱钩"理论反映了经济增长与物质消耗不同步变化的实质。在某些情况下，物质消耗下降一段时间后（"脱钩"），物质消耗随经济增长又呈现增加趋势，即物质消耗与经济增长呈现所谓的"复钩"关系。

$$EC = \Delta ES / \Delta GIOV \tag{3-1}$$

式中：EC——各环境压力指标的弹性系数；

ΔES——环境压力指标的变化率；

$\Delta GIOV$——经济指标的变化率。

（二）环境统计预测

预测是通过对客观事实历史与现状进行科学的调查和分析，由过去和现在推测未来，由已知推测未知，揭示客观事实未来发展的趋势和规律。环境污染预测以历史与现状统计资料为基础，采用科学的预测方法，对环境污染的产生压力、排放趋势进行预测和模拟。环境污染预测不仅可为制定切实可行的环境政策和环境规划提供科学依据，避免决策片面性和决策失误，也是提高环境管理预见性的一种重要手段。

1. 环境统计预测的类型

环境统计预测按预测的范围分为宏观预测和微观预测。宏观预测是指对某一研究对象进行的全局性预测，如对人口总规模、国民经济的速度和结构、能源消费结构及消费量、水资源消耗水平、各主要污染物产生量、各主要污染物排放量、环境质量变化情况等的预测。宏观预测立足于全局，往往是指全国性的预测或者省级的预测。微观预测是指对基层单位的某一方面进行的预测，如对某一生产经营单位未来生产产品产量、污染物产生量、污染物排放量、污染物削减效率、占区域总量的百分比等的预测。微观预测立足于某一单位，范围比较小。

按预测方法的特征不同，可分为定性预测和定量预测。定性预测是对环境现象未来的发展趋势和性质作出推测和判断，其目的不在于推算环境现象未来的具体数字。这种预测方法主要是根据预测者的相关知识、经验和业务水平以及对问题的分析判断能力来对环境现象未来发展趋势和性质的判断。定性预测综合性强，需要的数据不多，能考虑无法定量的因素，在不需要具体数据的情况下，可采用该种方法。定量预测是对环境现象未来的发展变化趋势用数量作出的预计和推断。这种预测方法是以调查数据为基础，对环境现象未来发展变化趋势进行量的推断。定量预测侧重对环境现象未来数量方面的推算，其运用的前提是影响预测对象的因素相对比较稳定。如果经济条件或其他影响因素发生根本性变化，定量预测结果就会出现较大的偏差，从而影响预测的质量。环境统计预测属于定量预测，但又需要与定性预测相结合，定性预测与定量预测密切联系，定性预测需要定量处理，定量预测又要以定性分析为前提，二者相互补充，通常表现为定性预测方法与定量预测方法的综合运用。

按预测对象是否包含时间因素，可分为趋势预测和回归预测。包含时间因素的预测可以分为短期预测、中期预测、长期预测，根据各环境现象发展变化规律以及预测者的需求来开展不同时间段的预测，其中最常见的预测方法是趋势预测。趋势预测是根据动态数列资料，分析判断环境现象在一个较长时期内随着时间的推移而呈现出来的长期趋势，通过建立相应的数学模型来推断该环境现象在未来某个时间可能达到的水平。回归预测是依据环境现象之间的因果关系，根据因变量与一个或多个自变量的关系，构建能够反映这种自变量和因变量变动关系的数量分析模型，根据自变量的变化来对因变量的可能取值进行预测。回归预测法是因果关系预测中最基本的预测方法，由于社会经济现象中存在大量具有因果关系的现象，因此这种预测方法具有广泛的现实基础。

2.环境统计预测的基本原则

环境统计预测主要是模型外推预测，必须坚持两个重要原则：连贯性原则和类推性原则。

(1)连贯性原则

任何环境现象的发展变化都具有一定的连续性和继承性，这是由环境现象内在的本质联系决定的。在预测中遵循连贯性原则就是遵循环境现象发展的这种连续性和继承性，据此才能从已知事件的过去、现在来推测未来。环境现象发展变化的连贯性强，说明该环境现象在其发展过程中受内在决定性因素的影响较大，随机因素的干扰作用较弱，预测结果的误差相对就小。环境现象发展变化的连贯性越弱，说明不确定性因素影响的作用越大，对环境现象发展变化的方向和趋势破坏作用越大，由此，对环境现象未来发展变化趋势预测的误差可能较大。坚持连贯性原则是模型外推预测的根本原则和理论依据。

(2)类推性原则

环境现象之间存在一定的相似性，通过寻找和分析类似环境现象的相似性规律，根据已知的某环境现象发展变化的特征，可以类推出具有近似特征的预测对象的未来可能达到的状态。类推性原则是统计类推预测的重要理论前提。同一发展阶段的地区，其环境问题具有一定的相似性，环境污染预测可以通过这种相似的分析判断，寻找和分析类似环境现象的相似规律，利用预测对象与其他已知环境现象发展变化在发展阶段上的不同，在表现形式上的相似特点，将已知环境现象发展过程类推到预测对象上，对预测对象的未来前景进行预测。例如，预测某地区某行业污染物产排量情况可参照其他地区相同行业的发展规律进行类推；参照某地区污水处理厂的处理规模、处理工艺、运行效率来分析预测该区域的生活污水治理状况；根据国外城镇生活污水治理的工艺水平推断我国相似发展地区的发展趋势。由于在社会经济发展过程中，我国很多环境活动的发展速度相对落后于国外的同类事物，这样就为我们利用发展速度比较快的国家的同类事物对我国的有关预测对象进行预测提供了条件。

3.环境统计预测的基本程序

环境统计预测是在大量相关环境统计资料的基础上，运用社会、经济、环境统计和数理统计方法研究环境现象发展变化趋势和方向的预测方法。在环境预测中，常常采用统计预测的方法，即通过对大量实验或试验资料的统计处理(常用回归分析法），建立反映开发活动与环境后果的关系式，然后在一定的条件下进行预测。运用统计预测，必须注意自变量和因变量要有必然的、本质的联系，统计数据的获得、统计数据的数量、精度应满足一定要求。

(1) 确定环境统计预测目的

确定环境统计预测目的就是要明确解决的问题，任何预测都要为一定的研究目的服务，如某行业的污染物治理投资的需求预测，就是为了把握未来时期该行业的污染物产生、排放状况，为控制污染的投资需求情况，为该行业的环境管理政策的制定提供重要依据。搜索什么样的资料、选择何种预测方法和模型取决于不同的预测目的。

(2) 搜集与整理有关历史资料

预测目的确定之后，就要按照预测的需要搜集必要的资料。无论是何种预测方法，都要从搜集资料开始。预测必须掌握大量丰富、真实可信的相关资料，资料的搜集是环境统计预测的基础和依据。广泛搜集所需要的资料，既包括历史资料，也包括现实资料；既有数据资料，又有文字资料。

同时，加强对相关资料的审核分析并加工整理。虽然在资料搜集阶段有对资料的准确性要求，但原始资料是否准确还会由于不同原因造成资料和客观实际的偏差。为了保证环境统计预测的质量，需要对原始资料进行审核。对搜集到的资料要认真审核，对不完整和不适用的资料要进行推算和筛选，对异常数据要进行剔除，避免影响预测的质量。同时，还要对审核无误的杂乱原始资料进行加工整理，使之条理化。

(3) 确定环境统计预测方法

依据不同的预测目的和需求，结合资料的搜集整理情况，根据已有统计资料选择与环境现象发展规律相适应的预测方法，对环境现象未来的发展变化趋势进行预测，掌握其在未来时期达到的规模和水平。

(4) 建立环境统计预测模式

环境统计预测模型复杂多样，分别适用于不同的研究对象。在审核分析资料的基础上，观察资料结构的性质，按照资料的稳定结构及其变化模式，选择预测模型。建立预测模型是环境统计预测的关键，如果预测模型模拟准确，预测效果就好；否则预测效果就差。

(5) 估计模型参数并进行预测

预测模型建立后，必须正确求解模型中的参数，从而使抽象的模型具体化，形成能够反映环境现象发展变化的具体数学方程，反映环境现象之间的数量变化关系。模型参数计算方法是否选用得当，将直接影响预测结果的可靠性和精确性。求解模型参数的方法很多，如最小平方法、三点法、指数平滑法等，在选择中要根据所掌握的资料和精确性要求，选择适当的方法，或同时选择多种方法，然后进行比较评价筛选。根据建立的数学方程式，将自变量数值代入数学方程，可对环境现象进行预测，从而得出预测的结果。

(6) 分析预测误差，修订预测模型

预测误差是预测值与实际值的偏差。环境统计预测方法毕竟属于模型外推的方法，而预测模型又不可能包容所有的影响因素，因此，采用环境统计预测方法所得到的预测结果就不可能是绝对准确的。预测误差的大小反映预测准确程度的高低和预测模型对客观现象的拟合程度及其代表性。因此，需要对预测误差的大小进行测定，进一步分析产生误差的原因，并对预测模型进行必要的修正，以便更准确地反映环境现象之间的变动关系，尽可能地缩小预测误差。

(7) 确定预测值，撰写预测报告

采用科学的预测方法，选用合适的预测模型及参数，得到准确的预测值，据此编写环境统计预测报告。环境统计预测报告是以书面的形式表达对研究对象进行预测的过程和最终取得的预测结果，是环境统计预测工作成果的最终体现，也是相应部门进行决策的重要参考。

4. 常用的环境统计预测方法

受环境统计预测目标的复杂性影响，环境统计预测是一个定量与定性相结合的灰色预测系统。因此，环境统计系统的预测方法需要从定性和定量两个方面进行分析。定性方面的方法主要包括头脑风暴法、德尔菲法和个人判断法等。定量方法又可分为机理模型和经验模型两种类型。其中，机理模型是在一定的假设下，根据主要因素相互作用的机理，对它们之间的平衡关系进行数学描述，主要的机理模型有投入-产出模型、CGE 模型、系统动力学方法等。当问题的机理不清楚或难以直接利用其他知识进行机理建模构建时，可利用已有数据进行曲线拟合，找出变量之间函数关系的近似表达式，通过经验公式建立模型，这种模型称为经验模型。回归分析法和趋势外推法都是经验模型的典型代表。

三、综合环境经济核算

(一) 环境污染损失核算

核算内容包括以下三个部分：

1. 污染实物量核算

污染实物量核算是指在国民经济核算框架基础上，运用实物单位 (物理量单位) 建立不同层次的实物量账户，描述与经济活动对应的各类污染物的产生量、去除量

（处理量）、排放量等。环境污染实物量核算主要包括：各地区水、大气、工业固废和城市生活垃圾污染实物量核算；各部门水、大气、工业固废污染实物量核算。

在目前的环境统计年报中，按工业行业统计的数据为重点源统计数据，按地区统计的工业污染物排放数据为重点源和非重点源的总排放量。因此，在进行工业行业实物量核算之前，需要将地区的污染物总量按工业行业统计的污染物产生、排放、处理量的行业结构折算后进行重新分配。即

$$Q_{实工i} = Q_{地区} \times \frac{Q_{工i}}{\sum Q_{工i}} \tag{3-2}$$

式中：$Q_{工i}$——环境统计中行业 i 的污染物量；

$Q_{地区}$——按地区统计的工业污染物量；

$Q_{实工i}$——经过折算后的行业 i 的实际排放量。

（1）水污染核算

核算范围：全省分产业部门和地区核算。产业部门包括农业（种植业、畜牧业）和农村生活、第二产业（各工业行业、建筑业）、第三产业和城市生活。地区包括全省所有市（州）。

核算因子：主要包括废水及废水中主要污染物。其中废水包括工业废水、种植业废水、畜禽养殖废水、农村生活污水、第三产业废水（含集中式）以及城镇生活污水。废水中主要污染物包括 COD、NH_3-N、石油类、重金属和氰化物的产生量、去除量和排放量，新增加农业源总氮和总磷排放量。

核算方法：以环境统计数据为基础，结合地区、行业实际情况及相关研究结果对部分参数进行估算。如种植业、畜牧业和农村生活污水分别采用单位污染物源强系数法、畜禽污染物排放系数法和人均综合生活污染物产生系数法进行计算。根据实际情况，种植业和畜牧业污染物排放也可直接采用环境统计数据。

（2）大气环境污染

核算范围：全省分产业部门和地区核算。产业部门包括农村生活、工业行业、建筑业、第三产业（含机动车）以及城镇生活。地区包括全省所有市（州）。

核算因子：主要包括 SO_2、NO_4 和烟（粉）尘、二氧化碳 4 种。主要核算工业 SO_2、NO_4 和烟（粉）尘的产生量、排放量和去除量，以及第三产业（含机动车）以及城市生活 SO_2、烟尘和 NO_4 的产生量、排放量和去除量。

核算方法：大气污染物产生量和排放量核算采用环境统计和能源统计数据相结合的方法。工业的 SO_2、NO_4 和烟（粉）尘 3 种污染物核算方法基本以环境统计数据为基础进行核算。碳排放账户主要基于能源消费量与 IPPC 提供的碳排放因子核算获得。根据能源数据获得情况，可以进行各部门、工业行业以及各地区的二氧化碳

排放量核算。

（3）固体废物污染

核算范围：工业行业固体废物、城镇生活固体废物以及污水处理厂污泥。

核算因子：包括一般工业固废、工业危险固废、生活垃圾和污水处理厂污泥 4 种。一般工业固体废物和危险废物主要核算产生量、综合利用量、贮存量、处置量和排放量；城市垃圾主要核算产生量、卫生填埋量、填埋量、无害化焚烧量、简单处理量和堆放量。污泥主要是污泥产生量、处置量及倾倒量。

核算方法：固体废物可能在堆放数年后才被综合利用或处置，即当年统计数据中的综合利用量和处置量，包括往年被贮存或排放的固体废物。固废实物量统计核算因子之间存在如下关系：

$$工业固体废物产生量 = 综合利用量 + 处置量 + 贮存量 + 排放量$$

$$综合利用量 = 综合利用当年废物量 + 综合利用往年废物量$$

$$处置量 = 处置当年废物量 + 处置往年废物量$$

生活垃圾实物量核算方法：生活垃圾产生量是按核算产生量（城市人口 × 人均垃圾产生量）和城建年报中的生活垃圾清运量来确定的。

污泥产生量、处置量以及倾倒量直接来源于环境统计年报。

2. 环境污染价值量核算

环境污染价值量核算是指在实物量核算的基础上，估算各种环境污染造成的环境退化价值或生态破坏造成的生态破坏价值。其本质是核算环境退化成本。在价值量核算中，也包括对现存经济核算中有关环境的货币流量予以核算，如对污染治理成本（或环境保护成本）的核算。

环境污染治理成本分为实际治理成本和虚拟治理成本两部分，实际治理成本是指目前已经发生的治理成本；虚拟治理成本是指将目前排放至环境中的污染物全部处理所需要的成本。从严格意义上来讲，利用这种虚拟治理成本核算得到的只是防止环境功能退化所需要的治理成本，是污染物排放可能造成的最低环境退化成本，是污染治理成本的下限，可以说并不是实际造成的环境退化成本。环境退化成本（环境污染损失成本）是指在目前的治理水平下，生产和消费过程中所排放的污染物对环境功能造成的实际损害。

利用治理成本法计算的虚拟治理成本，忽视了排放污染物所造成的环境危害，等于假设治理污染的成本与污染排放造成的危害相等，因此环境污染治理的效益就无从体现。

利用污染损失成本法计算的环境退化成本，需要进行专门的污染损失调查，确定污染排放对当地环境质量产生影响的货币机制，从而确定污染所造成的环境退化成本。环境退化成本一般是以地域范围来计算的，它对 GDP 的调整仅限于总量层次，要分解到产生污染排放的各个部门有一定困难。但从理论上来说，污染损失才是真正的环境退化成本，只有进行污染损失估算才能体现环境治理的效益。

环境污染价值量核算主要包括：各地区的水污染价值量核算、大气污染价值量核算、工业固体废物污染价值量核算、城市生活垃圾污染价值量核算和污染事故经济损失核算；各部门的水污染价值量核算、大气污染价值量核算、工业固体废物污染价值量核算和污染事故经济损失核算。

(1) 污染治理成本

利用污染治理成本法核算的环境价值包括实际治理成本和虚拟治理成本两部分。污染物的实际治理成本与虚拟治理成本的核算内容主要包括废水、废气与固体废物，以及各行业、各地区的污染物的实际治理成本与虚拟治理成本。环境污染的实际治理成本的计算，是通过实物量核算得到的污染物治理或去除量与单位污染物实际治理成本而得到的；相似的虚拟治理成本是利用实物量核算得到的排放数据以及单位污染物的虚拟治理成本，为治理所有已排放的污染物应该花费的成本。治理成本按部门和地区进行核算。

(2) 环境退化成本

环境退化成本又称为污染损失成本，是指在目前的治理水平下，生产和消费过程所排放的污染物对环境功能、人体健康、作物产量等造成的实际损害，采用一定的定价方法，如人力资本法、直接市场价值法、替代费用法等环境价值评价方法进行评估，计算得出相应的环境退化价值。与治理成本法相比，基于损害的污染损失估价方法更加合理，是对污染损失更加科学和客观的评价。环境退化成本仅按地区核算。

污染经济损失估算的一般流程：① 弄清污染状况和污染覆盖面；② 建立污染物与危害对象之间的剂量反应关系；③ 调查和统计在污染暴露区受污染危害对象的数量；④ 估算污染造成的实物量危害；⑤ 将实物量危害转化为货币损失。

环境退化 (环境污染损失) 核算成本主要包括以下 4 个方面：

① 水环境污染损失

A. 水污染造成的健康经济损失

水污染造成的健康经济损失的危害评价内容包括 2 项：a. 农村人口中取水方式为非自来水供水的人群相对于取水方式为自来水供水的人群增加的介水性传染病发病人数 (5 岁以下儿童腹泻发病情况)；b. 农村人口中取水方式为非自来水供水的人群相对于取水方式为自来水供水的人群增加的恶性肿瘤死亡人数。

饮用水污染造成的健康经济损失 = 介水性传染病发病造成的经济损失 + 饮用水

污染带来的恶性肿瘤死亡造成的经济损失

B. 污染型缺水造成的经济损失

在污染型缺水造成的经济损失核算中需要确定的参数就是污染型缺水量占总缺水量的比例，这是此部分损失评价的一个难点。理论上，缺水量等于资源型缺水、设施型缺水和污染型缺水之和。

污染型缺水造成的经济损失 = 污染型缺水量 × 水资源影子价格

C. 水污染造成的农业经济损失

本次核算直接利用不符合农业生产水质的水量和水资源的农业生产影子价格来计算水污染造成的农业经济损失。采用劣 V 类农业用水量与农业生产水资源价格对水污染造成的农业经济损失进行估算。

D. 水污染造成的工业用水额外治理成本

工业用水额外治理成本是指由于供水水质超标，某些对水质要求较严格的特殊行业 (如食品加工和制造业、医药制造业、纺织印染业、化工制造业) 需要额外安装预处理设施或添加特殊药剂。额外增加处理设施的成本或增加的处理费用即为水污染造成的直接工业经济损失，这项损失采用防护费用法进行核算。

E. 水污染造成的城市生活经济损失

水污染引起的城市生活经济损失由两部分组成：第一部分为城市生活用水的额外治理成本，第二部分为城市居民因为担心水污染而带来的家庭纯净水和自来水净化装置防护成本。这两部分损失都采用防护费用法进行核算。

② 大气环境污染损失

A. 大气污染造成的健康经济损失

大气污染造成的健康经济损失由 3 部分组成：a. 大气污染造成的全死因过早死亡人数和死亡损失，经济损失由人力资本法评价；b. 大气污染造成的呼吸系统和心血管疾病的住院增加人次和休工天数及其经济损失，经济损失由疾病成本法评价；c. 大气污染造成的慢性支气管炎的新发病人数及其经济损失，经济损失由患病失能法评价。这三者之和即为大气污染造成的健康损失成本。

核算最终选定全死因死亡增长率作为评价终端。同时，选用呼吸系统和心血管疾病住院增长率和慢性支气管炎发病率作为患病评价终端。

B. 大气污染造成的农业经济损失

环境质量是农作物生产的重要生产要素，环境质量的恶化将导致农作物产量的减少，农作物产量减少的经济价值可以用市场价值来计算，以此作为环境质量恶化造成的农作物经济损失。

③ 固体废物经济损失核算

固体废物经济损失核算，主要包括固体废物占地造成的土地使用功能机会丧失的污染经济损失。

固体废物污染造成的损失及其严重程度经常在相当长的时间后才表现出来，而且除占地直接污染外，其他大部分通过大气和水等介质的二次污染表现出来。因此，固体废物污染具有显著的滞后性、长期性和转移性等特点，固体废物污染损失是固体废物与其他因素综合作用的结果。在本次核算中主要针对固体废物占地造成的污染损失进行核算。

固体废物占用土地具有长期性，因此其带来的损失需要考虑长期效应。假定土地被占用后就永远丧失了其作为生产作物使用功能的机会，计算时考虑价值贴现问题。

④ 污染事故经济损失

污染事故造成的损失是指由于意外事件的发生，使人们的各种既得利益或者预期利益的损失，包括物质财富的损失、经济利益的损失和社会利益等的丧失；也可以分为直接损失和间接损失。事故造成的经济损失，按照造成的原因分为直接经济损失和间接经济损失，污染事故造成的经济损失分别从这两个方面进行评估，从而得到事故造成的总经济损失。

污染事故造成的损失的价值量核算是建立在实物量核算的基础上，采用各种不同的价值化的方法，最终得到一个货币化的经济损失数据。污染事故按地区采用污染损失成本法进行。

污染事故包括水污染事故、大气污染事故、固体废物污染事故、放射性污染事故以及噪声和振动危害事故等。污染事故造成的实物量损失核算的主要内容为事故发生地区的人员伤亡、财产、资源损失量、为降低事故损失投入的各种物资数量等。

3. 经环境污染调整的 GDP 核算

将水污染价值量核算、大气污染价值量核算和固体废物污染价值量核算的结果按行业和地区进行汇总，即得到经环境污染调整的绿色 GDP 总量。

经环境污染调整的 GDP 核算（EDP）方法有 3 种：

① 生产法：EDP = 总产出 − 中间投入 − 环境成本。

② 收入法：EDP = 劳动报酬 + 生产税净额 + 固定资本消耗 + 经环境成本扣减的营业盈余。

③ 支出法：EDP = 最终消费 + 经环境成本扣减的资本形成 + 净出口。

经环境污染调整的 GDP 仅用环境污染的虚拟治理成本对 GDP 进行调整，环境污染损失等其他内容仅用作与 GDP 总量进行对比分析，不从 GDP 中直接扣减。

（二）生态破坏损失核算

1. 目的与原则

生态破坏损失是指生态系统因人为原因导致生态质量退化，影响其正常生态服务功能的发挥所带来的各项生态服务损失。进行生态破坏损失核算的目的，在绿色国民经济核算框架的基础上，建立各类生态系统服务的实物量破坏信息，并通过价值评估技术将生态破坏实物量折算为生态破坏价值量，计算出生态破坏价值损失，即生态破坏损失。通过生态系统服务功能的实物破坏量和价值量的核算，将经济活动的发生与生态系统质量状况的变化联系起来。

由于在一定的时间周期内生态系统实物量数据变化较小，因此生态破坏实物量以最近可用的调查数据为基准进行核算，并认为实物破坏量在一定核算期内保持不变；各年生态破坏损失计算所用技术参数根据各年实际情况进行调整。

2. 核算内容

联合国《千年生态系统评估》（Millennium ecosystem Assessment，MA）根据生态系统的功能，把生态系统服务划分为供给服务、调节服务、文化服务、支持服务4类，但其也承认有些类型可能会重合。其中供给服务包括提供食物、木材、工业原料、药材等，调节服务包括涵养水源、固碳释氧、吸纳废物、保育土壤、保护生物多样性等，文化服务包括景观、游憩、科研教育等，支持服务包括初级生产、营养循环、蒸腾、土壤形成等。

为了与国内生产总值（GDP）概念相对应，我们计算的是在一个单位时间内（通常是一年）生态系统提供的"产品产量"（或"服务量"）的价值，而不包括"资产存量"的价值。这是因为生态系统服务来源于生态系统的功能，功能和服务不是一回事：前者是源，后者是流；"源"是存量，"流"是流量。目前国际上的一致认识是，生态服务就是被人类利用了的生态系统的那部分功能。正是因为被利用了，所以才为估价提供了可能。我们只能计算生态系统的"产品"（生态产品）的价值。生态系统的"自养服务"不是最终产品，不应予以估价，人类从生态系统那里受益的只能是最终产品。因此，在核算生态系统服务价值时不对"初级生产""营养循环"一类的自养性服务进行估价。

选择森林、草地、湿地、耕地、海洋等生态系统最重要和最典型的服务价值进行核算，并根据人为原因导致生态质量退化情况核算各个生态系统的生态破坏损失，也包括矿产开发引起的生态破坏损失。可以参考生态破坏损失核算指标体系进行核算。

3.核算方法

生态破坏损失价值为草地、森林和湿地生态系统生态破坏损失价值之和。即

$$L = \sum L_i, i = 1, 2, \cdots, n \tag{3-3}$$

式中: L——生态破坏损失价值;

L_i——不同生态系统生态破坏损失价值,包括草地、森林、湿地、耕地和海洋生态系统的生态破坏损失价值。

对于生态破坏损失的核算,以草地生态系统为例,首先计算生态系统所产生的年总服务价值,然后计算人为破坏率,将二者相乘并汇总即为生态破坏损失价值,即

$$L_g = \sum V_g \times r_g \tag{3-4}$$

式中: L_g——草地生态破坏损失价值;

V_g——草地的各种生态服务价值,如提供产品、调节水量、水土保持等, $g=1$, 2, $\cdots$, n;

r_g——人为破坏率,采用牲畜超载率与人为破坏率的 Logistic 关系模型 S。

(三) 环境污染对经济影响的综合分析

1.环境价值量核算结果分析

(1) 虚拟治理成本

按污染物种类分(按水、大气、固废划分),产业、行业和地区将虚拟治理成本和实际治理成本的绝对值进行对比,以及不同产业、行业和地区污染物虚拟成本所占比重表明环境治理投入的欠账情况。

污染治理扣减指数是虚拟治理成本与当年 GDP 的比值。随着经济的快速增长,污染治理扣减指数表明污染物的治理投入同经济快速发展速度的同步程度,从而说明节能减排工作力度。

(2) 环境退化成本

按污染介质来分,包括大气污染、水污染和固体废物污染造成的经济损失;按污染危害终端来分,包括人体健康经济损失、工农业(种植业、林牧渔业)生产经济损失、水资源经济损失、材料经济损失、土地丧失生产力引起的经济损失和对生活造成影响的经济损失。因此,我们可以得到不同污染物造成不同危害的经济损失所占比重的情况,尤其是我们比较关注的污染造成的人体健康经济损失的情况。

GDP 环境退化扣减指数是指环境退化成本占地区生产总值的百分比。

2. 经生态环境破坏损失调整的 GDP

经环境污染成本与生态破坏损失调整的 GDP 是指用环境污染的虚拟治理成本、退化成本以及生态环境退化成本对 GDP 进行的调整。分别采用 GDP 污染治理扣减指数、GDP 环境退化扣减指数和 GDP 生态环境退化指数来核算。

GDP 污染治理扣减指数是指虚拟治理成本占调整前当年地区合计 GDP 总量的百分比:

$$GDP 污染扣减指数 = 虚拟治理成本 / 当年地区合计 GDP × 100\%$$

该指标可以按照产业部门和地区分别进行计算。

GDP 环境退化指数是指环境退化成本占当年地区合计 GDP 的百分比:

$$GDP 污染扣减指数 = 环境退化成本 / 当年地区合计 GDP × 100\%$$

GDP 生态环境退化指数是指生态环境破坏损失占当年地区合计 GDP 的百分比,其中,生态环境破坏损失是环境退化成本与生态破坏损失之和,揭示了经济增长的资源环境代价。

$$GDP 污染扣减指数 = (生态破坏损失 + 环境退化成本) / 当年地区合计 GDP × 100\%$$

3. 绿色弹性系数

绿色弹性系数是指污染物虚拟治理成本变化率与 GDP 增长率的比值,用来反映污染负荷的变化与社会经济的发展相互制约的关系以及发展趋势和规律。即

$$绿色弹性系数 = 污染物虚拟治理成本变化率 / 经济总量的增长率$$
$$虚拟治理成本变化率 = (当年污染物虚拟治理成本 - 上一年污染物虚拟治理成本) / 上一年污染物虚拟治理成本$$

绿色弹性系数大于 0,表明污染物虚拟成本随经济增长而增加;

绿色弹性系数小于 0,表明污染物虚拟成本随经济增长而减少,即"增产不增污"。

通过计算绿色弹性系数,可以对各个地区进行排名。绿色弹性系数越小,地区排名越靠前,表明该地区受经济发展的负面影响越小;系数越大,地区排名越靠后,表明该地区环境系统对经济发展的灵敏度越大,环境承受力显得相对脆弱。

4. GDP 环境污染治理投资指数

环境污染治理投资包括工业污染源治理、与城市环境建设直接相关的用于形成固定资产的资金投入、治理设施运行费用,以及各级政府的环境管理等方面的投资。其中,各级政府环境管理方面投入的数据获取困难,环境污染治理投资只包括 3 个方面:①城市环境基础设施建设投资,包括燃气、排水、园林绿化以及市容环境卫生;②工业污染源治理投资,包括治理废水、废气、固体废物、噪声以及其他;③建

设项目"三同时"环保投资。

GDP环境污染治理投资指数是指环境污染治理投资占当年GDP的百分比：

GDP环境污染治理投资指数 = 环境污染治理投资 / 当年GDP × 100%

四、环境政策绩效评估

绩效评估是环境政策生命周期的重要组成部分，绩效评估既包括对政策或项目实施过程中的绩效分析，也包括政策或项目完成后的后评价。以下以污染减排政策绩效评估为例，说明环境指标、环境指数及相关分析方法的应用。

(一) 指标体系构建

从我国的国情来看，通过一系列指标或指标组合来反映污染减排政策绩效难以直观展示减排政策的综合效果，尤其是在不同指标的评价导向不同时，更难以综合衡量某一区域减排政策的实施成效。同时还要看到，全面的评价指标体系涉及众多指标，部分指标尤其是环境影响指标尚不能得到现有统计数据的支持，很难加以量化。

建议在全面的污染减排政策绩效评估指标体系基础上，基于我国的统计现状和污染减排工作的实际开展状况，建立一套相对简化的、能够得到可靠的、具有可对比性数据支持的评价指标体系。

同时，在具体的评估方法上，基于单个指标或指标组合的评价往往局限于某一个方面，不能对国家或某一区域的综合绩效进行量化描述。而通过构建减排绩效指数，对所获得的各项绩效指标进行加总，得到一个介于0~100的分值显然更符合减排政策绩效评估的需求，既可以通过自身横向对比，体现国家或省市在减排工作方面的进展，也可以通过同一指标体系在不同区域的评估结果，横向对比不同区域污染减排政策成效，为后续的绩效管理提供依据。

简化后的指标体系共包含19个指标，主要从政府响应、环境压力、环境状态和综合影响4个方面来描述。其中，政府响应主要选取了反映政府投入、污染治理水平和环境监管能力3个方面的8个指标，包括污染治理总投资占GDP比例、工业二氧化硫去除率、城镇生活污水处理率、工业废水治理设施全年平均运行率、污水处理厂治理设施全年平均运行率、电力行业综合脱硫效率、淘汰落后产能数量和国家重点监控企业在线监测设施稳定联网比例，体现了政府污染治理投入政策和各项环境监管政策的直接效果。

由于环境影响类指标数据难以获取，仅列入了大气污染造成的经济损失一个指标，主要反映空气污染对农业和建筑物造成的影响。另外，综合影响部分列入了重污染行业化学需氧量和二氧化硫排放两个指标，反映减排政策对促进产业结构优化的影响；同时，为了反映污染减排对温室气体减排的协同效应，选择关闭落后产能带来的二氧化碳减排量来反映减排政策对降低温室效应的贡献。

指标含义和计算方法：

① 污染治理总投资占 GDP 比例：环境污染治理投资占当年国内生产总值的比例。

② 工业二氧化硫去除率：工业二氧化硫去除量占工业二氧化硫产生量的比例，其中工业二氧化硫产生量等于工业二氧化硫排放量和工业二氧化硫去除量之和。

③ 城镇生活污水处理率：城镇生活污水处理量占城镇居民用水量的比例。

④ 工业废水治理设施全年平均运行率：工业废水治理设施实际处理的废水量占设计处理能力的比例。计算公式为：

工业废水治理设施全年平均运行率 =（工业废水处理量 ÷365÷ 工业废水治理设施治理能力）×100%

⑤ 城镇污水处理厂全年平均运行率：城镇污水处理厂及工业区废污水集中处理装置当年实际处理的废水量占其设计处理能力的比例。计算公式为：

城镇污水处理厂全年平均运行率 =（污水处理量 ÷365）÷[（污水处理厂设计处理能力 + 集中处理装置处理能力）÷10000]×100%

⑥ 电力行业综合脱硫效率：环境统计年报中电力、热力的生产和供应业当年二氧化硫去除量与二氧化硫产生量的比例。综合脱硫效率主要受脱硫设施脱硫效率及投运率的影响。计算公式为：

综合脱硫效率 = 二氧化硫去除量 ÷（二氧化硫去除量 + 二氧化硫排放量）×100%

⑦ 国家重点监控企业在线监测设施稳定联网比例：在已实施自动监控国家重点监控企业中化学需氧量监控设备和二氧化硫监控设备与环保部门稳定联网（套）数所占的比例。计算公式为：

国家重点监控企业在线监测设施稳定联网比例 =[化学需氧量监控设备与环保部门稳定联网（套）数 + 二氧化硫监控设备与环保部门稳定联网（套）数]÷ 已实施自动监控国家重点监控企业数 ×100%

⑧ 化学需氧量排放量：当年年末化学需氧量实际排放量。

⑨ 二氧化硫排放量：当年年末二氧化硫实际排放量。

⑩ 监测城市出现酸雨的城市个数比例：监测城市中出现酸雨的城市个数占当年全部监测城市个数的比例。

⑪ 地表水国控断面劣 V 类水质比例：当年地表水为劣 V 类水质的国控断面占全部地表水国控断面的比例。

⑫ 七大水系国控断面好于Ⅲ类的比例：当年七大水系国控断面好于Ⅲ类水质占七大水系国控断面的比例。

⑬ 公众对城市环境保护满意率：公众对城市环境保护状况的总体评价，根据生态环境部污染防治司年度"城考"公众满意率调查结果，计算所有参评城市的满意率平均值获得。

⑭ 大气污染造成的经济损失：主要通过大气污染给人体健康、农业、建筑物、清洁等方面造成的损失进行价值核算。其中，大气污染对人体健康损失主要核算了污染物 PM10 导致的人体过早死亡损失、与呼吸系统和循环系统相关的住院人数损失以及失能损失三方面损失；农业损失通过计算二氧化硫和酸雨给农业生产带来的减产和降质的损失；建筑物腐蚀损失主要计算酸雨导致各种建筑材料使用寿命下降而造成的损失；清洁费用主要计算因粉尘等污染物而产生的室外清洁费用和室内清洁费用。

⑮ 重污染行业万元工业增加值二氧化硫排放强度：年度二氧化硫排放前五名重污染行业万元工业增加值的二氧化硫排放强度。二氧化硫排放前五名的行业包括：电力、蒸气及热水的生产供应业，非金属矿物制品业，化学原料及化学制品制造业，黑色金属冶炼及压延加工业，有色金属冶炼及压延加工业。

⑯ 重污染行业万元工业增加值化学需氧量排放强度：年度化学需氧量排放前五名重污染行业万元工业增加值的化学需氧量排放强度。化学需氧量排放前五名的行业包括：造纸及纸制品业，食品加工业，化学原料及化学制品制造业，饮料制造业，纺织业。

⑰ 关闭落后产能所带来的二氧化碳减排量：因关闭落后产能，企业同时产生的协同二氧化碳减排数量。计算方法是根据国务院节能减排综合性工作方案中淘汰落后产能名录，将淘汰产能换算成产品或能源消费量，再以单位产品的碳排放系数进行估算。

（二）数据标准化方法

采用目标值标准化法，通过将指标值与目标值进行比较，将指标值转换成 [0, 100] 的标准化值。当数据越大越好时，

$$P_i = \begin{cases} X_i / A_i \times 100 & X_i < A_i \\ 100 & X_i \geqslant A_i \end{cases}$$

当数据越小越好时，

$$P_i = \begin{cases} A_i / X_i \times 100 & X_i < A_i \\ 100 & X_i \geqslant A_i \end{cases} \tag{3-5}$$

式中: P_i——指标的标准化分数;

X_i——某一指标的实际值;

A_i——指标的目标值。

(三) 确定指标权重

对于 DPSIR 的任何一个环节来说，强调哪一个更重要显然是不可能的，作为构成完整逻辑框架的一部分，每一类型的指标都是不可或缺的。排放量既是驱动力的结果，又是造成环境质量变化的直接原因。其他指标也是如此，因此，在评价权重确定方面，没有采用通常的层次分析法或专家调查法，而是认为各因素或各种减排效果同等重要，即采用等权重的方法来作为指标加权依据，这样更为简单和直接。当然，对于政策响应类指标和政策效果类指标来说，各自权重之和均满足等于1的条件。

(四) 绩效指数的计算

数据标准化完成后，可以通过各指标目标值和权重值计算减排绩效指数 (EPPI)。该指数是介于 0～100 的一个数值，指数值越大，说明总体减排成效距离预期目标越近。

第二节　环境统计分析报告

一、数据分析报告的定义与作用

环境数据分析报告是根据数据分析的原理和方法，综合运用环境、经济、人口和社会统计调查数据来反映、研究和分析某类环境现象的现状、问题、原因、本质和规律，并得出结论，提出问题解决办法的一种应用文体。

环境数据分析报告是环境管理决策者搜集信息、掌握信息、认识事物、了解事物的主要工具之一。数据分析报告通过对事物数据的全方位科学分析来评估其环境及其发展情况，为决策者提供科学、严谨的依据，降低风险。

一般而言，编制环境数据分析报告必须符合规范性、重要性、谨慎性原则。

① 规范性原则。分析报告中所使用的名词术语要规范、统一，分析方法应尽可能选择成熟、简明且为行业或专业内公认。

② 重要性原则。分析报告应结合环境保护和管理的重点工作、重大需求切入，不能就事论事或单纯就数据论数据，缺乏实际意义。

③ 谨慎性原则。分析报告的编制过程一定要谨慎，要言之有据，分析过程和方

法要科学严谨，结论应实事求是，不能随意夸大相关发现或在报告中出现与分析内容无关的结论。

数据分析是将原始获得的数据通过加工变成对决策者有价值的参考信息的过程，其作用包括：

(一) 分析环境形势

环境数据分析报告将分析结果以某一种特定的形式被清晰地展示给决策者，分析结论反映环境压力变化情况、环境质量变化情况和主要的环境工程进展状况，以便决策者能够把握环境变化趋势和原因，在管理和决策上对变化的形势作出恰当的反应。

(二) 评价环境绩效

通过数据分析能够展示和评价某项重要的环境项目、政策和规划等的进展情况，评价其在环境治理方面的成效，评价相关政策工具对经济社会发展的影响，从而反映各类环境治理、保护和监管主体的工作效果和效率，为优化环境管理、强化环境责任落实提供参考。

(三) 服务综合决策

环境问题产生的根源在于不可持续的生产和生活方式，环境数据分析的最终目的是揭示社会消费、经济发展与自然资源环境的关联，环境问题的解决也有赖于对上述关联的认识以及重视程度。因此，环境数据分析不能就环境而论环境，而是必须将环境问题的产生、发展、治理与国家、区域、行业、企业乃至个体的生产与消费行为相结合，为社会经济综合决策和宏观调控提供支撑。

二、数据分析报告的种类和结构

(一) 数据分析报告的种类

由于数据分析的对象、内容、时间、方法等各有不同，得到的数据分析报告种类繁多。常见的数据分析报告有以下几类：

1.专题分析报告

专题分析报告是对社会经济现象的某一方面或某一个问题进行专门研究的一种数据分析报告，主要作用是为决策者制定某项政策、解决某个问题提供参考和依据。

专题分析报告具有两个特点：内容单一和分析深入。专题分析报告不要求反映事物的全貌，重点在于针对某一方面或某一问题进行分析，研究内容较为单一，如水污染控制效果分析、COD 治理效果分析、环保投资效果分析等。由于专题分析报告内容单一，重点突出，因此便于集中精力抓住主要问题进行深入分析。它不仅要对问题进行具体描述，还要对引起问题的原因进行分析，并且提出切实可行的解决办法。这就要求对专题报告研究业务的认识有一定的深度，由感性认识上升到理性认识，切忌蜻蜓点水、泛泛而谈。

2.综合分析报告

综合分析报告是全面评价一个地区、单位、部门业务或其他方面发展情况的一种数据分析报告。联合国环境规划署定期发布的"全球环境展望"、各级生态环境部门发布的"环境状况公报"等都属于综合性的分析报告。由生态环境部发布的"中国环境统计年报"也属于综合分析报告，每年定期发布的年报中均要对上一年的环境形势进行综合和全面的分析。

数据分析报告具有全面性和联系性两大特点。

（1）全面性

综合分析报告反映的对象必须是一个整体，无论是一个地区、一个部门还是一个单位，综合分析报告在分析它们时都将分析对象作为一个总体进行分析，从全局的高度出发，反映对象的总体特征，给出总体评价，得到总体认识。在分析总体的现象时，必须全面、综合地反映对象各个方面的情况。

（2）联系性

综合分析报告要求将相互关联的现象和问题综合起来，进行全面系统的分析。这种综合分析并不是简单的资料罗列，而是建立在系统分析指标体系的基础之上，为考察现象的内部联系和外部联系进行的分析。这种联系的重点是比例关系和平衡关系，分析、研究它们的发展和变化是否协调、是否适应是综合分析报告关注的重点。因此，从宏观角度出发，反映指标之间关系的数据分析报告一般属于综合分析报告。

3.日常数据通报

日常数据通报是以定期数据分析报表为依据，反映项目和计划的执行情况，并分析其影响和形成原因的一种数据分析报告。这种数据分析一般按日、周、月、季、年等时间阶段定期进行报告，所以又称为定期分析报告。

定期分析报告既可以是专题性的，也可以是综合性的。这种报告的应用范围十分广泛，企业、部门、国家都在使用。日常数据通报具有进度性、规范性和时效性3 个特点。

（1）进度性

由于日常数据通报主要反映计划的执行情况，因此必须把计划执行的进度与时间的进展结合起来，观察比较两者是否一致，从而判断计划完成的好坏程度。为此，需要进行一些必要的计算，通过一些绝对数和相对数指标来衡量进度。

（2）规范性

日常数据通报基本成为数据分析部门的例行报告，定期向决策者提供。因此，此类报告一般具有固定的结构和形式，一般包括以下几个基本部分：

① 反映计划执行的基本情况；

② 分析完成或未完成的原因；

③ 总结计划执行的成绩和经验，找出存在的问题；

④ 提出措施和建议。

这类分析报告的标题一般也比较规范，有时为了保持连续性，标题只变动时间。

（3）时效性

日常数据通报是时效性很强的一种分析报告，只有及时发布和提供业务发展过程中的各种信息，才能帮助决策者掌握业务经营的主动权。

（二）数据分析报告的结构

数据分析报告一般都有特定的结构，但这种结构并非一成不变，不同的数据分析人员、不同的数据分析需求、不同性质的数据分析，其最终的数据分析报告的结构可能不尽相同。

数据分析报告格式以"总—分—总"最为常见，主要包括开篇、正文和结尾三大部分。开篇部分包括标题页、目录和前言（分析背景、目的与思路）；正文部分主要包括具体分析过程与结果；结尾部分包括结论、建议及附录。下面对这三部分进行具体介绍。

1. 标题

标题页需要写明报告的标题。题目要精练，根据版面的要求在一两行内完成。标题是一种语言艺术，好的标题不仅可以表现数据分析的主题，而且能够激发读者的兴趣。

常用的标题有以下四种类型：

（1）解释观点型

这类标题常用观点句表示，点明数据分析报告的基本观点，如"不可忽视垃圾分类的作用"。

（2）概括内容型

这类标题重在叙述数据反映的基本事实，概括分析报告的主要内容，让读者能抓住全文的中心。

（3）交代主题型

这类标题反映分析的对象、范围、时间、内容等情况，并不点明分析报告的主张和观点。

（4）提出问题型

这类标题通常以设问形式提出报告所要分析的问题，引起读者注意和思考，如"废物最终流向了哪里？"

标题的制作必须满足直接、确切和简洁三大要求。

① 直接是指标题必须使用毫不含糊的语言。数据分析报告的应用性较强，被直接用于决策和管理服务，标题应当直截了当、开门见山地反映基本观点，让读者一看标题就能明白数据分析报告的基本框架，从而加快对报告内容的理解。

② 确切是指标题的撰写要做到文题相符、宽窄适度，恰如其分地表现分析报告的内容和对象的特点。

③ 简洁是指标题要具有高度的概括性，用较少的文字集中、准确地表述数据分析报告的主要内容和基本精神。

数据分析报告的标题大多容易雷同，如"关于×××的调查分析""对×××的分析"等，这类模式化标题使用太泛，难以引起读者兴趣，因此，标题的撰写除了要符合上述原则之外，还应力求新鲜活泼、独具特色。

此外，报告的作者、报告给出的部门名称等信息也应该一并在标题页给出，为了将来方便参考，完成报告的日期也应当注明，这样更能体现出报告的时效性。

2.目录

目录即为数据分析报告的大纲，体现报告的分析思路。目录可以帮助读者方便快捷地找到所需内容，因此要在目录中列出报告主要章节的名称，在章节名称后面加上对应页码，便于查找所需信息。对于比较重要的二级目录，也可以在目录中将其列出。值得注意的是，目录不宜过长，太长的目录阅读起来耗时，并且容易让人产生冗长感。

此外，部分决策者没有时间阅读完整报告，但对其中部分图表展示的分析结论会有兴趣，书面报告中若含有大量图表时，可以考虑将各章图表单独制作成目录，以便日后更有效地使用。

3.前言

前言包括分析背景、分析目的及分析思路等，通过前言部分为读者解答下列问题：

为何要开展此次分析，有何意义？

通过此分析要解决什么问题，达到何种目的？

如何开展此次分析，主要通过哪几个方面开展？

前言的内容是否正确对最终报告是否能解决业务问题、能否给决策者提供有效依据起决定性作用。

(1) 分析背景

对数据分析背景进行说明主要是为了让报告的阅读者对整个分析研究的背景有所了解，主要阐述进行此项分析的主要原因、分析的意义，以及其他相关信息，如行业发展现状等内容。

(2) 分析目的

在数据分析报告中陈述分析目的主要是让报告的阅读者了解开展此次分析能带来何种效果，可以解决什么问题。有时也会将研究背景和目的、意义合二为一。数据分析目的越明确，分析的针对性就越强，越能及时解决问题，就越有指导意义；反之，数据分析报告就没有生命力。

(3) 分析思路

分析思路即确定需要分析的内容或指标，常被用于指导完整的数据分析。分析思路既是分析方法论中的重点，又是常常令人困扰的问题。只有在管理理论的指导下，才能确保数据分析维度的完整性、分析结果的有效性及正确性。在报告的分析思路中，有时会使用高级的数据分析方法，如回归分析法、聚类分析法等，此时就需要在分析思路中对使用的高级分析方法加以说明，不需要设计太过专业的描述，只需要对分析原理进行言简意赅的阐述，使报告阅读者对此有所了解。

4. 正文

正文是数据分析报告的核心部分，用于系统全面地表述数据分析的过程和结果。

撰写报告正文时，需要根据之前分析思路中确定的每项分析内容，利用各种数据分析方法，一步步地展开分析，通过图表及文字相结合的方法，形成报告正文，方便读者理解。

正文展开论题，对论点进行分析论证，表达报告撰写者的见解和研究成果的中心部分，因此正文占分析报告的绝大部分篇幅。一篇报告不能只有想法和主张，必须经过科学严密的论证，才能确认观点的合理性和真实性，才能使人信服。因此，报告主体部分的论证极为重要。

报告正文具有以下几个特点：

① 是报告最长的主体部分；

② 包含所有数据分析事实和观点；

③ 通过数据图表和相关文字结合分析；

④ 各部分具有逻辑关系。

5. 结论与建议

报告的结尾是对整个报告的综合与总结、深化与提高，是得出结论、提出建议、解决矛盾的关键所在，起着画龙点睛的作用。好的结尾可以帮助读者加深认识，明确主旨，引起思考。

结论是以数据分析结果为依据得出的分析结果，通常以综述性文字说明。它不是分析结果的简单重复，而是结合实际业务，经过综合分析、逻辑推理，形成的总体论点。结论是去粗取精、由表及里抽象的、共同的、本质的规律，它与正文紧密衔接，与前言相呼应，使报告首尾呼应。结论应该措辞严谨、准确、鲜明。

建议是根据数据分析结论对业务或部门等面临的问题提出的改进方法，建议主要关注保持优势及改进劣势等方面。分析报告给出的建议主要是基于数据分析的结果得到的，存在局限性，必须结合部门的具体业务才能得出切实可行的建议。

6. 附录

附录是数据分析报告的一个重要组成部分。一般来说，附录提供正文中涉及而未予阐述的有关资料，有时也包括正文中提及的资料，向读者提供一条深入数据分析报告的途径。附录通常包括报告中涉及的专业名词解释、计算方法、重要原始数据、地图等内容。每个内容都须加以编号，以备查询。

附录是数据分析报告的补充，并不是必需的，应该根据各自的情况决定是否需要在报告结尾处添加附录。

三、撰写数据分析报告的注意事项

一份合格的分析报告应结构清晰、详略得当。分析报告的价值并不取决于其篇幅的长短，而在于其内容是否丰富，结构是否清晰，是否有效地反映了业务真相，提出的建议是否可行。在撰写分析报告时，有以下几个问题需要特别注意。

(一) 结构合理，逻辑清晰

数据分析报告的结构是否合理、逻辑是否清晰是决定报告质量好坏的关键因素。一份合格且优秀的报告，应该有非常明确、清晰的架构，呈现简洁、清晰的数据分析结果。如果报告的分析过程逻辑混乱、各章节界限不清晰、不符合业务逻辑或内在联系，报告阅读者就无法从中获得有用的决策依据。

(二) 实事求是，反映真相

数据分析报告的核心就是真实。真实的含义不仅包括基于分析得到的结论是客观的，而且数据也是真实可靠的，不允许有虚假和伪造现象的存在。对事实的分析和说明必须遵从科学和实事求是的态度，还原客观事物的本来面目，不能加入个人主观意见。

(三) 用词准确，避免含糊

数据分析报告用词必须准确，即如实、恰如其分地反映客观情况，在分析报告中尽量用数据说话，避免使用"大约""估计""更多 (或更少)""超过 50%"等模糊字眼，报告必须明确告知阅读者，什么情况合理 (或好)，什么情况不合理 (或坏)。

(四) 篇幅适宜，简洁有效

数据分析报告的价值主要在于为决策者提供所需信息，并且这些信息能够帮助解决问题，即报告需要满足决策者需求。如果一份关于减排形势的分析报告中没有回答减排工作进度等问题，没有关于减排现状的分析，报告再长也没有参考价值。

(五) 结合业务，分析合理

一份优秀的分析报告不能仅基于数据分析问题，或简单地看图说话，必须紧密结合具体业务才能得出可实行、可操作的建议，否则将是纸上谈兵、脱离实际。因此，分析结果需要与分析目的紧密结合起来，切忌远离目标的结论和不切实际的建议。当然，这要求数据分析人员对业务有一定程度的了解，如果对业务不了解或不熟悉，可请业务部门一起参与讨论分析，以得出正确的结论、提出合理的建议。

四、环境统计分析体系

(一) 综合分析框架

与一般性的人口和经济统计分析的一个显著区别是，环境统计分析更加强调人类活动与环境问题之间的关联性，单纯从污染物产生和排放量的角度既不能反映环境问题的来源，也不能体现其后果，因此，环境统计分析需要综合环境、经济、社会人文等诸多要素进行。事实上，早在 20 世纪六七十年代，探讨环境问题的一般性分析逻辑就已经引起众多学者的关注，并逐渐形成了一种广为接受的分析模式，即驱动力 - 压力 - 状态 - 影响 - 响应 (DPSIR) 框架，用以分析和解释环境问题与人类生产生活方式的关联。

DPSIR 框架通过系统地分析从宏观上帮助人类来理解社会活动与环境变化之间的关系。社会和经济的发展被定义为驱动力也就是环境压力的源头，它迫使环境状况产生改变，如为健康、资源可用性和生物多样性提供适合的条件都在产生改变。

这些变化给人类健康、生态系统和自然系统带来可能引发社会响应的影响，而社会响应反过来又会直接影响驱动力或状况或影响。DPSIR 不仅仅是一个复杂的循环框架，更是一个综合和完整的逻辑框架。

人类的生产和消费行为被定义为驱动力，也就是造成环境压力的源头，由于人类的生产和消费活动，产生污染物并将之排放入环境，迫使环境状况发生改变，这些变化反过来又对人类健康、生态系统和自然系统带来影响，而政府和社会为缓解或消除其间的不利影响，必须作出及时和恰当的反应或响应，包括立法、制定标准和政策等。针对所面临的具体问题，政府和社会响应措施的对象既可以作用于驱动力环节，通过对生产和消费行为的调整来缓解环境压力，也可以直接作用于压力环节，通过工程措施治理环境污染，或者通过生态修复和直接经济补偿等手段，补偿受损主体。因此，DPSIR 构成了一个完整的理解人类行为和环境问题及其相互关联的逻辑框架。

(二) 基于 DPSIR 的统计分析指标体系

根据 DPSIR 理论框架的组成，以下分别从驱动力、压力、状态、影响和响应五个方面提出进行环境统计分析的基本框架，其中：

驱动力因素是指人类的生产经营活动和消费活动规模及强度，同时也包括一些自然的突发性的因素，如地震、海啸和火山喷发等，总体来看，人类活动是造成目前全球环境问题的根源。从驱动力的构成来看，可以将其划分为三类。一是经济活动的规模和强度，具体表现指标有国内生产总值、单位国内生产总值的要素投入 (包括水、土地和能源等)。其中，重污染行业 (包括电力、钢铁、水泥、造纸、印刷和重金属制造等) 对环境问题的影响更为严重。二是人口消费的规模和强度，主要通过人口总数和人均能源资源及产品的消费量来反映。目前来看，不可持续的消费模式对环境问题的产生起着越来越重要的作用。三是自然因素的干扰，具体包括火山喷发和地震等，可以用自然灾害的频率和强度指标来反映。短期来看，自然干扰对环境的影响极为有限，尤其是在全球和国家等大层面上，自然因素的干扰并不明显。驱动力方面共选择了 18 个指标，具体指标选择见表 3-1。

表 3-1 反映环境驱动力的指标

一级指标	二级指标	三级指标	单 位
驱动力	经济活动规模和强度	国内生产总值	亿元
		污染物高排放行业增加值	亿元
		地表水资源利用量	亿 m³/ 年

一级指标	二级指标	三级指标	单 位
驱动力	经济活动规模和强度	地下水资源抽采量	亿 m³/ 年
		单位国内生产总值水耗	m³/ 万元
		单位国内生产总值占用土地面积	hm²/ 万元
		单位国内生产总值能耗	吨标煤 / 万元
		单位工业增加值物质投入总量	t/ 万元
	人口消费规模和强度	人口总数	亿人
		城市化率	%
		人均水资源消费量	m³/ 人
		人均能源消费量	吨标煤 / 人
		人均畜产品和水产品消费量	kg/ 人
		人均住房面积	m³/ 人
		千人汽车保有量	辆 / 千人
		绿色消费支出占总消费支出比例	%
	自然干扰	地震发生频率和强度	
		自然富营养化频率和强度	

　　环境压力主要反映经济和人类消费行为的直接后果，即污染物排放量的增加和累积与资源存量的变化等。按照不同介质，即水、大气、土壤、生物和声五大领域来进行区分，共选择了 28 个压力指标，其中水环境领域，主要选择了废水排放量及废水中的污染物，如化学需氧量、氨氮、总氮总磷的排放量及其入河入海量等 8 个指标；大气环境领域主要选择了二氧化碳、二氧化硫、氮氧化物、烟尘和汞排放量 5 个指标；土壤和生物环境方面各选择了 7 个指标；声环境方面选择了 1 个指标。具体见表 3-2。

表 3-2　环境压力指标

一级指标	二级指标	三级指标	单 位
压力	水环境	废水排放量	t
		畜禽粪便产生量和排放量	t
		化肥和农药使用量	t
		化学需氧量（COD）排放量	t
		化学需氧量（COD）入河量	t
		总氮（TN）排放量	t
		总磷（TP）排放量	t

续表

一级指标	二级指标	三级指标	单 位
压力	水环境	陆源污染物（TP、TN）入海量	t
	大气环境	二氧化碳（CO_2）排放量	t
		二氧化硫（SO_2）排放量	t
		氮氧化物（NO_1）排放量	t
		烟尘排放量	t
		汞（Hg）排放量	t
	土壤环境	工业固体废物产生量	t
		危险废物产生量	t
		农村生活垃圾产生量	t
		城镇生活垃圾产生量	t
		畜禽粪便排放量	t
		受污染场地面积	hm^2
		污水灌溉耕地面积	hm^2
	生物环境	林木超采量	m^3
		森林病虫害发生率	%
		草地超载率	%
		天然湿地面积比例	%
		生物多样性指数	%
		海洋水产品捕捞强度	%
		核电站数量	个
	声环境	噪声污染信访案件数	个

环境状态主要表现在环境质量的下降、资源存量减少和品质的下降以及生物多样性的减少等。按照不同介质，即水、大气、土壤、生物和声五大领域选择了 23 个指标来反映。其中，水环境领域主要选择了全国地表水监测断面劣于 V 类和好于 III 类的比例及饮水达标率等 5 个指标；大气环境方面主要选择了主要污染物浓度、酸雨发生频率等 6 个指标；土壤环境方面主要选择了荒漠化、水土流失和盐碱化土地面积比例等 4 个指标；生物环境方面主要选择了森林覆盖率、草地退化率等 7 个指标；声环境方面选择了城市区域声环境质量较好城市的比例指标来综合反映声环境状况。具体见表 3-3。

表3-3　环境状态指标

一级指标	二级指标	三级指标	单　位
状态	水环境	全国地表水监测断面劣于Ⅴ类的比例	%
		全国地表水监测断面好于Ⅲ类的比例	%
		城市集中式饮用水水源水质达标率	%
		农村饮用水达标率	%
		海洋赤潮发生频次	次
	大气环境	空气质量在二级以上区域的人口比例	%
		重点城市平均阴霾天数比例	%
		重点城市年均小时臭氧浓度	ppm
		年均氮氧化物（NO_x）浓度达到二级以上城市比例	%
		年均可吸入颗粒物（PM_{10}）浓度达到二级以上城市比例	%
		酸雨发生频率	%
	土壤环境	荒漠化土地面积比例	%
		水土流失土地面积比例	%
	土壤环境	盐碱化土地面积比例	%
		受污染国土面积比例	%
	生物环境	森林覆盖率	%
		草地退化率	%
		列入保护区的湿地面积比例	%
		外来物种入侵面积比例	%
		濒危物种数量	个
		辐射环境质量达标率	%
		污染源周围辐射环境达标率	%
	声环境	城市区域声环境质量较好城市的比例	%

　　环境影响主要是指由于环境质量改变而对人体健康、生态系统及经济社会造成的损失。共包括11个指标，其中人体健康方面主要选择因污染导致肠道和呼吸道疾病发生率2个指标，生态系统选择森林和草地面积减少、土壤微生物变化和濒危物种消失3个指标，经济社会方面选择各种污染事故造成的经济损失，包括直接经济损失和间接经济损失等，共选择了6个有关指标。环境影响指标的具体选择见表3-4。

表 3-4　环境影响指标

一级指标	二级指标	三级指标	单 位
影响	人类健康	因污染导致的肠道和呼吸道疾病发生率	%
		累积性污染对人体免疫系统的损害	个
	生态系统	土壤微生物死亡	种类
		森林和草地面积减少	公顷
		濒危物种消失	种类
	经济社会	降低空气的能见度(烟雾)引发交通事故造成的损失	万元
		酸雨引起建筑材料、雕塑和纪念碑损坏	万元
		酸雨引起金属(铜、青铜)制成的铸像或其他不可替代材料损坏	万元
		因污染造成旅游业吸引力下降造成的经济损失	万元
		因污染造成的农业和渔业减产损失	万元
		因污染导致疾病带来的误工	万元

环境响应类指标主要是指政府为缓解环境压力、提高环境质量、降低负面的环境影响等所采取的具体措施，这些措施既可以用直接投入(如环保投资、污染治理设施建设规模等)指标来反映，也可以通过污染治理设施运转效率及污染治理效率(如达标率、综合利用率等)指标来反映。同时，政府的环境响应还包括与污染减排有关的法律、规范和标准及技术导则等文件的制定和发布，以及在财政、税后、金融和信贷方面给予特殊政策和奖励等。为了更为直观地表达这些政策的效果，在环境响应类指标的选择上，主要考虑环境投入和环境监管能力建设两大方面，共计14个指标，其中环境投入方面，主要选择了污染治理投资和运行费用占 GDP 比例以及污染减排三大体系：监测、统计和考核能力建设的投资总额。在监管能力建设方面，主要从人员能力、污染治理设施建设和运行效率、淘汰落后产能、在线监测设施稳定联网比例以及环境信访和公众满意度等方面选取10个指标进行表征。具体见表3-5。

表 3-5　环境响应指标

一级指标	二级指标	三级指标	单 位
响应	环境投入	环境污染治理投资占国内生产总值比例	%
		环境污染治理运行费用占国内生产总值比例	%
		污染减排三大体系建设投入	亿元
	环境监管能力	基层环境保护机构人员数量	人
		工业废水治理设施全年平均运行率	%
		污水处理厂治理设施全年平均运行率	%

续表

一级指标	二级指标	三级指标	单　位
响应	环境监管能力	电力行业综合脱硫效率	%
		淘汰落后产能数量	家
		国家重点监控企业在线监测设施稳定联网比例	%
		环境信访处理比例	%
		辐射环境监测网覆盖率	%
		排污费解缴入库金额	万元
		公众对环境的满意度	%

(三) 基于指标、指标组合和综合指数的分析

依据 DPSIR 理论框架以及所建立的评价指标，可以根据不同主体对环境信息的需求，选择不同的指标、指标组合或综合性指数来进行分析。按照环境统计分析综合性程度高低，可以分别选取指标、指标组合、综合指数等展开分析。

1. 选取指标

主要是运行指标对某一类环境现象进行描述，对指标的分析描述是所有环境统计分析的基础，人类消费和经济产业活动的后果，以及政府部门和社会环境治理的效果均可以通过指标分析来反映。依据不同的分析目的，可以从 DPSIR 指标框架中分别选取指标进行描述。

2. 指标组合

对于环境统计分析来说，除应用上述单一指标进行描述外，也可以通过不同指标之间的组合来进行分析。例如，可以用驱动力指标中的工业增加值与相应的压力指标中的 COD 排放量结合，计算单位工业增加值 COD 排放强度，不仅直接反映了企业污水治理水平，也间接反映了企业生产技术水平。具体见表 3-6。

表 3-6　一些推荐的组合分析指标

类　别	政策效果指标	功　能
独立描述性指标	响应	衡量政府工作努力
	状态	检查环境质量提高
	压力	衡量环境压力变化情况
组合描述性指标	响应 - 压力	衡量减排目标实现程度
	响应 - 状态	衡量环境质量是否得到提高
	压力 - 驱动力	衡量经济结构是否得到优化

3. 综合指数

指数是用来测定一个变量值大小的相对数，是反映环境经济现象数量变化的一种特殊统计方法，是环境经济现象变化的重要测度指标，其作用通常分为 3 个方面。

(1) 分析复杂环境经济现象总体的变动方向和程度

在环境经济现象研究中，性质不同的多种现象不能直接进行加总，要反映其综合或总体变动方向和程度，一般动态相对数常常显得无能为力。通过指数形式，引入媒介变量(同度量因素)就可以将各种性质不同的因素转化为可直接进行分析的数量。

(2) 分析各种不同因素对环境现象总体变动的影响大小

环境状况等现象的数量变化往往受多种因素的影响，利用指数可以测定某一环境现象变动中各种构成因素的影响效应，即测定出各个因素对研究对象总变动产生影响的方向、程度及绝对值。

(3) 进行有关推算和多指标综合评价

将相互关联的指数数列进行比较，可以观察、分析各现象之间的变动关系和趋势。

由于环境状况等现象本身的复杂性，使得单独用某一个指标或某一方面的指标难以实现对现象总体进行全面测度。如果运用指数方法，则可以对多指标的变动进行系统的描述和多角度分析。采用反映某研究对象各有关方面指标组成指数体系，对不同的统计指标指数给予不同的权数，经过标准化和功效系数法等统计处理，就会得到一个综合指数。通过这个综合指数，可以反映和衡量研究对象的实现程度以及地区间的对比。

五、环境统计分析方法

(一) 数据分析一般步骤

数据分析一般包括收集数据、加工和整理数据、分析数据三个主要阶段，在进行数据分析之前首先需要明确数据分析的目标，然后有针对性地收集数据，对收集的数据选择合适的统计分析方法进行加工和整理，最后对数据分析的结果进行合理的解释。在数据分析的实践中，用统计学的理论与方法来指导应用是必不可少的，也是极为重要的。数据分析的一般步骤如下：

1. 明确数据分析目标

明确数据分析目标是数据分析的出发点。数据分析的目的决定了不同的数据分析方法，出发点永远是如何对数据进行深入分析，无论是最基础的了解现状及趋势，还是机器自动学习的算法改进，明确数据分析目标都极其重要。明确数据分析目标就是明确本次数据分析要研究的主要问题和预期的分析目标等。例如，分析工业企业在污染物治理和污染治理投资两个方面的情况；分析不同地区环境污染治理投资与经济发展是否存在显著差异；分析不同地区工业污染物排放达标是否存在显著差异以及成因；分析全国不同地区对环境保护投资的重视力度；分析不同地区环境质量状况和环保计划完成情况；分析不同行业的节能减排是否达到国家标准等。只有明确了数据分析的目标，才能正确地制定数据收集方案，即收集哪些数据、采用怎样的方式收集等，进而为数据分析做好准备。

2. 正确收集数据

正确收集数据是指从最初制定的分析目标出发，排除干扰因素，正确收集服务于既定分析目标的数据。正确的数据对于实现数据分析目的起到关键作用。

例如，在分析全国不同地区对环境保护投资的重视力度时，需要收集各个地区的环境污染治理投资相关的数据，如环境污染治理投资额、比上年增加量、占当年GDP的比重等。从环境污染治理投资额的分类来看，包括城市环境基础设施建设投资、工业污染源治理投资、建设项目"三同时"环保投资等数据。城市环境基础设施建设投资包括燃气工程建设投资、集中供热工程建设投资、排水工程建设投资、园林绿化工程建设投资、市容环境卫生工程建设投资等，工业污染源污染治理投资包括废水治理资金、废气治理资金、工业固体废物治理资金、噪声治理资金等，建设项目"三同时"环保投资又包括建设项目"三同时"环保投资占环境污染治理投资总额的比例、占建设项目投资总额的比例等。在分析不同工业行业废气及废气中主要污染物排放是否存在显著差异以及成因时，需要收集煤炭开采和洗选业，石油和天然气开采业，黑色金属矿采选业，有色金属矿采选业，非金属矿采选业，其他采矿业，农副食品加工业，食品制造业，饮料制造业，烟草制品业，纺织业，纺织服装、鞋、帽制造业，皮革、毛皮、羽毛（绒）及其制品业，木材加工及木、竹、藤、棕、草制品业，家具制造业，造纸及纸制品业，印刷业和记录媒介的复制，文教体育用品制造业，石油加工、炼焦及核燃料加工业，化学原料及化学制品制造业，医药制造业，化学纤维制造业，橡胶制品业，塑料制品业，非金属矿物制品业，黑色金属冶炼及压延加工业，有色金属冶炼及压延加工业，金属制品业，通用设备制造业，专用设备制造业，交通运输设备制造业，电气机械及器材制造业，通信设备、计算机及其他电子设备制造业，仪器仪表及文化、办公用机械制造业，工艺品及其他制造业，废弃资源和废旧材料回收加工业，电力、热力的生产和供应业，燃气生产和供应业，水的生产和供应业等39个工业行业的工业二氧化硫排放量、工业氮氧化物排放量、工业烟尘排放量、工业粉尘排放量等数据。

排除数据中与数据分析目标不相关联的干扰因素是数据收集过程中的重要环节。数据分析并不仅仅是通过数学模型、统计模型对数据进行分析，收集上来的数据是否真正符合数据分析的目标，其中是否包含其他主要因素的影响，影响程度怎样，如何剔除这些影响或者减少这些影响等，都是数据分析过程中必须注意的重要问题。

3. 数据的加工整理

在明确数据分析目标基础上通过各种渠道收集到的数据，往往还需要进行必要的加工整理，使之系统化、条理化，符合统计数据分析的要求后才能真正用于统计数据分析。数据的加工整理通常包括数据缺失值处理、数据的分组、数据的排序、基本描述统计量的计算、基本统计图形的绘制、数据取值的转换、数据的正态化处理等，它能够帮助人们掌握数据的分布特征，是进一步深入统计数据分析的基础。

数据经过预处理后，可以根据数据分析的需要进行加工，对数据进行分组、排序、基本描述统计量的计算、基本统计图形的绘制、数据取值的转换、数据的正态化处理等。统计数据分组是根据统计分数据分析的目的和要求，将总体单位或全部数据按照一定的标准划分成若干类型组别，统计分组的主要目的是使组内的差异尽可能小，组间的差异尽可能大，从而使大量无序的、混沌的数据变成有序的、能够反映总体特征的资料。例如，工业环保投资数据调查对象是工业企业，但工业环保投资中的重点工业企业、集中处置行业、核工业企业、生活污染防治投资项目、农业环保投资中的农业部门、生态保护和环境综合整治投资项目、环境管理投资项目，以及与环境监管能力建设相关的环境监测能力、环境监察能力、环境应急能力、环境信息能力等方面的建设投资等，由于不同工业企业污染物排放种类、排污规模差异较大，其污染治理投资亦差异较大。为了揭示我国工业环保投资总体内部的差异、特征，需要对不同工业企业进行分组。例如，按照工业行业类别进行分组，按照集中处置行业、核工业企业、生活污染防治投资、农业环保投资中的农业部门、生态保护和环境综合整治投资、环境管理投资等方面进行分组。

4. 明确统计方法的含义和适用范围

数据加工与整理完成后，一般就可以进行进一步的统计数据分析了。分析时切忌滥用和误用统计分析方法，需要明确统计方法的含义和适用范围，对于新的统计方法和统计软件，学习和应用时必须了解并掌握必要的统计学专业知识和数据分析的一般步骤和原则，这样才能避免滥用和误用，不致因引用偏差甚至错误的数据分析结论而作出错误的决策。滥用和误用统计分析方法主要是由于对统计方法能解决哪类问题、方法适用的前提条件、方法对数据的要求了解不清、追求时髦的统计方法、缺乏对统计应用背景的深入了解等原因。因此，在数据统计分析中应避免盲目的"拿来主义"，否则，得到的数据分析结论可能会偏差较大或者发生错误，甚至误导政府决策。

另外，通常选择多种统计分析方法对数据进行探索性的反复分析也是极为重要的。每一种统计分析方法都有自己的特点和局限，选择多种方法反复印证分析，对提高数据分析的准确度和可信度有一定的帮助，因为仅仅依据一种统计分析方法的结果就断然下结论是不科学的。

5. 理解分析结果，正确解释分析结果

统计数据分析的直接结果是统计量和统计参数。需要正确理解统计分析软件计算出的结果，结合统计数据分析的目的，看看是否与自己的分析目标一致，再通过统计参数对统计量的合理性进行检验。正确理解统计量和统计参数的统计学含义是一切分析结论的基础，它不仅能帮助大家有效避免毫无依据地随意引用统计数字带来的错误，同时也是证实分析结论正确性和可信性的重要依据，而这一切都取决于能否正确地把握统计分析方法的核心思想和对统计数据分析方法的灵活运用。

另外，将统计量和统计参数与工作实际问题相结合也是非常重要的。客观地说，统计数据分析方法只是一种有用的数据分析工具，绝不是万能的。统计方法是否能够正确地解决各学科的具体问题，不仅取决于应用统计方法或工具的人能否正确地选择统计方法，还取决于他们是否具有深厚的应用背景。只有将各学科的专业知识与统计量和统计参数相结合，才能得出令人满意的分析结论。

(二) 环境统计分析方法分类

1. 常用方法

统计分析方法是开展统计数据分析的重要工具，要做好统计数据分析，必须先熟悉和掌握各种基本的统计分析方法。常用的统计分析方法包括对比分析法、比例分析法、速度分析法、动态分析法、弹性分析法、因素分析法、相关分析法、模型分析法、综合评价分析法等。

2. 其他方法

随着统计数据量越来越庞大，计算机技术越来越发达，更高级的统计分析方法应运而生，越来越广泛地应用于各个领域。比较常见的高级统计分析方法包括多元回归分析、主成分分析、因子分析、聚类分析、对应分析、典型相关分析、结构方程式模型、预测与决策模型等。

(三) 方法使用建议

统计数据分析是帮助人们提高控制数字的能力，透过这些庞杂的数字和复杂的关系，揭示事物的本质、特点和发展变化的内在规律的一种有利的工具。面对众多的统计分析方法，需要根据实际情况合理地选择方法。

　　对于检验各个地区或者各个行业之间的环境数据是否存在显著差异，是否存在共性和差异性，可以使用方差分析。从形式上看，它是检验多个总体均值是否相等的一种统计分析方法；从内容上看，它是研究多个变量之间关系的一种实用的、有效的统计分析方法，也可以考虑高级统计方法，如聚类分析、主成分分析、因子分析等方法。

　　对于与环境相关变量，试图找出与其相关的其他影响因素，可以考虑使用相关与回归分析。在自然界和社会现象中，任何现象都不是孤立的，而是普遍联系和相互制约的。现象间的普遍联系、相互制约往往表现为相互依存的关系，这种依存关系通常包括函数关系和相关关系两种类型。函数关系往往通过相关关系表现出来；而当对现象之间的内在联系和规律性了解更加清楚的时候，相关关系又可能转化为函数关系。回归分析通过一个变量或一些变量的变化解释另一变量的变化。其主要内容和步骤：首先，根据理论和对问题的分析判断，将变量分为自变量和因变量；其次，设法找出合适的数学方程式（回归模型），描述变量间的关系；再次，由于涉及变量具有不确定性，接着还要对回归模型进行统计检验；最后，统计检验过后，利用回归模型，根据自变量去估计、预测因变量。

　　对于未来的发展趋势，可以考虑使用时间数列分析和统计预测与决策模型。时间数列，是把反映某一现象的同一指标在不同时间上的取值，按时间的先后顺序排列所形成的一个动态数列。它反映社会经济现象发展变化的过程和特点，是研究现象发展变化的趋势和规律，以及对未来状态进行科学预测的重要依据。时间数列分析最常用的方法有两种：一是指标分析法，二是构成因素分析法。指标分析法通过计算一系列时间数列分析指标，包括发展水平、平均发展水平、增减量、平均增减量、发展速度、平均发展速度、增减速度和平均增减速度等来揭示现象的发展状况和发展变化程度的分析方法。构成因素分析法将时间数列看作由长期趋势、季节变动、循环变动和不规则变动集中因素所构成的，通过对这些因素的分解分析，揭示现象随时间变化而演变的规律，并在揭示这些规律的基础上，假定事物今后的发展趋势遵循这些规律，从而对事物的未来发展作出预测。

第四章　环境监测

第一节　环境监测概念

一、环境监测的内容和类型

(一) 环境监测的内容

1. 水和污水监测

水和污水监测是对环境水体 (江、河、湖、库和地下水等) 和水污染源 (生活污水、医院污水和工业废水等) 的监测。包括物理性质的监测、金属化合物的监测、非金属无机物的监测、有机化合物的监测、生物监测和水文、气象参数的测定，以及底质监测等。

2. 噪声监测

噪声监测主要是对城市区域环境噪声、城市交通噪声和工业企业噪声等的监测。

3. 土壤污染监测

土壤污染的主要来源是工业废物 (污水、废渣)、农药、牲畜排泄物、生物残体和大气沉降物等，土壤污染监测主要是对土壤水分含量、有机农药、铜、铬、镉、铅等的监测。

4. 固体废物监测

固体废物主要来源于人类的生产和消费活动中，被弃用的固体、泥状物质及非水液体等，固体废物监测主要是对有害物质的监测、有害特性的监测和生活垃圾的特性分析等。

5. 生物污染监测

生物从环境 (大气、水体和土壤等) 中汲取营养物质的同时，有害污染物也被吸入并累积于体内，使动植物被损害直至死亡。生物污染监测项目一般视具体情况而定，植物与土壤监测项目类似，水生生物与水体污染监测项目类似。

6. 放射性污染监测

随着科技进步和核能工业的发展，以及人类对放射性物质的使用，环境中放射性物质含量增高，监视与防止放射性污染愈显重要。放射性污染监测主要是对环境物质中的各种放射线进行监测。

振动监测、电磁辐射监测、热监测、光监测、卫生监测等也是环境监测的内容。

(二) 环境监测的类型

1. 监视性监测

监视性监测又称常规监测或例行监测，是对各环境要素进行定期的经常性的监测，是监测站第一位的主体工作。该监测用以确定环境质量及污染状况、评价控制措施的效果，衡量环境标准实施情况，积累监测数据，一般包括环境质量和污染源的监督监测。中国已初步形成了各级监视性监测网站。

2. 特定目的监测

特定目的监测又称特例监测或应急监测，是监测站第二位的工作，按目的不同分为以下几类:

(1) 污染事故监测

污染事故发生时，及时进行现场追踪监测，确定污染程度、危害范围和大小、污染物种类、扩散方向和速度，查找污染发生的原因，为控制污染提供科学依据。

(2) 纠纷仲裁监测

纠纷仲裁监测主要解决污染事故纠纷，对执行环境法规过程中产生的矛盾进行裁定。纠纷仲裁监测由国家指定的具有权威的监测部门进行，以提供具有法律效力的数据作为仲裁凭据。

(3) 考核验证监测

考核验证监测主要是为环境管理制度和措施实施考核，包括人员考核、方法验证、新建项目的环境考核评价、污染治理后的验收监测等。

(4) 咨询服务监测

咨询服务监测主要是为环境管理、工程治理等部门提供服务，以满足社会各部门、科研机构和生产单位的需要。

3. 研究性监测

研究性监测又称科研监测，属于高层次、高水平、技术比较复杂的一种监测，通常由多个部门、多个学科协作共同完成。其任务是研究污染物或新污染物自污染源排出后，其迁移变化的趋势和规律，以及污染物对人体和生物体的危害及影响程度，包括标法研制监测、污染规律研究监测、背景调查监测、综评研究监测等。

二、环境监测的目的、特点和原则

(一) 环境监测的目的

环境监测是环境保护的"眼睛"，其目的是客观、全面、及时、准确地反映环境质量现状及发展变化趋势，为环境保护、环境管理、环境规划、污染源控制、环境评价提供科学依据。

① 与环境质量标准比较，评价环境质量优劣。

② 根据掌握的污染物分布和浓度、污染速度和发展趋势以及影响程度，追踪污染源，确定控制和防治方法，评价保护措施的效果。

③ 根据长期积累的数据和资料，为研究环境容量、实施总量控制、目标管理、预测预报环境质量提供依据。

④ 为保护人类健康、合理使用自然资源、提高人类环境及制定和修改环境法规、环境质量标准等服务。

⑤ 为环境科学的研究提供基础数据。

(二) 环境监测的特点分析

1. 环境污染物

环境污染物分为无机污染物和有机污染物，常以分子、原子、离子等形式存在。

2. 环境污染的特点

① 时、空分布性。时间分布性是指环境污染物的排放量和污染强度随时间而变化。例如，工厂排放污染物的种类、浓度因生产周期的不同而随时间变化；河流丰水期、平水期和枯水期的交替，使污染物的浓度和危害随时间而变化。空间分布性是指环境污染物的排放量和污染强度随空间位置而变化。例如，进入河流的污染物下游浓度不断减小。环境污染物随时间和空间的变化而变化的时、空分布性，决定了要准确确定某一区域环境质量，单靠某一点位的监测结果是片面的，只有充分考虑环境污染的时、空分布性，才能获得科学、准确的监测结果。

② 活性和持久性。活性表明污染物在环境中的稳定程度。活性高的污染物质，在环境中或在处理过程中易发生化学反应生成比原来毒性更强的污染物，构成二次污染，严重危害人体及生物。与活性相反，持久性则表示有些污染物质能长期地保持其危害性。

③ 生物可分解性、累积性生物。可分解性是指有些污染物能被生物所吸收、利用并分解，最后生成无害的稳定物质，大多数有机物都有被生物分解的可能性。例

如，苯酚虽有毒性，但经微生物作用后可以被分解无害化。但也有一些有机物长时间不能被微生物作用而分解，属难降解有机物，如二噁英。生物累积性是指有些污染物可在人类或生物体内逐渐积累、富集，尤其在内脏器官中的长期积累，由量变到质变引起病变发生，危及人类和动植物健康。例如，镉可在人体的肝、肾等器官组织中蓄积，造成各器官组织的损伤；水俣病则是由于甲基汞在人体内的蓄积引起的。

④ 综合效应。环境中存在多种污染物，同时存在对人或生物体的某些器官的毒害作用有几种情况。单独作用是指多种污染物中某一部分发生的毒害作用，不存在协同作用；相加作用是指多种污染物发生的危害等于各污染物的毒害作用总和；相乘作用是指多种污染物发生的毒害作用超过各污染物毒害作用的总和；拮抗作用是指多种污染物发生的毒害作用彼此抵消或部分抵消的特性。

3. 环境监测的特点

环境监测就其对象、手段、时间和空间的多变性，污染物繁杂和变异性，污染物毒性大、含量低以及环境监测的特殊使命，其特点如下：

① 生产性环境监测具备生产过程的基本环节，类似于工业生产的工艺模式，方法标准化和技术规范化的管理模式，数据就是环境监测的基本产品。

② 综合性环境监测的对象包括大气、水、土壤、固体、生物等客体；环境监测手段包括化学的、物理的、生物的等多种方法；监测数据解析评价涉及自然和社会的诸多领域，所以具有很强的综合性。只有综合应用各种手段、综合分析各种客体、综合评价各种信息，才能准确地揭示监测信息的内涵，说明环境质量状况。

③ 追踪性。要保证监测资料的准确性和可比性，就必须依靠可靠的量值传递体系进行资料追踪溯源，为此必须建立环境监测的质量保证体系。

④ 持续性。由环境污染物的特点决定了只有长期测定积累大量的数据，监测结果的准确度才越高，即只有在有代表性的监测点位上持续监测，才能客观、准确地揭示环境质量及发展变化趋势。

⑤ 执法性。环境监测不仅要及时、准确地提供监测数据，还要根据监测结果和综合分析、评价结论，为主管部门提供决策建议，并授权对监测对象执行法规情况进行执法性监督控制。

（三）环境监测的原则

1. 优先污染物

世界上已知的化学物质超过 700 万种，而进入环境的化学物质已达 10 万种。就目前的人力、物力、财力，以及污染物危害程度的差异性而言，人们不可能也没必要对每一种化学物质进行监测，只能将潜在危险性大（难降解、具有生物累积性、毒性大和"三致"类物质），在环境中出现频率高、残留高，检测方法成熟的化学物质定为优先监测目标，实施优先和重点监测，经过优先选择的污染物称为环境优先污染物，简称优先污染物。

2. 优先监测原则

对优先污染物进行的监测称为优先监测，环境监测应遵循优先监测的原则。环境监测要遵循符合国情、全面规划、合理布局的方针，其准确性往往取决于监测过程的最薄弱环节。

（四）环境监测的要求

1. 代表性

代表性主要是指取得具有代表性的能够反映总体真实状况的样品，样品必须按照有关规定的要求、方法采集。

2. 完整性

完整性主要是指监测过程中的每一个细节，尤其是监测的整体设计方案及实施，监测数据和相关信息无一缺漏地按预期计划及时获取。

3. 可比性

可比性主要是指在监测方法、环境条件、数据表达方式等相同的前提下，实验室之间对同一样品的监测结果相互可比，以及同一实验室对同一样品的监测结果应该达到相关项目之间的数据可比，相同项目没有特殊情况时，历年同期的数据也是可比的。

4. 准确性

准确性主要是指测定值与真实值的符合程度。监测数据的准确性，不仅与评价环境质量有关，而且与环境治理的经济问题有密切联系，不准确的测定数据无法评价和保证环境质量，还会导致浪费资金，造成的后果反而比没有监测数据更坏。

5. 精密性

精密性主要是指多次测定值有良好的重复性和再现性。准确性和精密性是监测分析结果的固有属性，必须按照所用方法使之正确实现。

（五）环境监测的发展

1. 污染监测阶段或被动监测阶段

环境分析以间歇采样，现场或实验室分析为主要工作方式，对象是水、空气、土壤、生物诸环境要素中的各种化学污染物。因此，环境分析是分析化学的发展，只是环境监测的一部分。

2. 环境监测阶段或主动监测、目的监测阶段

由于环境体系相当复杂，污染要素众多，除化学因素外，还有物理因素（如噪声、振动、电磁波、放射性、热污染等）、生物因素（如生物量测定、细菌鉴定和计数等）等，环境质量是诸多因素共同作用的结果。监测也由点到面，而且扩展到一定空间范围（区域甚至全球）；在时间上由间歇到连续直至长期监测；在监测内容上对所有影响环境质量的要素进行分别监测，从而综合评价环境质量，此阶段为环境监测成熟阶段。

3. 污染防治监测阶段或自动监测阶段

尽管环境监测已能综合各环境因素来评价环境质量，但还不能及时地监视环境质量变化，预测变化趋势，更不能根据监测结果发布采取应急措施的指令。人们需要在极短的时间内观察到环境因素的变化，预测预报未来环境质量，当污染程度接近或超过环境标准时即可采取保护措施。基于此在环境监测中建立了自动连续监测系统，使用遥感遥测技术，监测仪器用计算机遥控并传送到中心控制室，并显示污染态势，真正实现了监测的实时性、连续性和完整性。

三、环境标准概述

(一) 环境标准作用

1. 环境标准

环境标准是有关控制污染、保护环境的各种标准的总称，是国家为了保护人民的健康和社会财产安全，防治环境污染，促进生态良性循环，同时又合理利用资源，促进经济发展，根据环境保护法和有关政策在综合分析自然环境特征、生物和人体的承受力、控制污染的经济能力、技术可行的基础上，对环境中污染物的允许含量及污染源排放的数量、浓度、时间、速率（限量阈值）和技术规范所做的规定。

2. 环境标准的作用

① 环境标准是环境保护法规的重要组成部分和具体体现，具有法律效力，是执法的依据。

② 环境标准是推动环境保护科学进步及清洁生产工艺的动力。

③ 环境标准是环境监测的基本依据。

④ 环境标准是环境保护规划目标的体现。

⑤ 环境标准具有环境投资导向作用。

⑥ 环境标准在提高全民环境意识、促进污染治理方面具有十分重要的作用。

3. 环境标准制定原则

① 以国家的环境保护政策、法规为依据，以保护人体健康和提高环境质量为目标，促进环境效益、经济效益、社会效益的统一。

② 环境标准既要科学合理，又要便于实施，同时还要兼顾技术经济条件。

③ 环境标准应便于实施与监督，并不断修改、补充，逐步充实、完善。

④ 各类环境标准、规范之间应协调配套。

⑤ 积极采用和等效采用适合中国国情的国际标准。

4. 国家标准制定的程序

国家标准制定程序：编制标准制订项目计划—组织拟定标准草案—征求意见稿—送审稿—报批稿—局长专题会审议—局务会审议—标准编号、批准、发布。

(二) 环境标准的分类和分级

1. 环境质量标准

环境质量标准是指在一定时间和空间范围内，对环境质量的要求所做的规定。它是在保护人体健康、维持生态良性循环的基础上，对环境中污染物的允许含量所做的限制性规定。

环境质量标准是国家环境政策目标的体现，是制定污染物排放标准的依据，也是生态环境部门和有关部门对环境进行科学管理的重要手段。按照环境要素和污染要素分为大气、水质、土壤、噪声、放射性和生态环境质量标准等。

2. 污染物排放标准

污染物排放标准是指为了实现环境质量标准目标，结合技术经济条件和环境特点，对排入环境的污染物或有害因素的控制所做的规定。它是实现环境质量标准的主要保证，也是对污染进行强制性控制的主要手段。国家污染物排放标准按其性质和内容分为部门行业污染物、通用专业污染物、一般行业污染物、地方污染物4种排放标准。

3. 环境基础标准

环境基础标准是指在环境保护标准化工作范围内，对有指导意义的符号、代号、图式、量纲、指南、导则、规范等所做的国家统一规定，是制定其他环境标准的基础，处于指导地位。

4. 环境方法标准

环境方法标准是指在环境保护工作范围内以抽样、分析、试验、统计、计算、测定等方法为对象制定的标准。污染环境的因素繁杂，污染物的时空变异性较大，对其测定的方法可能有许多种，但从监测结果的准确性、可比性考虑，环境监测必须制定和执行国家或部门统一的环境方法标准。

5.环境标准样品标准

环境标准样品标准是指对环境标准样品必须达到的要求所做的规定。它是为了在环境保护工作中和环境标准实施过程中校准仪器、检验监测方法、进行量值传递，由国家法定机关制作的能够确定一个或多个特性值的材料和物质。

6.环境保护的其他标准

环境保护的其他标准是指除上述标准以外，对在环保工作中还须统一协调的技术规范，如仪器设备标准、环境管理办法、产品标准等所做的统一规定。

特别需要指出的是，环境基础标准、环境方法标准、环境标准样品标准只有国家标准。

除上述环境标准外，还需要统一的技术要求所制定的标准，包括执行各项环境管理制度、监测技术、环境区划、规范的技术要求、规范和导则等。

中国环境保护标准分为强制性环境标准和推荐性环境标准。环境质量标准和污染物排放标准和法律、法规规定必须执行的其他标准为强制性标准。强制性环境标准必须执行，超标即违法。强制性标准以外的环境标准属于推荐性标准。国家鼓励采用推荐性环境标准，推荐性环境标准被强制性标准引用，也必须强制执行。

第二节 辐射与放射性污染监测

一、概述

(一) 放射性污染的来源

1.天然放射性污染

(1)宇宙射线

宇宙射线是从宇宙空间射到地球上的射线，从宇宙空间射到大气层的高能辐射称为初级宇宙射线。初级宇宙射线与大气层中的原子核相互作用产生的次级粒子和电磁辐射被称为次级宇宙射线。一个高能初级宇宙射线进入大气层后与大气层中的粒子发生一系列的作用，致使包括电子、光子、质子、中子、π 介子等粒子的射线射到地面。

宇宙射线的最显著特点之一是能量高，已发现的最高能量可达 1019eV。因为它有较高的能量，所以与紫外线等共同作用，可以将无机物气体分子，如 H_2、NH_3 等合成简单的小分子有机物；另一个显著特点是强度低，在每平方厘米面积内只有每分钟几个，而且能量越高的粒子数目越少。

（2）天然放射性核素

地球上到处存在天然放射性核素，它们衰变时释放出 α、β 及 γ 射线，自然界中的放射性核素主要包括三个方面：① 宇宙射线产生的放射性核素。如 $^{14}N\,(n,\,T)\,^{12}C$ 反应产生的氚，$^{14}N\,(n,\,p)\,^{12}C$ 反应产生的 ^{14}C。② 天然系列放射性核素。这种系列有三个，即铀系，其母体是 ^{238}U；锕系，其母体是 ^{235}U；钍系，其母体是 ^{232}Th。③ 自然界中单独存在的核素。这类核素约有 20 种，如 ^{40}K、^{87}Rb、^{209}Bi 等。

2. 人为放射性污染

现今世界上主要人工辐射源包括核爆炸、核工业生产及医疗照射和其他一些辐射源。

（1）核爆炸

核爆炸是利用重原子核裂变或轻原子核聚变时急剧释放出来的巨大能量制成的。核爆炸在瞬间产生穿透性能很强的核辐射（主要是中子和 γ 射线），称为瞬时核辐射。在爆炸后留下一些不断放射 α、β、γ 射线的物质污染环境，称为剩余核辐射。核爆炸时产生的裂变产物有 200 多种。没有起反应的残余核材料如 ^{235}U、^{239}Pu、^{3}H 等，以及爆炸时产生的中子与周围环境的某些元素发生反应生成的放射性物质，均可造成局部地区及全球性的放射性污染。核爆炸产生的放射性物质有的很快衰变为稳定性同位素，有的则在很多年后仍具有放射性。这些物质散布于环境中，对人体造成伤害。一般最关心的是产额高、寿命长的放射性同位素。

（2）核工业

① 铀矿石的开采与加工对环境的污染：铀矿石除含天然铀外，还含有 ^{238}U 的衰变产物。这些核素分别放出 α、β、γ 射线。在铀矿开采中排放出 ^{222}Rn 气体、放射性粉尘、^{214}HPo、^{218}Po 等形成气溶胶污染周围空气。铀矿加工厂排出的大量废水及矿山主要废水（矿坑水）等，主要含有铀、镭及少量的钍等放射性物质。铀矿废石、尾矿体积大经风雨冲刷流失，放射性物质溶解使污染面积扩大。铀矿山和加工厂排出的废物放射性水平较低，但排放量大，分布范围广，造成周围空气、土壤、水、农作物等的放射性污染。

② 铀燃料生产对环境的污染：铀燃料生产过程中排放出的废液、固体废物，主要含有铀及其衰变产物。废气排放量较少，其中主要是含铀的放射性粉尘。

③ 反应堆对环境的污染：反应堆和核燃料后处理，其"三废"的放射性物质全部是在反应堆运行过程中生成的。反应堆在运行过程中，不断产生放射性废物。反应堆核燃料的原子核在中子轰击下发生链式反应，生成裂变产物，随着反应的持续进行，核燃料逐渐消耗，裂变产物逐渐积累，在一般情况下，这些裂变产物不会逸出燃料元件，泄漏出来的极少，但由于长期不断排放，对水和空气将造成一定程度

的污染。

④核燃料后处理对环境的放射性污染：核燃料后处理主要是将铀和 ^{239}Pu 分离出来作为核燃料，裂变产物全部进入废物中。在环流过程中产生的废液经过回收浓缩等处理后，与固体废物同样贮存于地下。大量工艺冷却水、设备去污水及洗涤水等所含的放射性物质水平较低，经简单沉淀、过滤后排入附近河流，是污染环境的主要来源。在处理过程中产生的放射性气体、气溶胶经过冷却后，大部分短寿命核素将衰变掉，经过净化则可除去99.9%以上的放射性物质，再排入大气。其排放的气体中主要是碘、氙、氪等放射性物质。

⑤发生核事故时对环境的污染：在发生核事故时大量放射性物质排入环境，难以控制，造成严重的环境污染。例如，反应堆运行发生故障，放射性物质运输事故，放射性废物贮存事故，实验研究、核燃料后处理的化工装置发生事故等。

3. 医疗照射

各种电离辐射源和放射性核素在医疗诊断与治疗中的广泛使用（X射线机、CT机、放疗机、^{131}T治疗甲状腺等），使越来越多的人受到人工辐射。在一次诊断过程中患者受到的局部剂量相当于天然辐射年剂量的1~50倍。放射治疗时患者受到的局部剂量在一个疗程内可达诊断时的几千倍。作用于人群的各种人工辐射中以医疗照射的人均剂量最大。

4. 其他人工照射

有些消费品中掺有放射性核素，或能发出X射线，使人体受到照射，对周围环境造成一定的放射性污染。例如，辐射发光涂料制成的产品，一些电子产品，含钍、铀的制品等。电视机也能发射出X射线。

一些使用放射性核素的科研单位、学校等排出的废物中含有放射性物质，对环境造成放射性污染。

（二）放射性对人体的危害

1. 急性损伤

当人体遇到核爆炸、核事故时，一次或短期内受到大剂量的射线照射，体内的各组织、器官和系统将会遭受严重的伤害，轻者出现病症，重者造成死亡。

2. 慢性损伤

若放射源长期对人体产生辐射，将会引发各种慢性损伤。放射性物质进入环境后，不仅会对人体产生外辐射，还会将通过物质的循环（如呼吸、饮水及食物链）进入人体内产生内辐射。内辐射的危害程度因放射性物质的种类及其在体内的积蓄量、分布于各组织器官的不同而有所不同。主要危害为白细胞减少、白血病及其他恶性肿瘤等。

3. 远程效应

远程效应是指人体遭受急性照射后经过若干时间或长期遭受低剂量的照射，数年后才表现出的躯体效应或遗传效应的现象。常见的躯体效应有白血病、白内障及各种癌症，常见的遗传效应有基因突变和染色体畸变，在第一代表现为流产、死胎、畸形和智力不全等，在以下几代可能出现变异、变性和不孕等。

二、放射性污染度量单位

(一) 放射性活度（A）

放射性活度又称放射性强度，是指放射性物质在单位时间内发生核衰变的原子数目，它是度量核素放射性强弱的基本物理量。放射性活度的定义可表示为：

$$A = \frac{\mathrm{d}N}{\mathrm{d}t} = \lambda N \tag{4-1}$$

式中：N——t 时刻未衰变的核素数；

t——时间，s；

λ——衰变常数，表示放射性核素在单位时间内的衰变概率。

放射性活度的 SI 单位为贝可，符号表示为 Bq，1Bq 表示在 1s 内一个原子发生衰变，即 $1Bq=1s^{-1}$。

放射性活度另一个常用单位是居里（Ci），当每秒钟衰变数为 3.7×10^{10} 时，称该放射性物质的活度为 1Ci，"Ci" 的单位较大，常用 "mCi"（10^{-3}Ci）和 "μCi"（10Ci）作为单位。

(二) 半衰期（$T_{1/2}$）

放射性核素因衰变而减少到原来的一半时所需的时间：

$$T_{1/2} = \frac{0.693}{\lambda} \tag{4-2}$$

式中：λ 意义同上。

(三) 吸收剂量（D）

吸收剂量是指电离辐射与物质发生相互作用时，单位质量的物质所吸收电离辐射的能量，是反映物质对辐射能量吸收状况的物理量。可表示为：

$$D = \frac{\mathrm{d}E}{\mathrm{d}m} \tag{4-3}$$

式中: dE——电离辐射给予一个体积单元中物质的平均能量;

dm——被照射的体积单元中物质的质量。

吸收剂量的 SI 单位为焦耳每千克(J/kg),称为戈瑞(Gy),1Gy 表示任何 1kg 物质吸收 1J 的辐射能量,即 1Gy=1 J/kg。与戈瑞并用的专用单位是拉德(rad),1rad=10^{-2}Gy。

单位时间的吸收剂量称为吸收剂量率($\dot{D}$)。可表示为:

$$\dot{D} = \frac{\mathrm{d}D}{\mathrm{d}t} \tag{4-4}$$

其单位为 Gy/s 或 rad/s。

(四)剂量当量(H)

由于电离辐射所产生的生物效应与辐射类型、能量等因素有关,因此,即便是吸收剂量(D)相同,当射线类型、照射条件不同时,对生物组织的危害程度也是不同的。为了表征人体所受各种电离辐射的危害程度,表达不同种类的射线在不同能量及不同照射条件下所引起生物效应的差异,在辐射防护工作中引入了剂量当量的概念,并把剂量当量定义为:在生物体组织内所考虑的一个体积单元上吸收剂量与品质因数和所有修正因素的乘积。可表示为:

$$H = kDQ \tag{4-5}$$

式中: H——剂量当量,剂量当量的 SI 单位是希沃特(Sv),1Sv=1J/kg;

k——所有其他修正因素乘积,通常取 1;

D——吸收剂量,Gy;

Q——该点处的辐射品质因数(表示在吸收剂量相同时各种辐射的相对危害程度)。

(五)照射量(X)

照射量只适用于 X 射线和 γ 射线辐射,不能用于其他类型的辐射和介质。照射量表示在单位质量空气中 X 射线和 γ 射线全部被空气阻止时,空气电离所形成的离子总电荷(正的或负的)的绝对值。公式表示为:

$$X = \frac{\mathrm{d}Q}{\mathrm{d}m} \tag{4-6}$$

式中: dQ——单位体积单元内形成的离子总电荷绝对值,C;

dm——单位体积中空气的质量，kg。

照射量（X）的 SI 单位是库仑 / 千克（C/kg），暂时并用的单位是伦琴（R），1R=2.58×10^{-4}C/kg。

伦琴单位的定义：凡 IR γ 射线或 X 射线照射1cm^{3}标准状况下（0℃和101.325kPa）的空气，能引起空气电离而产生 1 静电单位正电荷和 1 静电单位负电荷的带电粒子。这一单位仅适用于 γ 射线和 X 射线透过空气介质的情况，不能用于其他类型的辐射和介质。

照射量有时也用照射量率表示，定义为：单位时间内的照射量，单位为 C/（kg·s）。

三、放射性污染物样品的采集与处理

(一) 放射性沉降物

放射性沉降物主要来源是大气层核爆炸所产生的放射性沉降物，其次来源于人工放射性微粒。放射性沉降物一般用下列方法采集：

1. 水盘法

用一定容积（一般高 15cm，底面积 2500cm^2）的不锈钢或聚乙烯塑料圆形水盘，在水盘内盛入适量的稀酸（0.1% 的 HNO$_3$ 或 HCl），将水盘暴露于采样点，则沉降物自然地落于水盘中并溶于其中。在暴露期间记录其气象条件。落下灰量过少的地方，应在水盘内加数毫克硝酸锶或氯化锶作载体。应注意盘底始终有水，以防止水分蒸干后使已落下的沉降物飞散造成损失。

暴露一定时间后，将水盘内的溶液转入蒸发皿内，将其用小火加热蒸干，然后在马弗炉中 500℃灼烧 2h，冷却，称其灰重。取一定量的灰分制备成样品源，进行放射性测量。

2. 黏纸法

取一定面积（2500cm^2）的圆形薄纸（含灰量低），薄薄地涂上一层黏性油（如凡士林加机油、松香加蓖麻油等），并于面积相同、边高约 10cm 的圆盘底部涂一层黏性油，将涂有黏性油的纸贴在盘底（涂油的一面朝上），暴露于采样点，沉降物即降落于黏纸盘内，并记录气象条件。

暴露一定时间后，将黏纸取出折叠剪碎，置于蒸发皿中，碳化后在马弗炉中 500℃灰化成白色取出冷却，称量。取一定量制备成样品源，进行放射性测量。

暴露期间如遇雨雪时，则将收集的雨雪与样品一起蒸干处理。放射性沉降物的采集点应选择在固定的清洁地区，附近无高大建筑物、烟囱和树木的地方，为了减少地面尘埃飞扬的影响，承接器应放在高出地面（或屋顶平台）1.5m 以上的地方。水盘法采样适用于多雨、雪的地区，黏纸法采样适用于干燥少雨、雪地区。所用黏性油及纸须进行灰分的放射性本底测量。

(二) 放射性气溶胶

放射性微粒在空气或其他气体中形成的分散体系称为放射性气溶胶。空气中的放射性气溶胶包括核爆炸产生的裂变产物，各种来源的人工放射性物质，以及氡、钍射气的衰变子体等天然放射性物质。

空气中放射性气溶胶的采集一般用过滤法。另外还有静电法和撞击法。

过滤法采集设备包括过滤器、过滤材料、抽气动力及流量计等。

过滤器是一种用来固定过滤材料的装置，它是用易于清除放射性污染的金属、塑料或有机玻璃等材料制成。其形状和面积可根据实际需要而定。过滤材料使用能阻留空气中放射性微粒的各种类型的滤纸、滤膜及活性炭等。根据气溶胶中放射性浓度大小，调节一定的流速及采集所需的时间，并记录当时的气象条件。采样结束后，将过滤材料取下，进行样品源的制备与放射性测量。放射性气溶胶样品源的制备通常用下列几种方法：

① 直接测量。

② 灰化法，将采集样品的过滤材料取下，在马弗炉中 500℃灰化 1h，冷却后称量，并制备样品源。

③ 有机溶剂溶解法，用丙酮或乙酸乙酯等将过滤材料上采集的样品溶解后制备样品源，进行测量。

(三) 放射性气体

放射性气体的主要来源是核工业生产过程中排放及泄漏的放射性气体，核爆炸产生的气态裂变产物，以及氡、钍等天然放射性气体。

采集放射性气体的方法主要有活性炭吸附法和硅胶吸附法。

1. 活性炭吸附法

将装有活性炭的装置与抽气装置连接，让气体通过活性炭，放射性气体则吸附在活性炭上，然后将活性炭在高温下解吸，放射性气体即解吸下来，进行放射性测量，或者直接测量活性炭上的放射性强度。

2. 硅胶吸附法

将装有硅胶的装置与抽气动力装置连接，让气体通过硅胶，一些放射性气体则吸附在硅胶上，然后直接测量硅胶上的放射性强度或将取样后的硅胶进行蒸馏，取此蒸馏液测其放射性强度。

（四）水样

气体中放射性沉降物及各种来源的放射性废物，均可能污染地下水及地表水。

根据分析的目的，对采集的水样作合理布点。采集江、河、湖和水库水样时，一般于水面以下采集，采集不同深度、不同断面的样品。采集水样的工具可用普通清洁的、没有放射性污染的玻璃瓶。采集的水样应盛放于塑料瓶中，以减少放射性物质的吸附。采集的水样根据需要供各种放射性强度分析使用。

（五）食品、生物样品

于粮食的收获季节，在一块田地的不同部位采集几个点的样品后混合。对已收获的粮食在存放处的上、中、下各层均匀采集后混合。

蔬菜应采集不同类型品种的样品。在核爆炸期间主要以采集叶菜为主。鱼、虾类根据在水中的分布情况，可分别采集各类样品。

样品采集后，去掉非食用部分，洗净，将表面水晾干，称鲜重。然后切碎置于蒸发皿中，加热让其碳化，转入马弗炉中于 $400 \sim 500 ℃$ 灰化，冷却后称量，供测量使用。

（六）土壤

放射性沉降物及各类来源的放射性废物都可直接污染土壤。

土壤采样点应选地势平坦的地方，在一定范围内沿直线每隔一定距离采集一份样品。采样时取出 $19 \times 10 cm^2$、方块上垂直 $10cm$ 深的土壤。采集的样品置于没有放射性污染的容器内。

将土壤样品晾干或在 $110 ℃$ 烘干除去杂物，称量，将样品混合均匀，按对角线法取样。将土样在马弗炉中 $500 ℃$ 以下灼烧 $2h$，冷却后研碎、过筛，供各种测量使用。

四、放射性监测

（一）放射性监测仪器

1. 电离室探测器

根据气体电离的电离室区制成。用于测量大量粒子产生的平均电离电流或累积的电荷来确定粒子的强度。

（1）累计电离室

累计电离室产生的饱和电流与单位时间进入电离室内的粒子数成正比。用静电计测其饱和电流，则得辐射强度。

(2) 脉冲电离室

脉冲电离室是用来记录单个粒子电离效应的。脉冲电离室的输出脉冲幅度和初始电离的离子对数及入射粒子能量成正比。既能测入射粒子的强度，又能测入射粒子的能量。将脉冲电流经过高倍放大后记录。

累计电离室主要用于 X 射线和 γ 射线及 β 射线的照射及吸收剂量的测量。脉冲电离室主要用于测量 α 粒子及其他电离能力较强粒子的强度、能谱、射程、比电离等。

2. 正比计数管

其工作原理是根据气体电离的正比区而工作。当工作电压超过正比区的阈电压时，初始电离产生的电子，在电场的加速下，不断地与气体分子发生电离碰撞，从而倍增出大量的正负离子，形成"电子雪崩"，收集极感应出脉冲电压。在外加电压一定时，放大倍数为一常数。输出脉冲正比于入射粒子能量。

正比计数管主要用于测量 γ 射线、β 射线等。

3. 盖革（G–M）计数器

根据气体电离的 G–M 医制成的。电压增高，当粒子入射后，气体电离一经发生，电子便以更高的速度向中央丝极运动，并与气体分子碰撞，使它们电离产生大量电子，同时产生大量光子。这些电子被阳极收集后，在外电路形成一个脉冲电压，记录脉冲电压发生的次数，便可知射入管内的粒子数目，则可达到测量的目的。

4. 闪烁计数器

闪烁计数器是由闪烁体、光电倍增管和电子装置组成的。当射线照射在闪烁体上后，将损失的能量转换为荧光，利用光导和反光材料，使荧光光子收集到光电倍增管的光阴极上，经光电倍增管倍增放大后产生的电压脉冲，用电子装置放大分析后记录下来，则可对粒子进行测量。

当使用 ZnS（Ag）闪烁体时，闪烁计数器可用于探测 α 粒子。当使用有机闪烁体时，可用于探测 β 粒子。当使用 Na1(T1) 闪烁体时，可用于探测 γ 射线。

5. 半导体探测器

半导体探测器是近年来迅速发展的一种核辐射探测器，它具有能量分辨本领好、分辨时间短等优异性能，得到广泛的使用。

使用的半导体有两种，其中有许多空穴的 P 型和有许多电子的 N 型，都是纯半导体材料中掺入不同杂质构成的。P 型和 N 型相接后，在交界处形成 P-N 结，在工作时加上反向电压，电子和空穴背向运动，在中间则形成了一个没有自由载流子的空间，又称为灵敏体积。当带电离子进入此灵敏体积后，由于电离作用，产生电子－空穴对，电子和空穴在电场的作用下分别向两极运动，被电极收集，则产生脉冲信号。将此脉冲信号放大后记录下来，则可对辐射进行测量。

用半导体探测器制成的各种谱仪，可分析 α、β 能谱，并可测其放射性强度。

（二）总放射性强度监测

1.水中总 α、总 β 放射性的监测

取一定量的水样，在蒸发皿中蒸干，将残渣转入恒重的小坩埚中，并用少许盐酸冲洗蒸发皿，并入小坩埚中，在电炉上蒸干。在马弗炉中 450℃灼烧 1h，冷却后称量。取一定量制备成样品源与标准源一起在相同条件下，在 α、β 测量仪上进行总 α、总 β 测量。

结果计算：

$$A = \frac{1}{2.22 \times 10^{12}} \frac{I}{\varepsilon} \frac{m}{m_a V} \quad (\text{Ci} / \text{L}) = \frac{3.7 \times 10^{10}}{2.22 \times 10^{12}} \frac{I}{\varepsilon} \frac{m}{m_a V} \quad (\text{Bq} / \text{L}) \tag{4-7}$$

式中：A——水中放射性强度；

I——样品源的净计数；

ε——计数效率 $= \dfrac{I_标}{km_标}$，其中 $m_标$ 为所取标准源的质量，k 为 1g 标准源每分钟

发射的粒子数，$I_标$ 为标准源的净计数；

m——样品总灰重；

m_a——测量用样品灰重；

V——所取水样体积。

2.食品、土壤、落下灰等样品的总 α、总 β 监测

将采集的样品经灰化处理后，取一定量置于测量盘中铺匀压平，与标准源一起在相同条件下，在 α、β 测量仪上进行总 α、总 β 测量。

结果计算：

$$A = \frac{1}{2.22 \times 10^{12}} \cdot \frac{I}{\varepsilon m_a} \quad (\text{Ci} / \text{g}) = \frac{3.7 \times 10^{10}}{2.22 \times 10^{12}} \cdot \frac{I}{\varepsilon m_a} \quad (\text{Bq} / \text{g}) \tag{4-8}$$

式中：m_a——测量样品灰重；

I——样品源的净计数；

ε——计数效率 $= \dfrac{I_标}{km_标}$。

(三) 外照射个人剂量的监测

1. 电离室个人剂量计

电离室个人剂量计 (袖珍照射量计), 主要用来测定工作人员所受到的 X 射线和 γ 射线的照射量。电离室个人剂量计分直读式和非直读式两类。

(1) 直读式电离室个人剂量计

直读式电离室个人剂量计可直接读出照射量, 主要部件是一个小石英丝验电器, 是收集电极的一部分, 外壳与石英丝绝缘作为另一电极。通过目镜可观察到石英丝在标尺上的位置。调整充电电压使标尺上的石英丝处于零位, 当剂量计受到 X 射线或 γ 射线照射时, 由于气体与射线的作用, 减少了收集极和石英丝间的静电斥力, 使石英丝偏移, 减少的程度与所受的照射量成正比。照射量的大小即可由标尺上石英丝的位置读出来。剂量计须用标准源进行定期刻度。

(2) 非直读式电离室个人剂量计

非直读式电离室个人剂量计不能直接读出照射量, 须借助静电计给出照射量。

2. 胶片剂量计

胶片剂量计主要用来测量 X 射线、γ 射线的照射量, 也可用来测量 β 射线和热中子的吸收剂量。

当带电荷粒子穿过 X 射线照相胶片的胶层时, 使乳胶层中的溴化银颗粒发生变化, 形成潜影, 经过显影后, 形成潜影的溴化银颗粒还原成银原子, 使胶片变黑。变黑的程度与受到的辐射量大小成正比。因此, 可用胶片变黑的程度来度量剂量的大小。

胶片变黑的程度用光密度计或黑度计来测量。

在制各样品胶片时, 须同时制备本底胶片, 并制备经过标准源照射过的已知不同照射量的一套标准胶片。在光密度计 (黑度计) 上测量标准胶片的净光密度。绘制标准胶片相对应的照射量与光密度的关系曲线, 即刻度曲线。根据刻度曲线就可求得待测胶片的净光密度所对应的照射量。

3. 荧光玻璃剂量计

荧光玻璃剂量计 (辐射光致发光剂量计), 主要用于 X 射线、γ 射线的监测, 也可用于 γ 射线和热中子混合场的监测。

荧光玻璃剂量计是基于辐射光致发光原理来测量吸收剂量的。当荧光玻璃受到 X、γ 射线照射时, 由于次级电子作用, 使其中的银离子变成亚稳态的银原子和二价银离子 ($2A^{g+} \rightarrow Ag+Ag^{2+}$), 成为发光中心。在一定范围内, 发光中心浓度与玻璃所吸收的能量有关, 辐射后的玻璃, 其中的发光中心在紫外线激发下, 电子跃迁到激发态, 然后很快返回发光中心, 在返回过程中发出橙色荧光, 而荧光强度与玻璃所受剂量成正比。玻璃的荧光强度由荧光测读仪进行测量。

荧光玻璃是在碱、碱土金属的磷酸盐基体玻璃中加入少量偏磷酸银制成的。荧光玻璃按其成分原子序数的不同，可分为高原子序数玻璃和低原子序数玻璃两类，在测量时各种型号的荧光玻璃需用标准源作各自的刻度曲线。根据刻度曲线，即可求得样品的辐射强度。

4. 热释光剂量计

热释光剂量计主要用于 X 射线和 γ 射线照射量的监测，也可用于 β 射线和热中子的剂量监测。

具有晶格结构的固体 (磷光体)，常因含有杂质或其中的原子、离子缺位、错位等原因造成晶格缺陷。这种缺陷导致其中电中性状态的破坏，从而成为带电中心。带电中心具有吸引导性电荷的本领。带电中心若能将导性电荷束缚住，则形成 "陷阱"。当磷光体受到辐射照射时，电子获得足够的能量，从正常位置跳出而运动，被陷阱捕获。常温下电子在陷阱中，将固体加热到一定程度时，电子从陷阱中逸出，进入导带，处于激发态，然后回到禁带处于基态，便发出蓝绿色的可见光。这种现象就是热释光。在条件一定时，发光的强度与磷光体所受到的辐射剂量成正比，因此可用热释光的强度来度量辐射剂量的大小。

用于热释光剂量测量的热释光材料 (磷光体) 很多，并可制成各种不同形式的剂量元件。目前用于热释光剂量测量的主要有氟化锂 (LiF)、硼酸锂 [Li_2B, O_7 (Mn)]、氟化钙 [CaF_2 (Mn)]、硫酸钙 (铥)(镝) [$CaSO_4$ (Tm)、$CaSO_4$ (Dy)]、氧化铍 (钠) [BeO (Na)] 等。

用热释光剂量计来测读热释光剂量元件加热后的发光强度，为了使测读数值与照射量联系起来，需用标准源对一组热释光剂量元件给予已知的不同照射量，然后在热释光剂量仪上进行测读，绘制刻度曲线。不同批的热释光元件都要作各自的刻度曲线。测得样品的发光强度，根据刻度曲线则可求得对应的照射量。

第三节 地质环境监测

一、环境地质问题

(一) 环境地质问题的概念

环境地质问题是指人类活动或自然地质作用于地质环境所引起的地质环境质量变化，以及这种变化反过来对人类生产、生活和健康的影响。任何一种环境都具有双重性，地质环境也不例外。既有有利于人类生存和发展的一面，也有不利于人类生存和发展的一面。地质环境可分为正面影响和负面影响两种。所谓正面影响，是指作用结果改善了地质环境，使之更适应人类生存和发展的需要，这是主要方面，如肥沃的土地、良好的地基、丰富的矿产、美丽的山水等，也就是地质环境优化；负面影响，则是对地质环境产生危害，严重时可破坏自然界在地质历史时期中形成的自然平衡，也就是地质环境劣化，是狭义的环境地质问题，它是我们研究的主体，包括以下几个方面：

①由地球本身变化引起的、对人类生存环境造成威胁的有害的地质作用，如火山、地震、滑坡、泥石流等，同时人类技术经济活动也往往诱发此类问题产生。

②人类技术经济活动引起的地质环境的恶化，如地下水位下降、地面沉降、地面塌陷、上地沙化、海水入侵等。

③地质环境与生态变化，如微量元素迁移、富集与地球化学环境异常，导致大骨节病、克山病、氟病、地方性甲状腺肿等地方病的发生。

④污水、固体垃圾、放射性废物等处理处置造成的水体污染（特别是地下水污染）、土壤污染等。

根据人类活动对地质环境造成的结果，从地质环境调查和保护的目的出发，将环境地质问题分为生态破坏、地质灾害和环境污染三大类型及众多表现形式。

(二) 环境地质问题的主要内容

环境地质问题的概念目前尚无统一认识，也不够十分严密。因此，能否构成环境地质问题也就具有相当的随意性。不过目前一般认为，它主要包括以下几个方面：

1. 地面沉降

由于人类工程经济活动（抽排地下水、疏干含水层、开挖地下工程）改变了地下原来的应力平衡条件，造成地表不稳定，从而出现地面沉降、地裂缝和塌陷等现象。

地面沉降通常是指在人为因素作用下，使地下松软土层压缩而导致地面标高降低的一种复杂的环境地质问题。其机理是复杂的，主要是由于大型建筑物对地基的荷载作用，对气态、液态资源的大量开发，抽、排地下水。而绝大多数区域性大面积沉降，是由于大量抽排地下水所引起的。世界许多地区，由于工业发展、人口增加，大量抽取地下水都发生了地面沉降。

地面沉降的特点：向下垂直运动为主，只少量水平位移，其沉降速度、沉降量、沉降持续时间和范围，都因地质环境不同、诱发因素不同而不同。

地面沉降的环境灾害主要表现：海水入侵；港口、码头、堤岸失去原有效能；桥墩下降，桥梁碍航；有时地面沉降伴生的水平位移使建筑物报废，铁路断开等灾害发生。另外，由于地面沉降，深井井口上移，机井无法使用。

地面沉降的诱发因素就广义来说，主要是自然动力地质因素：地壳近期的下降运动，地震和火山活动，地球气候变暖，冰山融化，地面相对沉降运动。另外，还有局部的地面沉降，如湿陷性黄土的湿陷、次压密土的固结作用等。

2. 地面塌陷

某些地区因天然或人为因素的作用，地面表层覆盖物出现下沉、开裂，以致突然向下陷落，形成各种规模和形态的坑、槽，这种现象称为地面塌陷。发生在岩溶地区的地面塌陷称为岩溶地面塌陷，其他为非岩溶地面塌陷（包括矿区塌陷，黄土湿陷及人防工程塌陷等）。非岩溶地面塌陷主要由人为因素引起。

非岩溶地面塌陷具有四大特点：① 突发性；② 发展快；③ 规模大；④ 危害严重。地面塌陷的产生及其危害性是巨大的，由于地面塌陷，原有的工程、设施被破坏；公路、铁路断陷被毁坏，影响交通；河流断流，淹没矿区。

岩溶地面塌陷在自然因素作用下产生，究其原因，主要是气候变化使地下岩溶水水位发生了改变。而人为工程——经济活动产生岩溶地面塌陷主要是人为活动，改变了溶蚀空间和上露岩土体的自然稳定过程，导致短期内快速产生的大量塌陷。

3. 滑坡、泥石流

滑坡是斜坡岩土体或松散堆积物在许多自然的（主要是水、重力）因素和人为因素作用下，沿着一定软弱面整体向下滑动的现象。影响滑坡形成的因素十分复杂，其中最主要的是地形地貌、岩土性质和结构、地质构造，还有水文气候、采矿活动、地震等因素。

泥石流是山区由于降水而形成的一种挟带大量泥沙、岩层、石块等固体物的特殊洪流。

滑坡、泥石流属于突发性地质灾害，多发生在山区、河谷、高速公路和铁路两侧及黄土高原地区。近年来，由于人为的不合理开采和建设也诱发许多滑坡、泥石流的发生。

此外，还有一些地质灾害或环境地质问题，如矿山开采、工程开挖诱发的斜坡失稳；水资源的不合理开发利用引起的土壤盐渍化和沙漠化；废矿、碎石堆放引起的地下水污染和环境恶化；水库库岸失稳等。

二、地质环境监测分析

(一) 地面沉降监测

地面沉降是由于大量抽、排地下水，引起地下水位下降，进而引起弱透水层失水固结，在上面荷载作用下，地面发生沉降。地面沉降的直接后果是沿海城市海水倒灌，码头功能失效，地表严重积水，建筑物倾斜、开裂，道路、桥梁、地下管道报废等一系列环境问题。

对地面沉降进行监测主要有以下几个方面：

① 设立固定点位，定期进行标高测量，以观察沉降速率。

② 选区内最深的几个井孔，作为长观井，对水位、水温及地表与井管口标高进行长期观测。

③ 分层对区内地下水水位、水质进行布网观测，并统计区内总开采水量。

④ 分不同深度对地应力进行长期监测。在长期监测的基础上，可通过统计方法，建立采水量与地面沉降量 S 的关系函数。

除统计方法外，还有用确定性解析模型法和固结微分方程的差分解法来预测沉降。但不管用什么方法，都是在长期监测的基础上，对所收集的资料进行分析和整理。因为引起地面沉降的主要原因是过量开采地下水，所以防治地面沉降，保护地质环境监测工作，都围绕地下水开采问题来进行。其治理方法也就不外乎或控制开采量，或进行地下水回灌，或调整开采层。

(二) 岩溶塌陷的监测

对岩溶塌陷进行监测，其目的是提前预报，以减轻经济损失。

监测工作包括地面、建筑物、水点 (井孔、泉点、矿井突水和水库渗漏点) 的长期观测。以及塌陷前兆现象的监测。监测工作一般在抽水和蓄水前期 1 ~ 3a 进行。观测周期视不同阶段而定，抽排水早期每 5 ~ 10d 观测一次，后期为每月观测一次，抽排水以前可 1 ~ 3 个月观测一次，长期观测的主要对象是抽排岩溶水或修建库坝蓄水后，邻近地面和建筑物的开裂、位移和沉降变化，以及各水点的水动态和含沙量变化等。塌陷前兆现象，即塌陷的序幕，是一些直观的现象，由于它们离塌陷产生的时间短促，更应重视监测，以便及早发现。此项监测内容较多，一般应包括：抽排地下水引起的地面积水，泉水干枯；人工蓄水引起的地面冒气或冒水；植物的变态；建筑物作响或倾斜，地面环形开裂，地下土层垮落声；水点水量、水位和含沙量的突然变化；动物惊恐异常现象等。

(三) 库岸稳态监测

库岸稳态的原位监测，掌握水库岸坡变形特征，以便及时采取预防措施，减轻损失。有效的监测和分析，是预报的基础。在近坝库岸设置完善的监测网点，主要监测项目如下：

① 地质监视。主要搜索和发现整个近坝库岸出现的变形破坏部位、变形破坏方式和规模。

② 大地测量。定期对监测点的平面位置及高程进行高精度测量。

③ 重点剖面无线电遥测及原位测试。在监测隧洞或廊道内，安装仪器进行监测，使用 Md 系列岩体与基础变形动态测量仪，可使监测达到自动化，并与计算机连用，随时可采集原位监测的各项数据。

(四) 诱发地震监测预报

许多人类活动，如修建水利工程、采矿、抽水、核试验、采石卸荷、抽取盐水等，都有诱发地震的可能性，它们是自然地震发展过程中受到人为活动干扰而表现出来的。诱震活动监测，是在较小的范围内，利用微震台网监测来实现的。由于库水向断层积能区渗入或注液直接破坏高能岩体，使其释能而触发地震，这类地震一般量级不太大，因此一般可用监测一个地区的地应力的积累状况，达到地震预报和控制。

为了搞清孕震断裂带及高能地区的应力状态，目前已采用一些可用于应力测量的系统。测量时，将测量孔段用封隔器封闭，然后对其施加水压，基于裂隙沿最小压力方向扩展，据施时的破裂压力 P_0，与裂隙处于张开平衡状态时的闭锁压力 P_b 及岩石抗拉强度丁和裂缝扩展方向，即可计算出岩体中的地应力数值。这种水压致裂测试技术，是目前监测液压对地下蓄能体诱发作用的有效方法。在测量地应力的同时也还可安装地震仪、电压加速器和水听器，用以监测破裂过程及声发射特点等。在进行应力监测的同时，还必须用一般地质、水文、工程地质方法监测孕震断裂带的透水性、温度、应力状态、孔隙水压力状态及断层带其他的地质现象等。

诱发地震监测工作，要在施工阶段的早期组织实施，以便及早开展监测预测工作，也可根据震情的实际变化，适时提出趋势预测意见。

(五) 盐渍化的监测

土壤盐渍化可归于土壤环境中，但它是由地下水位的抬升引起的，所以，也可归于地质环境中，视为环境地质问题。

盐渍化是土—水系统中盐分随水向上运移蒸发，不断在土壤表层积累的过程。盐渍化监测内容，实际上是对土壤和地下水位的监视，使地下水位控制在一个最佳深度。监测工作与水文地质监测工作类似。其差异只是环境监测侧重于人为活动对地下水位变化的影响，而水文地质监测对自然条件和人为活动影响产生的地下水动态变化都要进行研究。

第四节　现代环境监测技术

一、连续自动监测

(一) 连续自动监测系统组成

1.水体污染连续自动监测系统组成

水质污染自动监测系统（WPMS）就是在一个水系或一个地区设置若干个有连续自动监测仪器的监测站，由一个中心站控制若干个子站，随时对该地区的水质污染状况进行自动监测，形成一个自动化的监测系统。自动监测系统在正常运行时一般不需要人的参与，而是通过其内部的自动控制系统来完成各项工作。中心站既是各个子站的网络指挥中心，又是信息数据中心。它配有功能齐全、存储容量大的计算机系统和用作无线电通信联络的电台。中心站的工作一般是间歇式的，如每隔5天开动一次。它的主要任务是按预定的程序通过总站（中心站）电台与各子站联系完成下列工作：

①向各子站发出各种工作指令，管理子站的监测工作，如开机、停机、校对监测仪器等。

②收集各子站的监测数据，并将汇集到的数据进行处理，统计检验，打印污染指标统计表或绘制污染分布图等。

③分门别类地将各种监测数据存储到磁盘上建立数据库，以便随时检索或调用。

④向各有关污染源所在地的行政管理部门发出污染指数或趋近超标的污染警报，以便采取相应的对策。

各子站装备有采水设备、水质污染监测仪器及附属设备，水文、气象参数测量仪器，微型计算机及无线电台。其任务是对设定水质参数进行连续或间断自动监测，并将测得数据做必要处理；接收中心站的指令，将监测数据做短期储存，并按中心站的调令，通过无线电传递系统传递给中心站。

2.大气污染连续自动监测系统组成

与水污染连续自动监测系统类似，大气污染连续自动监测系统也由一个监测中心站和若干子站组成。

大气污染自动监测系统中的各站点多数为固定站，但有时还设有若干流动监测站、排放源监测站、遥测监测站与固定站配合（互相补充）成为一个完整的系统。

（二）水质污染连续自动监测项目

水质污染的监测项目有很多。综合指标的监测项目有水温、浊度、pH 值、电导率、溶解氧、化学需氧量、生化需氧量、总需氧量和总有机碳等。单项污染物的监测项目有氟化物、氯离子、氰离子、砷、酚、铬和重金属等。每一个项目都有几种测定方法，然而某些监测项目和方法还不能用于水污染连续自动监测系统。这是因为自动监测系统是在自动连续监测仪器与电子计算机相结合的基础上建立的，所以要监测的项目必须有合适的自动检测方法和仪器。

水污染自动监测系统的监测项目取决于建站的目的和任务，也与自动监测方法的成熟程度有关。一般只选择上述监测项目中的部分项目，而且通常以监测水污染的综合指标为主，有时还可以根据需要增加某些其他项目。但总体来看，在现有水污染连续自动监测系统中，浓度监测项目还是比较少的，这主要是由于监测污染物浓度的自动化监测仪器还比较短缺，特别是重金属的自动化监测仪器更缺。

水污染连续自动监测系统目前存在的主要问题是监测仪器长期运转的可靠性较差，经常发生传感器被玷污、采水器和水样管路堵塞等故障，如国产的 pH 值监测仪在使用不太长的时间后电极就容易损坏。而对水样进行浓度检测时，为了消除干扰元素，往往需要预先对水样进行分离或消解处理，测定项目不同或水质不同，分离或消解的方法也不相同，如果要实现自动连续监测，就必须有一种无须分离或消解的方法，这在技术上仍有一定难度。

（三）便携式测定仪

1. 单项目便携式测定仪

单项目便携式测定仪主要有 pH 计、电导率仪、溶解氧仪、COD 快速测定仪、紫外曝气快速 COD/BOD 测定仪等。

2. 多用途便携式测定仪

① 便携式水质分析实验室。DR2000 分光光度计与其他装置、设备和试剂包装在一起，组成一个便携式实验室，以便在任何时间、任何地点都能快速、准确地测试。DREL/2000 便携式水质实验室包括：DR2000 分光光度计；不易碎的数字滴定仪；程序和仪器手册；便携式 HACH ONETM pH 计和电极；便携式电导仪 /TDS 计；电池整流器 / 充电器；试剂和装置；装置 / 化学箱；仪器箱。测试项目包括酸度、碱度、溴、钙、氯化物、氯、导电性、铜、硬度、铁、硝酸盐、亚硝酸盐、pH 值、磷、硫酸盐、氟化物、锰 -PAN、DO、二氧化碳、铬、氨氮、非过滤性残渣、二氧化硅。

② 便携式气相色谱仪。便携式 GC 与一般的 GC 相比，在性能方面已无明显差

别，而体积小、轻便、适用于现场监测是其主要特征。这类仪器主要使用 PID 检测器。PID 可检测离子电位不大于 12eV 的任何化合物，如烷烃 (除甲烷外)、芳香族、多环芳烃、醛类、酮类、酯类、胺类、有机磷、有机硫化合物以及一些有机金属化合物，还可检测 O_2、NH_3、H_2S、AsH_3、PH_3、Cl_2、I_2 和 NO 等无机化合物。

(四) 监测车和监测船

大气污染和水质污染的发生有时会出现在固定监测站的监测范围以外的地点，也可能出现在比较偏远而不便设置监测站的地点，交通及运输过程中的突发性污染事故大部分属于这种情况，这时就要借助流动监测站来完成监测任务。

大气污染监测车是装备有大气污染自动监测仪器、气象参数观测仪器、计算机数据处理系统及其他辅助设备的汽车。它是一种流动监测站，也是大气环境自动监测系统的补充，可以随时开到污染事故现场或可疑点采样测定，以便及时掌握污染情况，采取有效措施。

中国生产的大气污染监测车装备的监测仪器: SO_2 自动监测仪; NO_x 自动监测仪; O_3 自动监测仪; CO 自动监测仪和空气质量专用色谱仪 (可测定总烃、甲烷、乙烯、乙炔及 CO); 测量风向、风速、温度、湿度的小型气象仪; 用于进行程序控制、数据处理的电子计算机及结果显示、记录、打印仪器; 辅助设备有标准气源及载气源、采样管及风机、配电系统等。除大气污染监测车外，还有污染源监测车，只是装备的监测仪器有所不同。

水质污染监测船是一种水上流动的水质分析实验室，它用船作运载工具，装上必要的监测仪器、相关设备和实验材料，可以灵活地开到需要监测的水域进行监测工作，以弥补固定监测站的不足; 可以方便地追踪寻找污染源，进行污染物扩散、迁移规律的研究; 可以在大水域范围内进行物理、化学、生物、底质和水文等参数的综合测量，取得多方面的数据。

在水质污染监测船上，一般装备有水体、底质、浮游生物等采样系统或工具，固定监测站和水质监测实验室中必备的监测仪器、化学试剂、玻璃仪器及材料，水文、气象参数测量仪器及其他辅助设备和设施，如标准源、烘箱、冰箱、实验台、通风及生活设施等。有的还备有浸入式多参数水质监测仪，可以垂直放入水体不同深度，同时测量 pH 值、水温、溶解氧、电导率、氧化还原电位和浊度等参数。

(五) 应急监测

1. 突发性环境污染事故类型与特征

突发性环境污染事故不同于一般的环境污染，它没有固定的排放方式和排放途径，都是突然发生、来势凶猛，在瞬时或短时间内大量地排放污染物质，对环境造成严重污染和破坏，给人民的生命和国家财产造成重大损失的恶性事故。突发性环境污染的类型：核污染事故；剧毒农药和有毒化学品的泄漏、扩散污染事故；易燃易爆物的泄漏爆炸污染事故；溢油事故；非正常大量排放废水造成的污染事故等。突发性环境污染事故具有形式的多样性、发生的突然性、危害的严重性、危害的持续性、危害的累积性和处理处置的艰巨性等特征。突发性环境污染事故的处理、处置是指在应急监测已对污染物种类、污染物浓度、污染范围及其危害作出判断的基础上，为尽快地消除污染物，限制污染范围扩大，以及减轻和消除污染危害所采取的一切措施。突发性环境污染事故的处理、处置应包括：对受危害人员的救治；切断污染源、隔离污染区、防止污染扩散；减轻或消除污染物的危害；消除污染物及善后处理；通报事故情况，对可能造成影响的区域发出预警通报。

2. 突发性环境污染事故的应急监测

突发性环境污染事故的应急监测，是环境监测人员在事故现场，用小型、便携、简易、快速检测仪器或装置，在尽可能短的时间内对污染物质的种类、污染物质的浓度、污染的范围及其可能的危害进行监测、分析、研究和判断的过程。

环境化学污染事故的应急监测要求应急监测人员快速赶到现场，根据事故现场的具体情况布点采样。利用快速监测手段判断污染物的种类，给出定性、半定量和定量监测结果，确认污染事故的危害程度和污染范围等。

一般现场应急监测的内容包括：石油化工等危险作业场所的泄漏、火灾、爆炸等；运输工具的破损、倾覆导致的泄漏、火灾、爆炸等；各类危险品存储场所的泄漏、火灾、爆炸等；各类废料场、废工厂的污染；突发性的投毒行为；其他。

现场应急监测的作用是对事故特征予以表征；为制定处置措施快速提供必要的信息；连续、实时地监测事故的发展态势；为实验室分析提供第一信息源；为环境污染事故后的恢复计划提供充分的信息和数据；为事故的评价提供必需的资料。事故发生后，监测人员应携带必要的简易快速检测器材和采样器材及安全防护装备尽快赶赴现场。根据事故现场的具体情况立即布点采样，利用检测管和便携式监测仪器等快速检测手段鉴别、鉴定污染物的种类，并给出定量或半定量的监测结果。现场无法鉴定或测定的项目应立即将样品送回实验室进行分析。根据监测结果，确定污染程度和可能污染的范围并提出处理处置建议，及时上报有关部门。因此环境化学污染事故的污染程度和范围具有很强的时空性，所以对污染物的监测必须从静态到动态、从地区性到区域性乃至更大范围的实时现场快速监测，以了解当时当地的环境污染状况与程度，并快速提供有关的监测报告和应急处理处置措施。

3. 采样方法

环境空气污染事故应尽可能在事故发生地就近采样，并以事故地点为中心，根据事故发生地的地理特点、风向及其他自然条件，在事故发生地下风向 (污染物漂移云团经过的路径) 影响区域、掩体或低洼地等位置，按一定间隔的圆形布点采样，并根据污染物的特性在不同高度采样，同时在事故点的上风向适当位置布设对照点。在距事故发生地最近的居民住宅区或其他敏感区域应布点采样。采样过程中应注意风向的变化，及时调整采样点位置。利用检气管快速监测污染物的种类和浓度范围，现场确定采样流量和采样时间。采样时应同时记录气温、气压、风向和风速，采样总体积应换算为标准状态下的体积。

突发性水环境污染事故的应急监测一般分为事故现场监测和跟踪监测两部分。现场监测采样一般以事故发生地点及其附近为主，根据现场的具体情况与污染水体的特性布点采样和确定采样频次。对江河的监测应在事故地点及其下游布点采样，同时要在事故发生地点上游采样对照。对湖 (库) 的采样点布设以事故发生地点为中心，按水流方向在一定间隔按扇形或圆形布点采样，同时采集对照样品。事故发生地点要设立明显标志，如有必要则进行现场录像和拍照。现场要采平行双样，一份供现场快速测定，另一份供送回实验室测定，如有需要，同时采集污染地点的底质样品。跟踪监测采样是当污染物质进入水体后，随着稀释、扩散和沉降作用，其浓度会逐渐降低。为掌握污染程度、范围及变化趋势，在事故发生后，往往要进行连续的跟踪监测，直至水体环境恢复正常。对江河污染的跟踪监测要根据污染物质的性质和数量及河流的水文要素等，沿河段设置数个采样断面，并在采样点设立明显标志，采样频次根据事故程度确定。对湖 (库) 污染的跟踪监测，应根据具体情况布点，但在出水口和饮用水取水口处必须设置采样点。由于湖 (库) 的水体较稳定，要考虑不同水层采样。采样频次每天不得少于 2 次。

要绘制事故现场的位置图，标出采样点位，记录发生时间、事故原因、事故持续时间、采样时间、水体感观性描述、可能存在的污染物、采样人员等事项。

4. 应急监测技术

现场监测可使用水质检测管或便携式监测仪器等快速检测手段，鉴别鉴定污染物的种类并给出定量、半定量的测定数据。现场无法监测的项目和平行采集的样品，应尽快将样品送回实验室进行检测。跟踪监测一般可在采样后及时送回实验室进行分析。

(1) 感官检测法

用鼻、眼、口、皮肤等人体器官感触被检物质的存在，如氰化物具有杏仁味，二氧化硫具有特殊的刺鼻味等。很多化学物质无色无味，形态、颜色相同，且直接伤害监测人员，对于剧毒物质绝不能用感官方法检测。

（2）动物检测法

利用动物的嗅觉或敏感性来检测有毒有害化学物质，如利用狗的灵敏嗅觉，利用有些鸟类对有毒有害气体的特别敏感来检测有毒物。

（3）试纸法

试纸可给出某化合物是否存在，以及是否超过某一浓度的信息，它的测量范围为 1~1000mg/L。把滤纸浸泡在化学试剂中后，晾干，裁成长条、方块等形状，装在密封的塑料袋或容器中，如 pH 试纸。使用时，取试纸条，浸入被测溶液中，过一定时间后取出，与标准比色板比较即可得到测试结果。试纸的缺点是有些化学试剂在纸上的稳定性较差，且测定范围及间隔较粗，主要用于高浓度污染物的测定。

测试条（棒）用于半定量测定离子及其他化合物，实际应用时遵循"浸入—停片刻—读数"程序，试纸的显色依赖于待测物的浓度，与色阶比较即可得到待测物的浓度值。半定量测试条（棒）的测量范围为 0.6~3000mg/L。

（4）侦检片法

大部分是用滤纸浸泡或制成锭剂夹在透明的薄塑料片中密封制成。检测时，置于样品中，然后观察颜色的变化。与试纸相似，只是包装形式不同，稳定性有所改善。

（5）检测试管法

检测试管法是先将试剂封在毛细玻璃管中，再将其组装在一支聚乙烯软塑料试管中，试管口用一带微孔的塞子塞住。使用时先将试管用手指捏扁，排出管中空气插入水样中，放开手指便自动吸入水样，再将试管中的毛细试剂管捏碎，数分钟内显色，与标准色板比较以确定污染物的浓度。直接检测管法（速测管法）是将检测试剂置于一支细玻璃管中，两端用脱脂棉或玻璃棉等堵塞，再将两端熔封。使用前将检测管两端割断，浸入一定体积的被测水样中，利用毛细作用将水样吸入，也可连接唧筒抽入水样或空气样，观察颜色的变化或比较颜色的深浅和长度，以确定污染物的类别和含量。吸附检测管法是将一支细玻璃管的前端放置吸附剂，后端放置用玻璃安瓿瓶装的试剂，中间用玻璃棉等惰性物质隔开，两端用脱脂棉或玻璃棉等堵塞，再将两端熔封。使用前将检测管两端割开，用唧筒抽入水样或空气样使其吸附在吸附剂上，再将试剂安瓿瓶破碎，让试剂与吸附剂上的污染物作用，观察吸附剂的颜色变化，与标准色板比较以确定污染物的浓度。

（6）化学比色法

比色法利用化学反应显色原理进行分析，其优点是操作简便、反应较迅速、反应结果都能产生颜色或颜色变化、便于目视或利用便携式分光光度计进行定量测定。因为器材简单、监测成本低，所以易于推广使用。但比色法的选择性较差，灵敏度有一定的限制。

（7）便携式仪器分析法

这是近年来发展最快的领域，不仅包括用于专项测定的袖珍式检测器，而且发展了具有多组分监测能力的综合测试仪器。通过针对常规光度计、光谱分析仪器、电化学分析仪、色谱分析仪等的小型化，已出现了多种多样的适于现场快速监测分析的便携式仪器。

（8）免疫分析法

这是一种较新的现场快速分析方法。其特点是选择性好、灵敏度高，目前已用于农药残留引起的环境化学污染事故的现场分析。

二、遥测技术

（一）照相摄影遥测

照相摄影遥测是利用安装在卫星或飞机上的摄影机来完成的，它可以对土地利用、植被面积、水体污染和大气污染状况等进行大范围的监测。其原理是基于不同物体对光（电磁波）的反射特性不同，会在胶片上记录到不同颜色或色调的照片。

由于纯净水对光的反射能力相当弱，因此当水体受到污染时，在摄影底片上未污染区与污染区之间呈现很强的黑白反差。正常的绿色植物在彩色红外照片上呈鲜红色，而受污染的植物内部结构、叶绿素和水分含量将发生不同程度的变化，在彩色照片上就会呈浅红、紫色或灰绿色等不同情况。含有不同污染物质的水体，其密度、透明度、颜色、热辐射等有差异，即使是同一污染物质，由于浓度不同，导致水体反射波谱的变化反映在遥感影像上也有差异。缺氧水色调呈黑色或暗色；水温升高改变了水的密度和黏度，彩片上会呈现淡色调异常；海面被石油污染的彩片上色调变化明显等。在大气监测中，根据颗粒物对电磁波的反射、散射特性，采用摄影遥感技术就可对其分布、浓度进行监测。

（二）热红外扫描遥测

热红外扫描遥测是利用某种仪器将接收到的监测对象的红外辐射能转换成电信号或其他形式的能量，然后加以测量，从而获得红外辐射能的波长和强度，并以此判断污染物的种类及其含量。

热红外扫描图像主要反映目标的热辐射信息，对监测工厂的热排水造成的污染很有效，无论白天或黑夜，在热红外照片上排热水口的位置、排放热水的分布范围和扩散状态都十分明显，水温的差异在照片上也能识别出来。因此，利用热红外遥感监测能有效地探测到热污染排放源。除此之外，它还可以监测草原及森林火灾、海洋石油污染等环境灾害。

(三) 相关光谱遥测

相关光谱技术目前主要用于对大气中 NO、NO_2 和 SO_2 三种有害气体分子的监测。其基本原理是气体分子对不同波长的紫外光和可见光具有吸收作用，故可利用自然光做光源 (在一些特殊场合，也可采用人工光源)，使光线透过受检大气层，测量透过光的波长和强度，即可计算出污染物的含量。但为了排除测定中非受检组分的干扰作用，需要在测量仪器中加装相关器，这种技术就称为相关光谱技术。

相关器是根据某一特定污染物质吸收光谱的某一吸收带 (如 SO_2 选择 300nm 左右)，预先复制出的刻有一组狭缝的光谱型板，狭缝的宽度和间距与真实的吸收光谱波峰和波谷所在波长相对应，这样就可以从这组狭缝中射出受检物质分子的特征吸收光谱。

因此，在相关技术中使用的是成对的吸收光，每对吸收光波长都是邻近的，且所选波长要使其通过受检对象时分别发生强吸收和弱吸收，这有利于提高检测灵敏度。

相关器装在一个可旋转的盘上，通过旋转将相关器两组件之一轮换地插入光路，分别测定透过光。将这种仪器装备在汽车或飞机上，即可大范围遥测大气污染物及其分布情况。也可以装在烟囱里侧，在其对面安装一个人工光源，用以测定烟道气中的污染物。

第五章 土壤质量及评价

第一节 土壤组成与分类

一、土壤形成和成土原因

(一) 土壤概念

成土因素学说及统一形成学说认为，土壤是地球陆地表面能生长绿色植物的疏松表层，即土壤处于地球陆地表面，最主要的功能是生长绿色植物，其物理状态是由矿物质、有机质、水和空气组成的具有疏松多孔结构的介质。

(二) 土壤的成土因素

1. 母质对土壤发生的作用

地壳表层的岩石经过风化，变为疏松的堆积物，称为风化壳，在地球陆地上有广泛的分布。风化壳表层是形成土壤的重要物质基础——成土母质。成土母质是原生基岩经过风化、搬运和堆积等过程在地表形成的一层疏松、年轻的地质矿物质层，是形成土壤的物质基础，对土壤形成过程和土壤属性均具有很大影响。

母质类型按成因可分为残积母质和运积母质两大类。残积母质是指岩石风化后，基本上未经动力搬运而残留在原地的风化物。运积母质是指经外力，如水、风、冰川和地心引力等作用而迁移到其他地区的母质。

2. 气候对土壤发生的影响

气候对土壤形成的影响主要体现在两个方面：一是直接参与母质的风化，水热状况直接影响矿物质的分解与合成和物质的积累与淋失；二是控制植物生长和微生物活动，影响有机质积累和分解，决定养料物质循环速度。

土壤中物质迁移主要以水为载体。不同地区，由于土壤湿度有差异，物质运移有很大差别。根据土壤中水分收支情况对物质运移的影响，可分为淋溶型水分状况、上升水型水分状况、半上升水型水分状况和停滞型水分状况。温度影响矿物风化与合成和有机质的合成与分解。一般来说，温度每增加10℃，反应速率可成倍增加。温度从0℃增长到50℃时，化合物的解离度可增加7倍。温度和湿度对成土过程的强度和方向的影响是共同作用的，两者互相配合，才能促进土壤的形成和发展。温度和湿度对土壤形成作用的总效应很复杂，这多数取决于水热条件和当地土壤地球化学状态的配合情况。

3. 生物因素在土壤发生中的作用

土壤形成的生物因素包括植物、土壤动物和土壤微生物。生物因素是促进土壤发生发展最活跃的因素。生物的生命活动，把大量太阳能引进成土过程，使分散于岩石圈、水圈和大气圈中的营养元素向土壤表层富集，形成土壤腐殖质层，使土壤具备肥力特性，推动土壤形成和演化。从一定意义上说，没有生物因素的作用就没有土壤的形成过程。

4. 地形与土壤发生的关系

成土过程中，地形是影响土壤与环境之间进行物质和能量交换的重要因素，与母质、生物、气候等因素的作用不同，它不提供任何新的物质，主要通过影响其他的成土因素对土壤形成起作用。

地形对母质起重新分配的作用，不同地形部位常分布不同的母质。

地形支配地表径流，影响水分的重新分配，从而影响或改变土壤的形成过程或性质，也是人类活动通过地表径流或地下水污染，改变土壤性态的重要原因之一。

地形对水分状况的影响在湿润地区尤为重要，因为湿润地区降水丰富，地下水位较高；而在干旱地区，降水少，地下水位较低，由地形引起的水分状况差异较小。

地形也影响地表温度差异，不同海拔高度、坡度和方位对太阳辐射能吸收和地面散射不同，如南坡通常较北坡温度高。

5. 成土时间对土壤发生的影响

时间因素对土壤形成没有直接影响，但体现土壤的不断发展。成土时间长，受气候作用持久，土壤剖面发育完整，与母质差别大；成土时间短，受气候作用短暂，土壤剖面发育差，与母质差别小。

6. 人类活动对土壤发生演化的影响

人类活动在土壤形成过程中具有独特的作用，与其他五个因素有本质区别，不能把其作为第六个因素与其他自然因素同等看待。这是因为：① 人类活动对土壤的影响是有意识、有目的和定向的。农业生产实践中，在逐渐认识土壤发生发展规律的基础上，利用和改造土壤、培肥土壤，影响较快。② 人类活动是社会性的，受社会制度和社会生产力的影响。不同社会制度和生产力水平下，人类活动对土壤的影响及效果有很大差别。

二、土壤基本特性

(一) 土壤物理性质

1. 土壤颗粒

根据土粒的成分，土粒可分为矿质颗粒和有机颗粒。在绝大多数土壤中，前者占土壤固相重量的95%以上，而且在土壤中长期稳定地存在，构成土壤固相骨架；后者或者是有机残体的碎屑，极易被小动物吞噬和微生物分解掉，或者与矿质土粒结合而形成复粒，因而很少单独地存在。因此，通常所说的土粒专指矿质土粒。

2. 土壤密度

单位容积固体土粒 (不包括粒间孔隙的容积) 的质量 (实用上多以重量代替) 称为土壤密度，过去曾称为土壤比重或土壤真比重，单位为 g/cm³ 或 t/m³。土壤密度值除了用于计算土壤孔隙度和土壤三相组成外，还可用于计算土壤机械分析时各级土粒的沉降速度，估计土壤的矿物组成以及土壤环境容量的计算与评估等。一般土壤的密度为 2.6～2.8g/cm³，计算时通常采用平均密度值 2.65g/cm³。

3. 土壤孔隙

土壤中固、液、气三相的容积比，可粗略地反映土壤持水、透水和通气情况。三相组成与容重、孔隙度等土壤参数，可评价农业土壤的松紧程度和宜耕状况。土壤固、液、气三相的容积分别占土体容积的百分率，称为固相率、液相率 (容积含水量或容积含水率，可与质量含水量换算) 和气相率，三者之比即土壤三相组成 (或称三相比)。

4. 土壤质地

质地是土壤十分稳定的自然属性，反映母质来源及成土过程中的某些特征，对肥力有很大影响，是土壤分类系统中基层分类的依据之一。在制定土壤利用规划、进行土壤改良和管理时必须考虑其质地特点。土壤质地对土壤肥力的影响是多方面的，是决定土壤水、肥、气、热的重要因素。

5. 土壤结构

土壤结构是土粒 (单粒和复粒) 的排列和组合形式。包含两重含义：结构体和结构性。通常所说的土壤结构多指结构体。土壤结构体或称结构单位，是土粒 (单粒和复粒) 互相排列和团聚成为一定形状和大小的土块或土团，具有不同程度的稳定性，以抵抗机械破坏 (力稳性) 或泡水时不致分散 (水稳性)。自然土壤的结构体种类对每一类型土壤或土层是有特征性的，可以作为土壤鉴定的依据。耕作土壤的结构体种类也可以反映土壤的培肥熟化程度和水文条件等。

6. 土壤力学性质

土粒通过各种引力而黏结起来，就是土壤黏结性；土壤塑性是片状黏粒及其水膜造成的。过干的土壤不能任意塑形，泥浆状态的土壤虽能变形，但不能保持变形后的状态。因此，土壤只有在一定含水量范围内才具有塑性。

7. 土壤耕性与耕作

作物生产过程中的播种、发芽以及根系的良好生长有赖于疏松且水、肥、气、热较为协调的土壤环境，其形成需要一系列农艺措施的配合，耕作就是其中的重要手段。耕作是在作物种植以前或在作物生长期间，为了改善植物生长条件而对土壤进行的机械操作。操作的方式、过程因自然条件、经济条件、作物类型及土壤性质的不同而异。

土壤耕作主要有两个方面的作用：①改良土壤耕作层的物理状况，调整其中的固、液、气三相比例，改善耕层构造。对紧实的土壤耕层，耕作可增加土壤空隙，提高通透性，有利于降水和灌溉水下渗，减少地面径流，保墒蓄水，并能促进微生物的好氧分解，释放速效养分；对土粒松散的耕层，耕作可减少土壤空隙，增加微生物的厌氧分解，减缓有机物消耗和速效养分的大量损失，协调水、肥、气、热四个肥力因素，为作物生长提供良好的土壤环境。②根据当地自然条件特点和不同作物栽培要求，使地面符合农业要求。

(二) 土壤化学性质

1. 土壤胶体表面化学

土壤胶体化学和表面反应主要研究土壤胶体的表面结构、表面性质和表面上发生的化学及物理化学反应，是土壤学中的微观研究领域。土壤黏粒的巨大表面使土壤具有较高的表面活性，其表面所带的电荷是土壤具有一系列化学性质的根本原因，也是土壤与纯砂粒的主要不同之处。土壤化学的核心内容是土壤胶体的表面化学。

2. 土壤溶液化学反应

土壤水中含有多种可溶性有机、无机物质。土壤水分及其所含的空气、溶质称为土壤溶液，土壤中的各种反应过程都是在土壤溶液中进行，土壤矿物风化、胶体表面反应、物质运移、植物从土壤中吸取养分或有毒有害化学成分等都必须在土壤溶液参与下实现。

3. 土壤氧化还原反应

氧化还原电位（Eh）是指土壤溶液中氧化态物质和还原态物质的相对比例，决定土壤的氧化还原状况，当土壤中某一氧化态物质向还原态物质转化时，土壤溶液中氧化态物质减少，对应的还原态物质浓度增加。随着浓度变化，溶液电位相应改变，变幅由性质和浓度比的具体数值而定。这种由于溶液中氧化态物质和还原态物质的浓度关系变化而产生的电位称为氧化还原电位，单位为 V 或 mV。

(三) 土壤生物学性质

1. 土壤微生物

土壤中微生物分布广、数量大、种类多，是土壤生物中最活跃的部分。它们参与土壤有机质分解，腐殖质合成，养分转化和推动土壤的发育和形成。1kg 土壤中可含 5 亿个细菌，100 亿个放线菌和近 10 亿个真菌，5 亿个微小动物。土壤微生物种类不同，有能分解有机质的细菌和真菌，有以微小微生物为食的原生动物以及能进行有效光合作用的藻类等。

2. 土壤酶

土壤中各种生化反应除受微生物本身活动的影响外，实际上是在各种相应的酶的参与下完成的。土壤酶主要来自微生物、土壤动物和植物根，但土壤微小动物对土壤酶的贡献十分有限。植物根与许多微生物一样，能分泌胞外酶，并能刺激微生物分泌酶。在土壤中已发现 50 ~ 60 种酶，研究较多的有氧化还原酶、转化酶和水解酶。

土壤酶较少游离在土壤溶液中，主要是吸附于土壤有机质和矿物质胶体上，并以复合物状态存在。土壤有机质吸附酶的能力大于矿物质，土壤微团聚体中酶比大团聚体多，土壤细粒级部分比粗粒级部分吸附的酶多。酶与土壤有机质或黏粒结合，固然会对酶的动力学性质有影响，但它也会因此受到保护，增强稳定性，防止被蛋白酶或钝化剂降解。

3. 土壤活性物质

土壤活性物质包含植物激素、植物毒素、维生素和氨基酸，以及多糖和生物活性物质等。土壤微生物合成的代谢产物——生物活性物质，直接影响植物的生长、产品数量和质量。

很多微生物能合成各种不同的植物激素，并分泌于体外或在微生物死亡后释放到土壤中。产生植物毒素的细菌多为假单胞菌属的细菌，它们的代谢产物能抑制植物生长。

许多土壤微生物能合成维生素并分泌到周围环境中。固氮菌不同菌株能产生 V_{B1}、V_{B6}、V_{B7}、V_{B3}、V_{B12} 等 B 族维生素。根圈土壤中微生物产生氨基酸，供作物根系吸收，参与植物营养。土壤微生物产生的多糖约占土壤有机质的 0.1%，这种物质与植物黏液、矿物胶体和有机胶体结合在一起，可在幼龄、尚未木栓化的根部表面形成不连续的膜，保护根部免受锐利的土粒的损伤和病原微生物的入侵。

三、土壤组成与性质

(一) 土壤矿物质

1. 土壤矿物质的主要元素组成

土壤中矿物质主要是由岩石中的矿物变化而来,土壤矿物部分元素组成很复杂,元素周期表中的全部元素几乎都能从中发现。但主要的约有20种,包括氧、硅、铝、铁、钙、镁、钛、钾、钠、磷和硫,以及锰、锌、铜、钼等微量元素。在矿物质的主要元素组成中,氧和硅是地壳中含量最多的两种元素,分别占47%和29%,铁、铝次之,四者相加共占地壳重量的88.7%。其余90多种元素合在一起约占地壳重量的11.3%。因此,组成地壳的化合物中,绝大多数是含氧化合物,以硅酸盐最多。在地壳中,植物生长所必需的营养元素含量很低,其中磷、硫均不到0.1%,氮只有0.01%,而且分布很不平衡,远远不能满足植物和微生物营养的需要。土壤矿物的化学组成,一方面继承了地壳化学组成的特点,另一方面在成土过程中增加了某些化学元素,如氧、硅、碳、氮等,有的化学元素又显著下降了,如钙、镁、钾、钠等。这反映了成土过程中元素的分散、富集特性和生物积聚作用。

2. 土壤的矿物组成

土壤矿物按矿物的来源,可分为原生矿物和次生矿物。原生矿物直接来源于母岩的矿物,岩浆岩是其主要来源;次生矿物则是由原生矿物分解转化而成。

土壤原生矿物是指经过不同程度的物理风化,未改变化学组成和晶体结构的原始成岩矿物。主要分布在土壤的砂粒和粉粒中,以硅酸盐占绝对优势。土壤中原生矿物类型和数量在很大程度上取决于矿物的稳定性,石英是极稳定的矿物,具有很强的抗风化能力,因而土壤的粗颗粒中其含量就高。长石类矿物占地壳重量的50%~60%,同时也具有一定的抗风化稳定性,所以土壤粗颗粒中的含量也较高。土壤原生矿物是植物养分的重要来源,原生矿物中含有丰富的钙、镁、钾、钠、磷、硫等常量元素和多种微量元素,经过风化作用释放供植物和微生物吸收利用。

(二) 土壤有机质

1. 土壤有机质在生态环境中的作用

(1) 土壤有机质与重金属离子的作用

土壤腐殖物质含有多种功能基团,对重金属离子有较强的络合和富集能力。土壤有机质与重金属离子的络合作用,对土壤和水体中重金属离子的固定和迁移有极其重要的影响。

（2）土壤有机质对农药等有机污染物的固定作用

土壤有机质对农药等有机污染物有强烈的亲和力，对有机污染物在土壤中的生物活性、残留、生物降解、迁移和蒸发等过程有重要影响。土壤有机质是固定农药最重要的土壤组成成分，其固定能力与腐殖物质功能基的数量、类型和空间排列密切相关，也与农药本身性质有关。一般认为，极性有机污染物可以通过离子交换和质子化、氢键、范德华力、配位体交换、阳离子桥及水桥等各种不同机理与土壤有机质结合。

（3）土壤有机质对全球碳平衡的影响

土壤有机质是全球碳平衡过程中非常重要的碳库。据估计，全球土壤有机质的总碳量在 $14 \times 10^{17} \sim 15 \times 10^{17} g$，大约是陆地生物总碳量（$5.6 \times 10^{17} g$）的 2.5 倍。每年因土壤有机质生物分解释放到大气的总碳量为 $68 \times 10^{15} g$，全球每年因焚烧燃料释放到大气的碳仅为 $6 \times 10^{15} g$，是土壤呼吸作用释放碳的 8% ~ 9%。可见，土壤有机质损失对地球自然环境具有重大影响。从全球来看，土壤有机碳水平的不断下降，对全球气候变化的影响将不亚于人类活动对大气排放的影响。

2. 土壤有机质的管理

自然土壤中，土壤有机质含量反映了植物枯枝落叶、根系等有机质的加入量与有机质分解而产生损失量之间的动态平衡。自然土壤一旦被耕作农用以后，这种动态平衡关系就会遭到破坏。一方面，由于耕地上除作物根茬及根的分泌物外，其余的生物量大部分会作为收获物被取走，这样进入耕作土壤中的植物残体量比自然土壤少；另一方面，耕作等农业措施常使表层土壤充分混合，干湿交替的频率和强度增加，土壤通气性变好，导致土壤有机质的分解速度加快。适宜的水分条件和养分供应也促使微生物更为活跃。此外，耕作会增加土壤侵蚀，使土层变薄，也是土壤有机质减少的一个原因。一般的趋势是对于原有机质含量高的土壤，随着耕种年数的递增，土壤有机质含量降低。土壤有机质含量降低导致土壤生产力下降已成为世界各国关注的问题，我国人多地少、复种指数高，保持适量的土壤有机质含量是我国农业可持续发展的一个重要因素。但对于有机质含量较低的土壤（如侵蚀性红壤、漠境土等），耕种后通过施肥等措施进入土壤的有机物质数量较荒地条件下明显增加，因而有机质含量将逐步提高。

我国耕地土壤的现状是有机质含量偏低，必须不断添加有机物质才能将土壤有机质水平提高，使土壤活性有机质保持在适宜的水平，既能保持土壤良好的结构，又能不断地供给作物生长所需要的养分。尽管因气候条件、土壤类型、利用方式、有机物质种类和用量等不同使土壤有机质含量提高的幅度有显著的差异，但施用有机肥在各种土壤及不同种植方式下均能提高耕地土壤有机质的水平。通常用"腐殖化系数"作为有机物质转化为土壤有机质的换算系数，它是单位重量的有机物质碳在土壤中分解一年后的残留碳量。同类有机物质在不同地区的腐殖化系数不同，同一地区不同有机物质的腐殖化系数也不同。

(三) 土壤生物

1. 土壤微生物

土壤微生物是地表下数量最巨大的生命形式。土壤微生物按形态学划分，主要包括原核微生物 (古菌、细菌、放线菌、蓝细菌、黏细菌)、真核微生物 (真菌、藻类和原生动物)，以及无细胞结构的分子生物。

采用传统方法可培养的土壤微生物只占总数的一小部分，有人推测约占其中的0.1%。因此，人们常常通过生物化学、分子生物学等技术分析土壤微生物的数量、群落结构及活性。最常见的指标包括土壤微生物生物量、土壤微生物多样性和土壤酶等。

2. 土壤动物

土壤中的动物按自身大小，可分为微型土壤动物 (如原生动物和线虫等)、中型土壤动物 (如螨等) 和大型土壤动物 (如蚯蚓、蚂蚁等)。虽然土壤动物生物量相对较少，但其在促进土壤养分循环方面起着重要作用。土壤动物能直接或间接地改变土壤结构，直接作用来自掘穴、残体再分配，以及含有未消化残体和矿质土壤粪便的沉积作用；间接作用是指土壤动物的行为改变了地表或地下水分的运动、颗粒的形成，以及水、风和重力运输的溶解物，影响物质运输。

3. 土壤中的植物根系

高等植物根系虽然只占土壤体积的1%，但其呼吸作用却占土壤的 $1/4 \sim 1/3$。根据尺寸大小，根系可被认为是中型或微型生物，其主要作用是将根部固定到土壤中，另外，增大根部的表面积，使其能从土壤中吸收更多的水分和营养。植物根系的活动能明显影响土壤的化学和物理性质；同时，植物根系与其他生物之间也常常存在竞争或协同关系。

(四) 土壤水、空气和热量

1. 土壤水分

(1) 吸湿水

干土从空中吸着水汽所保持的水，称为吸湿水，又称紧束缚水，属于无效水分。在室内经过风干的土壤，实际上还含有水分。将风干的土壤样品放在烘箱里，在 $105 \sim 110 \, ^\circ\!C$ 的温度下烘干，称为烘干土。如果把烘干土重新放在常温、常压的大气中，土壤重量又逐渐增加，直到与当时空气湿度达到平衡，并且随着空气湿度的变化而相应变动。风干土样与烘干土样间的重量差为吸湿水重量。

（2）膜状水

膜状水是指由土壤颗粒表面吸附所保持的水层，膜状水的最大值称为最大分子持水量。膜状水对植物生长发育来说属于弱有效水分，又称为松束缚水分。由于部分膜状水所受吸引力超过植物根的吸水能力，更由于膜状水移动速度太慢，不能及时补给，因此高等植物只能利用土壤中部分膜状水。通常当土壤还含有全部吸湿水和部分膜状水时，高等植物就已经发生永久萎蔫了。

（3）毛管水

毛管水是指借助于毛管力（势），吸持和保存在土壤孔隙系统中的液态水。它可以从毛管力（势）小的方向朝毛管力（势）大的方向移动，并被植物吸收利用。

（4）重力水和地下水

当大气降水或灌溉强度超过土壤吸持水分的能力时，土壤的剩余引力基本上已经饱和，多余的水由于重力作用通过大孔隙向下流失，这种形态的水称为重力水。有时因为土壤黏紧，重力水一时不易排出，暂时滞留在土壤大孔隙中，称为上层滞水。重力水虽然可以被植物吸收，但因为它很快会流失，所以实际上被利用的机会很少；而当重力水暂时滞留时，却又因为占据了土壤大孔隙，有碍土壤空气的供应，反而对高等植物根系的吸水有不利影响。

如果土壤或母质中有不透水层存在，向下渗透的重力水，就会在它上面的土壤孔隙中聚积起来，形成一定厚度的水分饱和层，其中的水可以流动，成为地下水。地下水能通过支持毛管水的方式供应高等植物的需要。

2. 土壤空气

土壤空气在土壤形成和土壤肥力培育过程中，以及在植物生命活动和微生物活动中，有着十分重要的作用。土壤空气中具有植物生活直接和间接需要的营养物质，如氧、氮、二氧化碳和水汽等，在一定条件下土壤空气起着与土壤固、液两相相同的作用。当土壤通气受阻时，土壤空气的容量和组成会成为作物产量的限制因子。因此，在农业实践中常需通过耕作、排水或改善土壤结构等措施促进土壤空气的更新，使植物生长发育有适宜的通气条件。

3. 土壤热量与热性质

土壤热量的最基本来源是太阳辐射能。同时，微生物分解有机质的过程是放热的过程，释放的热量，小部分被微生物自身利用，而大部分可用来提高土温。进入土壤的植物组织，每千克植物含有 16.7452~20.932kJ 的热量。据估算，含有机质4%的土壤，每平方米耕层有机质的潜能为 $1.55 \times 10^6 ~ 1.70 \times 10^6$kJ，相当于 4.9~12.4t 无烟煤的热量。在保护地蔬菜的栽培或早春育秧时，施用有机肥，并添加热性物质，如半腐熟的马粪等，就是利用有机质分解释放出的热量提高土温，促进植物生长或幼苗早发快长。

土壤的热性质是土壤物理性质之一，指影响热量在土壤剖面中的保持、传导和分布状况的土壤性质，包括 3 个物理参数：土壤热容量、导热率和导温率。土壤热性质是决定土壤热状况的内在因素，也是农业上控制土壤热状况，使其有利于作物生长发育的重要物理因素，可通过合理耕作、表面覆盖、灌溉、排水及使用人工聚合物等措施加以调节。

四、土壤类型与分布

(一) 土壤分类体系

1. 土壤发生学分类体系

土壤发生学分类体系是以土壤属性为基础，以成土因素、成土过程和土壤属性 (较稳定的形态特征) 为依据，将耕种土壤和自然土壤作为统一的整体划分土壤类型，具体分析自然因素和人为因素对土壤的影响。我国第二次全国土壤普查汇总的中国土壤分类系统，采用土纲、亚纲、土类、亚类、土属、土种、变种 7 级分类，是以土类和土种为基本分类级别的分级分类制。各分类级别的划分依据如下：

①土纲：根据土类间的发生和性状的共性加以概括。全国土壤共分铁铝土、淋溶土、半淋溶土、钙层土、干旱土、漠土、初育土、半水成土、水成土、盐碱土、人为土、高山土 12 个土纲。

②亚纲：根据土壤形成过程中主要控制因素的差异划分。土壤水分状况和土壤温度状况的差异常用作亚纲的划分依据，如铁铝土纲根据温度状况不同，划分为湿热铁铝土和湿暖铁铝土两个亚纲。

③土类：分类的基本单元。在一定的综合自然条件或人为因素作用下，经过一个主导的或几个附加的次要成土过程，具有相似的发生层次，土类间在性质上有明显的差异。

2. 土壤诊断学分类体系

我国土壤诊断学分类以土壤诊断层和诊断特性为基础，以发生学理论为指导，共分六级，即土纲、亚纲、土类、亚类、土族和土系。前四级为高级分类级别，后两级为基层分类级别。

土纲：最高级土壤分类级别。根据主要成土过程产生的性质、影响及主要成土过程的性质划分，共分出 14 个土纲。

亚纲：土纲的辅助级别。根据影响成土过程的控制因素所反映的性质 (如水分状况、温度状况和岩性特征）划分。

土类：亚纲的细分级别。根据反映主要成土过程强度或次要成土主要过程或次要控制因素的表现性质划分。

（二）土壤类型分布

1.土壤分布的地带性

（1）土壤水平地带性分布规律

我国土壤的水平地带性分布，在东部湿润、半湿润区域，表现为自南向北随气温带而变化的规律，热带为砖红壤，南亚热带为赤红壤，中亚热带为红壤和黄壤，北亚热带为黄棕壤，暖温带为棕壤和褐土，温带为暗棕壤，寒温带为漂灰土，其分布与纬度基本一致，故又称纬度水平地带性。在北部干旱、半干旱区域，表现为随干燥度而变化的规律，自东而西依次为暗棕壤、黑土、灰色森林土（灰黑土）、黑钙土、栗钙土、棕钙土、灰漠土、灰棕漠土，其分布与经度基本一致，故这种变化主要与距离海洋的远近有关。距离海洋越远，受潮湿季风的影响越小，气候越干旱；距离海洋越近，受潮湿季风的影响越大，气候越湿润。由于气候条件不同，生物因素的特点也不同，对土壤的形成和分布必然带来重大的影响。

（2）土壤垂直地带性分布规律

我国的土壤由南到北、由东向西虽然具有水平地带性分布规律，但北方的土壤类型在南方山地却往往也会出现。随着海拔升高，山地气温就会不断降低，自然植被随之变化。由于山体海拔的变化而引起气候－生物分布的带状分异所产生的土壤带状分布规律，称为土壤垂直地带性分布规律。

土壤由低到高的垂直分布规律，与由南到北的纬度水平地带分布规律是近似的。土壤的垂直分布是在不同的水平地带开始的，各个水平地带各有不同的土壤垂直带谱。这种垂直带谱，在低纬度的热带，较高纬度的寒带更为复杂，而且同类土壤的分布，自热带至寒带逐渐降低，山体的高度和相对高差，对土壤垂直带谱有影响。山体越高，相对高差越大，土壤垂直带谱越完整。例如，喜马拉雅山具有最完整的土壤垂直带谱，由山麓的红黄壤起，经过黄棕壤、山地酸性棕壤、山地漂灰土、亚高山草甸土、高山草甸土、高山寒漠土，直至雪线，为世界所罕见。

（3）土壤地域分布规律

在地带性分布规律的基础上，由于地形与水文地质差异，以及人为耕作活动影响，土壤发生相应变异的有别于地带性土壤的地方性分类，并与地带性土壤形成镶嵌分布，如广泛分布于云南、广西、贵州的岩成石灰土，与当地地带性土壤红壤、黄壤形成镶嵌分布。

2.我国主要土壤类型

（1）砖红壤、赤红壤、红壤、黄壤和燥红土

我国热带亚热带地区，广泛分布着各种红色或黄色的酸性土壤，由于它们在土壤发生发展和生产利用上有共同之处，统归为红壤系列，包括红壤、砖红壤、赤红壤、黄壤和燥红土等类。红壤是我国分布最广的土壤类型之一。其分布范围大致北起长江，南至南海诸岛，东起台湾地区、澎湖列岛，西达云贵高原及横断山脉，其中以广东、广西、福建、台湾地区、江西、湖南、云南、贵州等省（区）分布最广，湖北、四川、浙江、安徽等省次之。

砖红壤主要分布在海南岛、雷州半岛和西双版纳等地，大体上位于北纬22°以南，由于地处热带，自然条件优越，因此是发展热带生物资源的重要基地。

赤红壤为南亚热带地区的代表性土壤，主要分布于广东西部和东南部、广西西南部、福建、台湾地区南部以及云南的德宏、临沧地区西南部。一般分布于海拔1000m以下的低山丘陵区。气候特点介于砖红壤和红壤之间。

红壤主要分布于长江以南广阔的低山丘陵区，其中包括江西、湖南两省的大部分，云南、广东、广西、福建等省（区）的北部，以及贵州、四川、浙江、安徽等省的南部。

黄壤是我国南方山区主要土壤类型之一，广泛分布于亚热带与热带的山地上，以四川、贵州两省为主，在云南、广西、广东、福建、湖南、湖北、江西、浙江、安徽和台湾地区也有相当面积。黄壤形成于湿润的亚热带生物 – 气候条件下，热量条件较同纬度地带的红壤略低。

燥红土主要分布于海南的西南部、云南南部等地，一般由于地形受山地屏障或切割形成的高山峡谷地形的影响，生物气候条件干热，这些地区具有热量高、酷热期长、降雨量少、蒸发量大、旱季长等特点。

（2）黄棕壤、棕壤和褐土

黄棕壤、棕壤和褐土是我国北亚热带与暖温带的地带性土壤类型。黄棕壤分布于北亚热带，兼有棕壤与红、黄壤的某些特点，棕壤与褐土分别出现于暖温带的湿润和半湿润地区。

黄棕壤是北亚热带地区的地带性土壤，在分布上和发生上均表现出明显的南北过渡性，集中分布于江苏、安徽两省的长江两岸，以及鄂北、陕南与豫西南的丘陵低山地区。在此以南地区，黄棕壤多出现在山地垂直地带带谱中。

棕壤集中分布于暖温带的湿润地区，纵跨辽东与山东半岛，带幅大致呈南北向。另外，还广泛出现于半湿润与半干旱地区的山地垂直地带中，如在燕山、太行山、嵩山、秦岭、伏牛山、吕梁山和中条山的垂直地带中，在褐土或淋溶褐土之上均有棕壤分布。

褐土主要分布于暖温带半湿润的山地和丘陵地区，在水平分布上处于棕壤以西的半湿润地区，在垂直分布上则位于棕壤带之下。主要分布在燕山、太行山、吕梁山与秦岭等山地和关中、晋南、豫西等盆地中。

（3）水稻土

水稻土是我国重要的耕作土壤之一。水稻土是指在长期淹水种稻的条件下，受人为活动和自然成土因素的双重作用，而产生水耕熟化和氧化与还原交替，以及物质的淋溶、淀积，形成特有剖面特征的土壤。由于水稻的生物学特性对气候和土壤有较广的适应性，因此水稻土可以在不同的生物气候带和不同类型的母土上发育形成。我国水稻土几乎遍布全国，但主要分布于秦岭至淮河一线以南的广大平原、丘陵和山区，其中以长江中下游平原、四川盆地和珠江三角洲最为集中。

（4）黑土、黑钙土和白浆土

黑土、黑钙土和白浆土为我国主要农业地区的土壤，主要分布于黑龙江、吉林、辽宁、内蒙古、甘肃与新疆等省区，以黑龙江和吉林最为集中。

黑土主要分布于黑龙江和吉林的中部，集中在松嫩平原的东北部，小兴安岭和长白山的山前波状起伏台地上更是集中连片。此外，在黑龙江省东北部和北部以及吉林东部也有少量分布，向北、东与白浆土或暗棕壤相接，向西与黑钙土为邻。

黑钙土主要分布于黑龙江和吉林省的西部，并延伸至燕山北麓和阴山山地的垂直地带上，其上部或其东部与灰黑土、暗棕壤、黑土接壤，其下部或其西部、南部则逐渐过渡到暗栗钙土。

白浆土分布于吉林省东部和黑龙江省的东部和北部，多见于黑龙江、乌苏里江与松花江下游的河谷阶地，小兴安岭、完达山、长白山及大兴安岭东坡的山间盆地、谷地、山前台地和部分熔岩台地。

（5）塿土、黑垆土

塿土、黑垆土是古老耕种土壤，塿土位于暖温带南部，呈东西长、南北狭的带状，主要分布于陕西关中和山西西南汾渭河谷的阶地上。黑垆土是中国黄土高原地区主要土类之一，主要分布于中国陕西北部、甘肃东部、宁夏南部、山西北部和内蒙古的黄土塬地、黄土丘陵和河谷高阶地。其中，以地形平坦、侵蚀较轻的董志塬、早胜塬、洛川塬等塬区为多。

（6）栗钙土、棕钙土和灰钙土

栗钙土、棕钙土和灰钙土带是我国温带、暖温带干旱半干旱地区的地带性土壤类型，分布辽阔。

栗钙土主要分布于内蒙古高原的东部与南部、鄂尔多斯高原东部，呼伦贝尔高原西部以及大兴安岭南麓的丘陵平原地区，向西可延伸至新疆北部的额尔齐斯、布克谷地与山前阶地。在阴山、贺兰山、祁连山、阿尔泰山、天山及昆仑山的垂直地带谱与山间盆地也有广泛分布。

棕钙土与栗钙土相比较，其腐殖质累积过程更弱，而石灰的聚积过程则大为增强，钙积层的位置在剖面中普遍升高，形成于温带荒漠草原环境，主要分布于内蒙古高原的中西部、鄂尔多斯高原的西部和准噶尔盆地的北部，是草原向荒漠过渡的地带性土壤。在贺兰山、祁连山、准噶尔界山与昆仑山的垂直地带上也有分布。

灰钙土也是荒漠草原地区的地带性土壤类型，分布面积以黄土高原的西北部、河西走廊的东段和新疆的伊犁河谷最为集中，土壤剖面分化弱，发生层次不及栗钙土、棕钙土清晰，腐殖质层的基本色调为浅黄棕带灰色，钙积层不明显。

第二节　土壤环境质量

一、土壤环境质量概念

土壤环境质量是指在一定的时间和空间范围内，土壤自身性状对其持续利用以及对其他环境要素，特别是对人类或其他生物的生存、繁衍以及社会经济发展的适应性，是土壤环境"优劣"的一种概念，是特定需要的"环境条件"的量度。它与土壤健康或清洁的状态以及遭受污染的程度密切相关。

土壤环境质量不仅与土壤在自然成土过程中形成的固有环境条件、与环境质量有关的元素或化合物组成与含量，以及在利用和管理过程中的动态变化相关，而且与其作为次生污染源对整体环境质量的影响有关。土壤环境质量随土地的实际使用状况而变化，即其"优劣"是相对的。

二、土壤背景值

(一) 概述

土壤环境背景值是指在不受或很少受到人类活动影响和现代工业污染的情况下，土壤原来固有的化学组成和结构特征。环境背景值在时间与空间上的概念都具有相对的含义，因为很难找到绝对不受人类活动和污染影响的土壤；同时，不同自然条件下发育的不同土类，同一种土类发育来自不同的母质母岩，其土壤环境背景值也有明显差异。因此，土壤元素的环境背景值是统计性的，即按照统计学的要求进行采样设计与样品采集，分析结果经频数分布类型检验，确定其分布类型，以其特征值表达该元素背景值的集中趋势，以一定的置信度表达该元素背景值的范围。

在实际土壤环境背景值调查研究中，往往根据空间范围和对比时间数而采取不同的布点、采样方法。

(二) 全国土壤环境背景值

1. 布点

区域均值法调查大、中尺度土壤环境背景值，布点方法基本以土类为基础，兼顾统计学与制图学的要求，采用网格法布点，使采样点位有适当的密度和均匀性。根据我国东、中、西部地区经济发展差异及土壤和地理自然环境复杂程度不同，确定了三种不同的布点密度：东部 $40km \times 40km$、中部 $50km \times 50km$、西部 $80km \times 80km$；直辖市和沿海城市的采样密度适当增加，全国 (除台湾地区外) 共布设了 4095 个土壤典型剖面。

2. 采样

选择典型的土壤发育剖面采样，每个剖面按土壤发育层次采集 A、B、C 三个样品。拣出样品中的非土壤部分，晾干后研磨过 100 目筛，供化学分析用。

3. 化学分析

对全国 4095 个典型剖面的土壤样品中 As、Cd、Co、Cr、Cu、F、Hg、Mn、Ni、Pb、Se、V、Zn 等 61 个元素、pH、有机质、粉砂 ($1.0 \sim 0.01mm$)、物理黏粒 ($0.01 \sim 0.001mm$)、黏粒 ($< 0.001mm$) 进行测定。

4. 全国土壤元素背景值地域分异规律及影响因素

(1) 东部森林土类元素背景值纬向变化趋势

我国东部自北向南 9 个森林土类 (棕色针叶林土、暗棕壤、棕壤、褐土、黄棕壤、黄壤、红壤、赤红壤、砖红壤) 中微量元素含量的纬向变化趋势可分为三种情况：① 铜、镍、钴、钒、铬及氟在华北及华中区的褐土、棕壤及黄棕壤中含量较高，在北部的暗棕壤、棕色针叶林土及南部的赤红壤与砖红壤中含量较低，而砖红壤最低；② 锰和镉的含量自北方土类向南方土类逐渐降低；③ 锌、汞等无明显变化趋势。

(2) 北部荒漠与草原土类元素背景值的经向变化趋势

我国北部自东向西 6 个草原与荒漠土类 (灰色森林土、黑钙土、栗钙土、棕钙土、灰漠土与灰棕漠土) 中微量元素含量的变化趋势难以通过统计直接反映出来，因为这个区域内气候 – 土类条件与母质母岩条件的交叉影响比较复杂。因此，在比较土类间元素含量的差异时，必须剔除母质因素干扰，可以采用多重分类分析获得的调整独立方差来描述不同土类中微量元素含量的差别。

(3) 东部平原区与上游侵蚀区之间土壤元素背景值的共轭联系

东部冲积平原区位于我国地势自西向东三阶梯的最低一级，由数十条大、中河流冲积而成，这些河流在向下游流动的过程中将来自中、上游流域的风化产物和土壤进行充分研磨混合后，输送并堆积在东部大平原上。研究发现，黄河平原、长江平原、珠江平原土壤中微量元素含量与上游被侵蚀物质之间存在地球化学共轭联系。

（4）成土条件与土壤元素背景值的关系

① 某些岩类对其上土壤中微量元素的含量起控制作用，不同气候下的成土过程不能明显地改变原母岩中微量元素的含量，如抗风化能力强的石英质岩石（较纯质砂岩、风沙土）。

② 某些岩类对其上土壤中微量元素的含量控制作用不强，相反地，气候及风化作用程度能强烈地改变原母岩中微量元素含量，如抗风化能力弱的碳酸盐类岩石（石灰岩、白云岩）。

③ 其他岩类对其上土壤中微量元素含量的控制作用介于上述两者之间，即在这些岩石上发育的土壤中元素含量既继承了母岩特点，又受到不同气候条件下风化成土过程的影响，如抗风化能力中等的硅酸盐与铝硅酸盐岩石（花岗岩、玄武岩、页岩、黏土、黄土等）。

一般情况下，大部分土壤中微量元素的含量同时受到母岩和成土过程的双重影响。此外，土壤 pH、有机质、土壤黏粒组成、土壤氧化铁含量等对土壤元素背景值也有不同程度的影响。

三、土壤环境容量

（一）土壤环境容量的概念

土壤环境容量通常是指土壤环境单元容许承纳的污染物质的最大数量或负荷量。土壤环境容是针对土壤中的有害物质而言的，土壤之所以对各种污染物有一定的容纳能力，与土壤本身具有一定的净化功能有关。

土壤对污染物具有一定容量的基础是土壤的缓冲性。这种缓冲性包括土壤本身对有机物的自净能力，反映了化学物质进入土壤后，由一系列化学反应和物理、生物的过程所控制的物质的形态、转化和迁移等行为。各种元素在土壤中均处于一个动态的平衡过程，进而制约土壤环境容量。土壤环境容量涉及土壤污染物的生态效应和环境效应，污染物的迁移、转化和净化规律。它不仅能把土壤容纳污染物的能力与污染源允许排放量联系起来，进行区域污染源的总量控制，而且能推导出土壤环境质量标准、农田灌溉水标准和污泥农田施用标准，因而具有重要的理论意义和应用价值。

（二）土壤环境容量的影响因素

1. 土壤性质

土壤是一个复杂的、不均匀的多相复合体系，不同类型土壤对环境容量有显著影响。研究表明，土壤 Cd、Cu、Pb 容量大体上由南到北随土壤类型的变化而逐渐增大，而 As 的变动容量在南方酸性土壤的容量一般较高，北部土壤一般较低。即使同一母质发育的不同地区的土壤类型，对重金属的土壤化学行为的影响和生物效应也有显著差异。

一般情况下，随着土壤 pH 的升高，土壤对重金属阳离子的"固定"能力增强。例如，下蜀黄棕壤随着 pH 的上升对 Pb 的吸附能力明显增加，As 以阴离子形式存在，随着土壤渍水时间的延长，pH 上升和 Eh 下降，水溶性 As 在一定时间内明显上升。

2. 指示物

研究环境容量的目的主要是控制土壤中污染物质通过迁移、转化后经食物链对人体健康的影响，以及通过淋溶迁移对地下水、地表水质量的影响，而且是以前者为主。因此，在选用特定的参照作物为指示物时，由于指示物不同，所得的临界含量有很大差异。例如，在下蜀土中添加相同浓度重金属时，麦粒中 Pb 和 Cd 含量大于糙米，而糙米中 As 和 Cu 含量大于麦粒。

3. 污染过程

污染物进入土壤后，可以溶解在土壤溶液中，吸附于胶体表面，闭蓄于土壤矿物中，与土壤中其他化合物产生沉淀，这些过程均与污染过程有关。随着时间推移，土壤中重金属的溶出量、形态和累积程度均会发生变化。

4. 化合物类型

不同化合物类型的污染物进入土壤，在土壤中迁移、转化行为及对作物产量和品质的影响不同，并最终导致污染物标准值和临界含量的不同。例如，当红壤中添加浓度同为 $10mgCd/kg$ 的 $CdCl_2$ 和 $CdSO_4$ 时，糙米中 Cd 浓度分别为 $0.65mg/kg$ 和 $1.26mg/kg$。

（三）土壤环境容量的研究方法

通过对自然环境、社会经济与污染状况的调查，以及对污染物生态效应、环境效应和物质平衡的研究，确定土壤临界含量。在此基础上，建立土壤元素的物质平衡数学模型，制定出元素的土壤环境容量。

1. 自然环境、社会经济与污染状况调查

土壤环境容量具有显著的自然环境与社会经济依存性，保持良好的自然环境与社

会经济持续发展，是土壤环境容量研究的主要目标之一。污染源调查是预测区域环境污染物的种类、来源与污染物控制必需的内容，与污染现状有着十分密切的关系。

2. 污染物生态效应的研究

外源污染物进入土壤生态系统后，不仅影响作物的产量与品质，而且影响土壤动物、微生物以及酶的组成与活性。土壤污染物的生态效应是通过不同浓度的污染物在生物各器官（尤其是可食部分）中残留积累的量来考察的。

3. 污染物环境效应的研究

主要研究土壤作为次生污染源对地表水、地下水的影响。通过模拟试验和污染地区的实际调查与监测获得临界含量，也可利用陆地水文学中地表径流研究成果和水文站观测资料，结合实际污染物综合分析与比较。

4. 物质平衡研究

土壤接受来自外源的所有污染物，同时通过自身净化功能，包括污染物在土壤中的迁移转化、形态变化及其影响因素，以及向水、大气和生物体的输出，使土壤中污染物处于动态平衡过程中，从而影响土壤的环境容量。

5. 土壤污染物临界含量的确定

土壤污染物临界含量，又称基准值，是土壤所能容纳污染物的最大浓度，是决定土壤环境容量的关键因子。目前，比较通用的方法是利用土壤中污染物的剂量－效应关系来获取，而且基本采用剂量－植物产量或可食部分的卫生标准来确定。

第三节　土壤污染来源与危害

一、土壤重金属污染

重金属多存在于各种矿物和岩石中，经过岩石风化、火山喷发、大气降尘、水流冲刷及生物摄取等过程，能够在自然环境中循环迁移。全球变化及人类活动的干扰会改变重金属元素在环境中的行为，使其通过各种途径进入土壤，以致在土壤中积累而造成污染。土壤重金属污染会使农作物产量和质量下降，并危害人类健康；也会导致大气和水环境恶化，最终威胁人类生存环境。厘清土壤重金属污染物的来源，对于治理重金属污染和保护人类健康意义重大。

土壤中重金属的来源主要有以下几个方面：

1. 土壤母质及成土过程会影响重金属元素的背景值。例如，在我国不同地区，重金属元素背景值会表现出不同的分布趋势。成土过程中母质的酸碱度、氧化还原电位和元素组成成分等因素，也会影响土壤中重金属的富集情况。在石灰性土中，成土母质的碱性环境不利于重金属迁移，造成重金属元素残留及较高的重金属背景值；成土过程中的气候因素同样会影响土壤中重金属元素的含量。我国东部和东南部湿润气候条件下，土壤砷可转化为可溶形态，易于流失。

2. 工业生产的污水排放与污水灌溉。工业废水中许多重金属含量超标，造成工厂附近生活用水中重金属含量过高，污水随意排放会污染农业灌溉用水，造成土壤重金属污染。

3. 大气中重金属沉降。冶金行业，特别是有色冶金及无机化工行业，在生产过程中排放出大量含重金属的有害气体和粉尘，并且经自然沉降和雨淋过程进入土壤，造成土壤重金属污染。大气重金属沉降虽然有可迁移性的特点，但受其污染的土壤也有一定分布规律，即土壤受污染程度与距离污染源的距离成反比。

4. 农药、化肥和塑料薄膜使用。过量施用化肥和农药已成为中国农业生产的普遍现象，而使用含有铅、汞、镉、砷等重金属的农药，以及不合理施用化肥，都会导致土壤中重金属污染。现阶段，农业生产中施用的化肥含有重金属，如过磷酸盐中含有较多的汞、镉、砷、锌和铅等，氮肥中有较高含量的铅、砷和镉。据相关研究报道，施用化肥后，农田土壤中的镉含量由 0.134mg/kg 增加到 0.316mg/kg，汞含量由 0.22mg/kg 升高到 0.39mg/kg，而铜和锌含量也增加了 60% 以上。农用塑料薄膜中也含有大量的镉和铅，薄膜使用也会造成农田土壤的重金属污染。

5. 城市垃圾的快速增长。近半个世纪以来，随着中国城镇化进程加快，城市垃圾产生量也迅速增长，其中包括厨余垃圾、燃煤炉灰及生物有机质。城市垃圾增长速度快于垃圾处理技术的发展速度，造成垃圾积累和处理不当等问题，而城市垃圾中含有较高的重金属含量，最终造成土壤污染。

城市垃圾处理中的焚烧处理产生较多飞灰，而重金属是焚烧飞灰中最重要的污染成分之一，且重金属的不可降解性决定了其长期存在并潜在威胁人类健康；焚烧飞灰中含有不同化学形态的重金属，如不稳定结合态和稳定结合态的金属。重金属的存在形态在一定程度上决定了垃圾焚烧飞灰的危害性，如稳定结合态的金属由于不易被动植物吸收，其活动性、生物可利用性和毒性等相对较低。

二、土壤有机物污染

（一）土壤有机污染物的类型、特性及主要来源

1. 土壤有机污染物的主要类型

土壤有机污染物是指造成环境污染和对生态系统产生危害影响的有机物。按照来源可分为天然有机物和人工合成有机物。按照毒性可划分为有毒和无毒，有毒有

机污染物主要包括苯系物、多环芳烃和有机农药等；无毒有机污染物包括容易分解的有机物，如糖、蛋白质和脂肪等。按照环境半衰期可划分为持久性有机污染物和非持久性有机污染物。

按照土壤中含量和对环境的危害程度，一般可以划分为以下 6 种：

① 农药类，主要是指有机氯农药、有机磷农药。有机氯农药主要分为以苯为原料和以环戊二烯为原料两大类。以苯为原料的有机氯农药包括杀虫剂 DDT 和六六六，以及六六六的高丙体制品林丹、DDT 的类似物甲氧 DDT、乙滴涕，也包括从 DDT 结构衍生而来、品种繁多的杀螨剂，如杀螨酯、三氯杀螨砜、三氯杀螨醇等。另外，还包括一些杀菌剂，如五氯硝基苯、百菌清、稻丰宁等。以环戊二烯为原料的有机氯农药包括杀虫剂氯丹、七氯、硫丹、狄氏剂、艾氏剂、异狄氏剂、碳氯特灵等。此外，以松节油为原料的茨烯类杀虫剂、毒杀芬和以萜烯为原料的冰片基氯也属于有机氯农药。

有机磷农药主要有对硫磷、内吸磷、乐果、敌百虫等。大部分有机磷农药易溶于水，如敌百虫、磷胺、甲胺磷、乙酰甲胺磷等，一般在自然环境中会迅速降解。少数有机磷农药，如一硫代磷酸酯类和二硫代磷酸酯类中的内吸磷类农药，亲体分子毒性大，进入生物体后能继续氧化为毒性大的亚砜和砜化合物，而且毒性残存期较长。

② 多环芳烃类。广泛存在于环境中的有机污染物，由于其具有致畸、致癌或致突变作用，对人类健康危害极大。多环芳烃能以气态或颗粒态存在于大气、水、土壤和生物体中，且在同一介质中会发生光解、生物降解等反应，在不同介质间也会相互迁移转化，能长时间地停留在环境中，给人类健康和环境带来严重危害。

③ 多氯联苯类。根据不同的氯含有量，共有 209 种同系物。

④ 二噁英和呋喃类。主要来自废弃物焚烧、冶炼再生、钢铁生产、漂白剂和农药生产等。

⑤ 石油类污染物。主要源于石油开采、运输、加工、存储、使用和废弃物处理等。石油对土壤的污染多集中在表土层，影响土壤的穿透性，使土壤理化性质发生改变。其中，芳香类物质对人体和动物的毒性较大，尤其是以多环和三环为代表的芳烃。

⑥ 其他有机污染物。如酞酸酯类化合物、表面活性剂、染料类化合物、废塑料制品等。

2.土壤有机污染物的特性

土壤有机污染物具有复杂性、缓慢性和面源污染的特点，但基本上属于疏水性，具有较强的亲脂性。

3.土壤有机污染物的主要来源

土壤有机污染物主要来自工业污染、交通运输污染、农业污染和生活污染等。有机污染物在土壤中吸附解析、降解代谢、残留富集等，进入食物链对人体产生危害，并通过挥发、淋滤、地表径流携带等方式进入其他环境体系中。

(二) 土壤有机污染物的化学过程

土壤有机污染物的化学过程由其化学性质决定。有机污染物在土壤中降解和代谢，主要分为生物降解、化学降解和光解。有机污染物可以通过光降解、物理降解、化学降解和微生物降解等方式转化。

农药的降解过程十分复杂。有些农药的微生物降解能促使土壤有机物被彻底净化；有些剧毒农药经降解可以失去毒性；有些农药毒性本身不大，但其分解产物毒性很大；有些农药本身及其代谢产物都具有毒性。

进入土壤的有机污染物，同土壤物质和土壤微生物发生各种反应，进而产生降解作用。一般经过以下过程：①与土壤颗粒的吸附与解析；②通过挥发和随土壤颗粒进入大气；③渗滤到地下水或者随地表径流迁移至地表水；④通过食物链在生物体内富集或降解；⑤生物和非生物降解。其中，吸附和解析、渗滤、挥发和降解等过程对土壤有机污染物的消失贡献最大。

三、土壤污染的危害

(一) 土壤重金属污染的危害

1.镉的来源与危害

镉是天然存在于土壤中且毒性极强的金属，但由于人类活动，镉也散布在环境中；镉可通过植物根系吸收而普遍存在于植物中，进而出现于食物中。镉在土壤中的存留时间可达上千年，且镉的毒性在毒害物质中排第七，成为农业系统中的主要环境问题之一。未受污染的土壤中，镉浓度约为0.5mg/kg以下，但有些土壤中可达到3.0mg/kg，其含量很大程度上取决于土壤母质。一些含磷肥料镉浓度较高（4.77mg/kg），这可能是大米中镉含量增加的原因。镉在植物体内积累，会造成一些生理、生物化学和结构上的变化，镉对植物细胞造成的毒害与活性氧基团的氧化压力、抗氧化酶的活化或抑制、氧化损坏的大小和蛋白质的氧化程度等因素密切相关。另外，碳水化合物的同化、氨基酸和脯氨酸的含量以及聚胺化水平，会因镉的毒害作用而改变。

2. 砷的来源与危害

地壳是含砷量较为丰富的自然性砷源，砷存在于 200 多种矿物质中，含量最丰富的是含砷黄铁矿。砷对地下水的污染对人类的公共健康造成较大威胁。土壤中砷与其他重金属的生物有效性和毒害性受到很多土壤特性影响，例如，土壤含水量、pH、氧化还原状况、土壤地点水文和植物及微生物成分都会影响土壤胶体的吸附特性和行为特性。另外，利用受到砷污染的地下水灌溉农田，可能会污染土壤和农产品。在通气较为良好的土壤中，无机砷形态是砷的主要存在形态，其生物地球化学行为与正磷酸盐极为相似，且砷酸盐在弱酸情况下与磷酸盐的化学特性完全一致，均可较强地吸附于黏粒边缘以及含水铁铝氧化物上。

3. 铅的来源与危害

铅是使用十分广泛的金属，主要损害人的神经系统，长期铅暴露会影响人体健康及青少年发育，摄取食物是人类铅暴露的主要途径之一。

土壤中的铅极易被植物吸收，且累积于不同器官中；土壤被铅污染后，导致农作物产量急剧下降。化肥常规施加使土壤中可移动性铅的含量增加，同时促使农作物对铅的吸收。

铅对植物产生的毒害作用是快速抑制根系生长、植株生长变慢和发生萎黄病；即使有微量的铅进入植物细胞内，也会对生理过程产生大范围的负面影响，主要表现为降低植物水势、改变细胞膜的通透性、降低激素水平，以及电子转移能力和改变酶活性，而这些影响会使植物生理过程发生紊乱，甚至会导致植物死亡。

（二）土壤持久性有机污染物的危害

有机污染物种类众多，在环境中存留时间较长，在土壤、沉积物、空气和生物体内的半衰期也很长，对环境和人类健康危害极大。有机污染物通常是脂溶性化学物质，在水体或土壤中，与有机质具有较强的黏合特性，而较少呈现液态；在生物体内，更多地分布在磷脂中，较少出现在细胞的水环境中，这些特性决定了有机污染物会持久地在生物链中累积。

有机污染物较为重要的一个特性是在常温下易于转化为气态，因此可能从土壤、植物和水体中挥发进入大气；又由于其在空气中难以降解，会被输送到较远的距离，然后沉降。有机污染物运移—沉降的循环会重复多次，可能会累积或释放到较远的区域；在大气传输过程中，污染物分布在悬浮颗粒或气溶胶中，该分布取决于周边温度和该有机物的物理–化学性质。总之，污染物在适宜环境条件下，形成气态的倾向和稳定性使其能够长时间大气传输，决定了其能在食物链中富集的特性。

第四节　土壤环境评价方法

一、土壤环境质量评价

(一) 单因子评价法

1. 土壤单项污染指数

土壤单项污染指数是评价土壤污染程度或土壤环境质量等级的相对无量纲指数，能够比较直观地反映土壤中各项污染指标，方法简明，计算方便，具有可比较的等价特性，是目前土壤环境质量评价中应用较广泛的一种指数。

$$P_i = C_i / S_i \tag{5-1}$$

式中：P_i——土壤中 i 污染物的单项污染指数；

C_i——土壤中污染物 i 的实测浓度值，mg/kg；

S_i——土壤中污染物 i 的评价标准值或参考值，mg/kg。

土壤环境质量评价一般以单项污染指数为主，指数小则污染轻，指数大则污染重。

2. 土壤污染累积指数

由于土壤地区背景差异较大，用土壤污染累积指数更能反映土壤受人为影响程度。土壤污染累积指数为土壤中某项污染物的实际含量与该污染物背景值的比值。

$$P_i = C_i / C_{i0} \tag{5-2}$$

式中：P_i——土壤污染累积指数；

C_i——土壤中污染物 i 的实测浓度值，mg/kg；

C_{i0}——土壤中污染物 i 的背景值，mg/kg。

土壤污染累积指数可反映土壤中污染物累积情况。一般而言，土壤污染累积指数 ≤ 1，表示未受污染；土壤污染累积指数 > 1，表示已受污染，值越大，受污染程度越严重。

土壤单项污染指数和污染累积指数评价法均为单因子评价法。单因子评价法以土壤环境质量标准为基础，目标明确，具有可比较的等价特性，对土壤环境质量从严要求，是操作最简单的一种环境质量评价方法。但单因子评价法只能代表一种污染物对环境质量的影响程度，各评价参数之间没有关联，不能反映整体污染程度，且有时会由于要求过于严格而使评价结果偏低。

（二）多因子评价法

1.综合污染指数评价法

（1）加和型指数

选定若干评价因子，将各因子的实际浓度 C_i 和其相应的评价标准浓度（C_{0i}）相比，求出各因子的分指数，将各分指数加和，即：

$$PI = \sum_{i=1}^{n} \frac{C_i}{C_{0i}} \tag{5-3}$$

$$PI = \frac{1}{n} \sum_{i=1}^{n} \frac{C_i}{C_{0i}} \tag{5-4}$$

式（5-3）和式（5-4）是加和型指数的两种形式，式（5-3）为简单叠加指数，是最基本的污染指数计算方法，其不足在于评价结果受评价因子的不同和评价因子项数的影响，可比性不强。式（5-4）为算术平均值指数，是在式（5-3）基础上，将分指数的加和除以参加评价的因子项数（n），消除了项数不同对指数值的影响，增加了可比性。评价指标对环境质量状况的影响程度是有区别的，但加和型指数无法区别不同污染物对环境质量的影响程度。

（2）计权型指数

计权型指数的出发点是各评价因子对环境影响是不等权的，其影响由各评价因子的权重系数 W_i 表示，计算公式为：

$$PI = \sum_{i=1}^{n} W_i I_i \quad I_i = \frac{C_i}{C_{0i}} \tag{5-5}$$

通过加权考虑不同污染物对环境质量状况的不同影响程度，可以有针对性地突出某种污染物的作用。加权指数由于引入权值，增强了指数的合理性。一般权重的赋值方法有专家打分法、超标倍数法、熵权赋值法等。

（3）方法评述

综合污染指数评价法是对所有参评因子整体作出定量描述、根据定量结果并按照一定分级标准对环境质量定性评价的方法，总体上看可以基本反映环境污染的性质和程度。对于全国和区域而言，污染指数评价法计算简便，便于进行不同区域之间或同一区域时间序列上的基本污染状况和变化的比较。

2.模糊评价法

（1）模糊综合评价法

模糊综合评价法的基本思路是，由监测数据建立各评价因子对各级标准的隶属度集，形成隶属度矩阵，把参评因子的权重集与隶属度矩阵相乘，获得一个综合评判集，表明环境质量评价对象对各级标准的隶属程度；取隶属程度大的级别对应的类别作为环境质量的类别，反映了评价级别的模糊性。具体步骤如下：

① 建立评价因素集，即确定参评因子集合。在环境质量评价中，由参与评价的 n 个环境质量指标的实际测定浓度组成。记为 $U = \{u_1, u_2, \cdots, u_n\}$。

② 建立评价等级集，即确定评价结果的等级集合，一般根据相应的国家环境质量标准建立等级集。记为 $V = \{v_1, v_2, \cdots, v_m\}$。

③ 建立隶属度函数。监测值为 X 的环境质量指标对各个环境质量级别的隶属度 r_{ij}，即可以被评为 j 类环境质量的可能；n 表示参与评价指标数；m 表示环境质量级别数。将各单因素模糊评价集 R 的隶属度为行，组成单因素评价矩阵，则可得出 $n \times m$ 的模糊矩阵 R，表明每个评价因子与每级评价标准之间的模糊关系。

④ 确定各评价因子的权重。对每个评价指标 u_i 赋予一个相应的权重值，构成权重集 $A = \{a_1, a_2, \cdots, a_n\}$。在模糊综合评价中，通常使用超标倍数法、熵权赋值法等计算方法。

⑤ 建立综合评价矩阵，并进行综合评价。模糊综合评价考虑所有因子的影响，将权重集 A 与单因素模糊评价矩阵 R 相乘，得到各被评价对象的模糊综合评价集 B。

即：$B = A \times R$

$$[b_1, b_2, \cdots, b_m] = [a_1, a_2, \cdots, a_n] \cdot \begin{bmatrix} r_{11} & r_{12} & \cdots & r_{1m} \\ r_{21} & r_{22} & \cdots & r_{2m} \\ \vdots & \vdots & \vdots & \vdots \\ r_{n1} & r_{n2} & \cdots & r_{nm} \end{bmatrix} \tag{5-6}$$

式中，b_m 为评价指标，是综合考虑所有评价因子的影响时，评价因子对评价集中第 m 级等级的隶属程度。r 的第 n 行表示所有因子取第 n 个评价等级的隶属程度；第 m 列表示第 m 个因子对各个评价等级的隶属程度。因此，每列元素再乘以相应的因子权数 a，得出的结果就更能合理地反映所有因素的综合影响。

（2）方法评述

模糊综合评价法的优点是能够得出评价因子被评为每一个质量级别的可能，反映了环境系统的模糊性；能够综合各个评价因子对土壤环境质量进行评价。缺点是大多根据各污染因子的超标程度确定权重，不利于不同样品之间评价结果的比较；不能确定主要污染因子；经常出现评价结果分类不明显、分辨性差的问题；评价过程较为复杂，可操作性差。模糊综合评价法主要适用于各个评价因子超标接近的情况，评价的出发点是体现不同评价因子对环境质量的综合影响。

二、土壤健康风险评价

(一) 健康风险评价概念

健康风险评价是描述人类暴露于环境危害因素后，出现不良健康效应的特征，包括以毒理学、流行病学、环境测定和临床资料为基础，分析潜在的不良健康效应的性质，在特定暴露条件下对不良健康效应的类型和严重程度作出估计和外推，对不同暴露强度和时间条件下受影响的人群数量和特征作出判断，以及对所存在的公共卫生问题进行综合分析，是环境风险评价的重要组成部分。

(二) 健康风险评估流程

1. 危害识别

危害识别是确定污染物暴露对人类健康产生不利影响的概率是否增加。在化学品影响下，检查所有可用化学物质的有关数据，表征负面影响和化学品之间的联系。

2. 暴露评估

(1) 暴露场地表征

暴露场地表征是暴露评估的第一步，主要是表征暴露场地物理环境特征及对暴露场地或附近的暴露人口调查统计。该阶段收集的场地环境特征及潜在的暴露人口可以用于确定暴露路径和暴露量估算，是暴露评估的基础。

(2) 暴露途径的确定

暴露途径是指污染物质从污染源到人体的路线。一条完整的暴露途径通常包括：① 污染源和污染源的污染物质释放；② 污染物在介质中的迁移、降解和滞留行为；③ 暴露点 (人与污染介质的接触点)；④ 在暴露点化学物质进入人体途径。污染物的暴露途径一般是进一步描述通过人的吃、喝或呼吸摄入，或通过组织 (如皮肤或眼睛) 吸收。

(3) 暴露量化

暴露量估算是用于量化被选择的暴露人群和暴露路径的暴露剂量、频率、暴露周期的一个过程，主要包括暴露浓度的估计和各暴露路径的暴露剂量量化。

① 接触式测量：可以在人的接触点位测量 (身体的外边界)，测量暴露浓度和接触时间，然后整合；

② 情景评估：可以通过单独评估暴露浓度和接触时间，然后综合结果；

③ 重构：暴露水平可以从剂量大小估计，反过来剂量又可以通过内部指示物 (生物标记，身体负担和分泌水平等) 重构。

3.毒性评估

(1)非致癌毒性评估

非致癌化学物质对人体健康的危害多种多样，主要有三个方面。一是健康危害涉及的人体器官或系统较多，包括呼吸、消化、循环、排泄、生殖系统的器官，以及神经传导、免疫反应和精神活动等功能。二是所致健康危害种类及程度不同，如可从皮肤红肿、疮疹等轻微不适到心绞痛、智力减退乃至死亡等严重的后果。三是产生健康危害的机制各不相同，无统一规律可循。从健康危害的发生情况来看，通常假设化学物的非致癌性存在阈值，即低于某一剂量，不会产生可观察到的不良反应；高于某一剂量则会有健康危害出现，且一般随着剂量增大，对人体副作用越大（包括发生概率和严重程度）。

对人休造成急性或慢性系统危害的非致癌物质剂量阈值一般可用非致癌参考剂量（Reference Dose，RfD）或非致癌参考浓度（Reference Concentration，RfC）表示。根据人体摄取化学物质的方式，参考剂量分为经口参考剂量（RfDo）、吸入参考剂量（RfDi）和皮肤吸收参考剂量（RfDd）。另外，现有毒性研究对吸入途径是以参考浓度（RfC）表示，其单位为 $\mu g/m^3$，而参考剂量单位为 $mg/(kg \cdot d)$，需要把参考浓度转换成参考剂量才能做风险评估计算，现有的转换方法是假设成人平均体重为70kg，每天平均呼吸空气量为 $20m^3/d$，因此其转换公式如下：

$$RfD = RfC \times 20m^3/d \times 1/70kg \times 10^{-3}$$

(2)致癌毒性评估

致癌性污染物被认为是一种没有阈值的化学物质，即生物致癌性反应与剂量多少无关，无论剂量多寡，只要有微量存在就会有生物反应，而且其反应可与剂量成正比。致癌效应剂量－反应关系的建立以各种关于剂量和相应反应的定量研究为基础。

由于人体在实际环境中的暴露水平通常较低，而实验学或流行病的剂量相对较高，因此在估计人体实际暴露情形下的剂量－反应时，通常是依据高剂量的资料，建立数学模型向低剂量水平外推，求得低剂量条件下的剂量－反应关系。

由于肿瘤形成是一种极其复杂的生理化学过程，涉及很多机理，而对这些机理人们还不完全了解或完全不了解，因此很难用一种简化的数学模式将其规律全面、准确而又定量地反映出来。目前在定量致癌风险评估中，基本上还是采用毒理学传统的剂量－反应关系外推模型。也就是从动物向人外推时，采用体重、体表面积外推法或安全系数法。

4. 风险表征

风险表征是转达风险评估者的判断，涉及风险性质以及风险是否存在，对其分别进行风险表征——阐述关键发现、假设、限制和不确定性。

评估模式的不确定性：在对健康风险进行过程评估时，不得不选用大量模式来完成该项评估工作。而不同模式可能存在的结构性错误、简化处理造成的错误、一些具体评估过程中存在的条件限制，以及不同模式带来的差异性结果，都会导致评估中表现出模式的不确定性问题。

参数不确定性：一是由于人为操作不当或者技术和硬件设施等方面存在客观限制，不能对评估过程中用到的各种参数全部完成精确性测量；二是在评估过程中，因为复杂的时空差异等客观原因，使相对有限的资料信息无法将这些差异性充分而准确地描述出来；三是评估过程中需要的一些数据不可能直接得到或不存在得到这些数据的基本条件，只能依据科技报道或文献报告推导。

评估变异性：评估过程中，无论是空间和时间，还是在物理和个体上出现的各种变异，或源于人口与大族群等各种变异等。对于前面提到的不确定性能够通过收集更完整、更精确的相关资料和数据，以及采取更符合实际需要的评估模式等方式或措施来有效避免，但对于客观存在的变异性来说，并不存在有效的方法，比如采取更加广泛的测量活动，或选用更加真实反映客观现实的正确资料数据等方式来降低这一变异性。

在当前开展的各类风险评价活动中，由于客观评价过程一般较复杂，需要判定的各种模型参数以及要完成的专业判断都非常多，无法在实际处理过程中对该项活动相关的每个不确定因素实施定量化分析和判断。因此，应当将可能对风险评价的最终结果有明显影响作用的关键性因素给予定性或半定量形式的具体分析，为决策者提供尽可能多的有价值的评估决策信息。

为了最大限度地减少上述不确定因素可能对评估结果造成的负面影响，风险评价过程中常采用一些分析不确定性的方法，如蒙特卡罗提出的分析法（Monte Cario Analysis）、泰勒形成的简化处理方法以及概率树处理（Probability Tree）和专家判断法等。

第六章　土壤环境监测质量管理

第一节　土壤样品

一、点位布设

(一) 布点准备

1.资料收集

在研究土壤环境监测任务类型、区域规模、调查精度和复杂程度的基础上，应尽可能广泛地收集各种有关资料，包括自然环境、社会环境和图件资料。其中，自然环境包括地理地质、地形地貌、成土母质、土壤类型、气候气象、水文特征、植被特征和土地利用状况等；社会环境包括工农业生产布局、人口、污染源分布、污染物排放情况、农药化肥施用情况和污水灌溉情况等；图件资料包括土壤类型图、土壤环境功能区划图、地形地貌图、植被图、水系图、交通图、土地利用现状图、土地利用总体规划图、污染源分布图。土壤调查或监测历史点位图等。收集的资料越丰富、越全面，越能提高点位布设的科学性和全面性。

2.布点工具

各类软硬件辅助设备和底图是土壤点位布设不可或缺的工具。辅助设备包括地理信息定位仪、数码照相机、电脑、绘图仪、彩色打印机、扫描仪和 ArcGIS 软件等。根据土壤监测任务类型、调查面积和调查精度，可采用不同比例尺的布设底图，包括行政区划、水系、土壤类型、土地利用现状、地形地貌、交通路网和植被图等。

3.现场踏勘

现场踏勘是开展土壤点位布设的另一项基础工作，旨在直观认知并辨识土壤与周边环境之间的关系。现场踏勘主要有现场勘察、调研污染企业和走访住户等方式，主要了解监测区域的地理位置、经纬度、地形地貌、灌溉水源、化肥农药施用情况和作物种植类型，掌握区域土地利用现状和历史、土地利用总体规划和土壤环境功能区划，摸清污染源分布、行业类型、污染物种类和排放去向等信息。现场踏勘后，将相关资料进行整理和分析，为确定土壤点位布设方法提供依据。

（二）点位布设分析

1. 布点原则

为保证土壤点位布设的科学性和合理性，并具有时空代表性，通常遵循以下原则。

代表性原则：点位数量应能反映区域土壤环境质量状况、污染物空间分布及其变化规律，力求以较少的点位获得最好的空间代表性。

准确性原则：应使用规定精度且校核无误的地理信息底图，底图采用统一地理坐标系，保证布设点位与真实点位之间误差在可接受的范围内。

精密性原则：选择土壤空间变异尽可能小的单元进行布点，确保点位测定值具有良好的重复性和再现性。

可比性原则：应兼顾历史点位，使土壤环境监测结果具有可比性和延续性，包括已经布设的土壤环境背景值监测点位、土壤环境质量监测点位和土壤污染调查监测点位等。

完整性原则：应涵盖不同土壤类型、不同土地利用类型和不同污染类型的场地，保证点位布设的完整性。

2. 布点数量

为了使布点更趋合理，在布点工作前，通常对布点数量进行核算。采样点的数量与研究地区范围、研究任务设定精度等因素相关。采样点数量依据下列统计学来确定：

（1）由均方差和绝对偏差计算样品数

可应用于规模较大的土壤污染研究中。由下列公式计算所需的样品数：

$$N = \frac{S^2 t^2}{D^2} \tag{6-1}$$

式中：N——样品数；

S^2——均方差，可从先前的研究或者从极差 $R\left(S^2 = (R/4)^2\right)$ 估计；

t——选定的置信水平（通常取 95%）一定自由度下的 t 值（查 t 分布表）；

D——可接受的绝对偏差。

（2）由变异系数和相对偏差计算样品数

由下列公式计算所需的样品数：

$$N = \frac{t^2 C_v^2}{m^2} \tag{6-2}$$

式中: N——样品数;

t——选定的置信水平(通常取95%)一定自由度下的 t 值(查 t 分布表);

C_v——变异系数(%),可从先前的研究资料中估计;没有历史资料、土壤变异程度不太大的地区,一般可用10%~30%粗略估计;

m——可接受的相对偏差(%),土壤环境监测中一般限定20%~30%。

3. 布点方法

针对不同的土壤监测目的和类别可选择不同的布点方法,一般包括以下6种:

(1) 随机布点法

随机布点法是一种完全不带主观限制条件的布点方法。将监测单元分成网格,每个网格编上号码,确定采样点样品数后,按规定的样品数随机抽取样品,其样本号码对应的网格号即为采样点。随机数的获得可以利用掷骰子、抽签、查随机数表的方法。

(2) 网格布点法

利用网格将监测区域分成面积相等的若干部分,每个网格内布设一个采样点。如果监测单元内土壤污染物含量变化较大,网格布点法就比随机布点法代表性更好。网格间距 L 按下式计算:

$$L = (A / N)^{1/2} \tag{6-3}$$

式中: L——网格间距;

A——采样单元面积(量纲与 L 相匹配);

N——样点总数。

根据实际情况可适当减小网格间距。如网格内道路、河流或其他类型单元所占面积过大,则该网格无效。网格应较均匀地分布在调查区内,使样品更具代表性。

(3) 放射状布点法

以废气污染源为中心,向东、西、南、北四个方向布点,每个方向的布点数量根据废气污染的影响范围确定。

(4) 带状布点法

沿废水污染源排放水流方向,自纳污口起由密渐疏布点,布点数量根据废水排放水道的长度确定。

(5) 对照布点法

为反映清洁土壤环境质量状况,通常在污染企业主导风向上风向或地表水(地下水)流向的上游设置对照点位。

(6) 综合布点法

针对综合污染型土壤监测单元,应综合采用网格布点法、放射状布点法和带状布点法。

4. 土壤背景值监测点位布设

土壤背景值是指一定时间条件下，受地球化学过程和非点源输入的影响，土壤化学成分的含量，代表了一定面积或区域内土壤中的元素含量水平。

（1）布点方法

土壤背景值监测通常采用网格布点法。实际情况中，若区域地形较复杂，可根据岩性和土壤类型的差异适当调节布点的疏密。在岩性简单或土壤类型单一的地方，适当减少采样点的密度，而在岩性复杂多变的地方，无论是基岩还是土壤，采样点都相对密集一些。

（2）监测项目

土壤背景值监测项目包括 pH、有机质、颗粒物组成、阳离子交换量、重金属等无机元素，有机氯农药、多环芳烃、邻苯二甲酸酯和多氯联苯类等有机物。

（3）注意事项

采样点选在土壤类型特征明显的地方，地形相对平坦、稳定，植被良好；坡脚或洼地等具有从属景观特征的地点不设采样点；城镇、住宅、道路、沟渠、粪坑和坟墓附近等处人为干扰大，不宜设采样点；点位距离铁路和公路至少 300m；采样点以剖面发育完整、层次较清楚和无侵入体为准，不在水土流失严重或表土被破坏处设采样点；选择不施或少施化肥和农药的地块作为采样点，使样品尽可能少地受人为活动的影响；不在多种土类、多种母质母岩交错分布、面积较小的边缘地区布设采样点。

5. 重点区域监测点位布设

重点区域包括国家重点关注的污染企业、工业园区、工业企业遗留遗弃场地、饮用水水源地、油田区及周边和固废集中处理处置场地等，同时兼顾果蔬菜种植基地、规模化畜禽养殖场地和大型交通干线两侧等区域。根据污染类型，可选择放射状布点法、随机布点法和带状布点法进行布点。

（1）污染企业及周边地区

①废气/废水型污染企业。废气企业在主导风向的下风向，按照放射状法布点；废水企业沿废水排放方向，利用带状法布点。布点位置通常距离企业 75m、200m 和 400m。若点位不适于采样或有外界干扰，则做平移，选择合适区域布点。在企业主导风向上风向或水流方向上游 2km 处，布设 1 个对照点位。

②工业园区和工业企业遗留遗弃场地。利用随机布点法，将场地边界至 500m 缓冲区的范围划分成若干网格（如 50m×50m），随机选取网格，网格中心点定为监测点位。若点位不适于土壤采样、有外界干扰或空间分布不合理，则再次随机选取网格，直至选取合适点位。在场地主导风向上风向或水流方向上游 2km 处，布设 1

个对照点位。

（2）饮用水水源地周边地区

①河流型／湖库型水源地。在取水口非水一侧100m处设置1个监测点，同时利用随机布点法在一级、二级水源地保护区的陆域范围内各布设1个监测点。布点土地利用类型首选耕地，其次选择林草地，不允许在客土（如绿化带、沿湖公园绿地和护岸带等）上布点。

②水窖水源地。确定水窖水源区域，在水窖东、南、西、北四个方向放射状布设4个点位。

③地下水水源地。以取水口为中心，确定保护区范围，在地下水水流方向上，利用带状布点法，距离取水口下游25m、50m处各布设1个监测点。

（3）采矿（油田）区及周边地区

依靠山体的采矿（油田）区，以矿口为端点，向非山体一侧做90°扇形，在扇形两条边上，利用带状布点法，距离端点100m、500m、1000m处各布设1个监测点；开阔地带的采矿（油田）区，以采矿（油田）区为中心，在100m、100～500 m、500～1000 m三个范围内，利用随机布点法，各布设1个监测点。若点位不适于采样或有外界干扰，则做小范围移动，选择合适区域布点。

（4）固体废物集中处理处置场地及周边地区

以固体废物集中处理处置场地为中心，在废水排放主方向上，利用带状布点法，距离中心75m、200m、400m处各布设1个监测点；利用放射状布点法，在其他三个方向200m处各布设1个监测点；如果场地周围有水源流经的，在水源流经场地的下游方向，利用带状布点法，距离场地250m、500m、750m处各布设1个监测点。在场地主导风向上风向或水流方向上游2km处，布设1个对照点位。

（5）蔬菜种植基地／高尔夫球场

确定蔬菜种植基地／高尔夫球场范围，利用随机布点法，将场地划分成100m×100m的若干网格，随机选取3个网格，网格中心点作为监测点位。

（6）大型交通干线两侧

按50km或100km间距，将交通干线（高速公路、国道和省道）等分，在每个段的中点任意一侧，垂直交通干线方向上，按照带状布点法，距离交通干线50m、150m处各布设1个监测点。

6. 土壤污染事故监测

由于污染事故不可预料，须根据污染物的颜色、印渍和气味，并结合地势、风向等地理或气象因素来初步确定污染范围，再结合污染事故类型确定布点方法；根据污染物性质及其对土壤的影响，以及污染物在土壤中的化学反应过程确定监测项目，其中污染事故的特征污染物是监测的重点。

针对固体污染物抛洒型污染事故，打扫现场后，利用随机布点法，布设3个点位，同时设定2~3个对照点。针对液体倾倒型污染事故，利用带状布点法，事故发生处加密布点，离事故点较远处适当减少布点数量，同时设定2~3个对照点。针对爆炸型污染事故，以爆炸中心放射性同心圆布点，爆炸中心布设1个点，四周各布设1个点，同时设定2~3个对照点。

7. 特定项目监测

仲裁监测、建设项目环境影响评价监测、项目竣工验收监测、咨询服务监测、考核验证监测和土壤修复评估监测等特定项目监测，土壤点位布设应根据政府或社会机构的委托目的及任务特点，综合采用随机布点法、网格布点法、放射状布点法、带状布点法和对照布点法等进行布点。

(三) 现场核查校正

需要通过必要的现场核查，检验和优化理论布点。现场核查主要关注布点土地利用类型与现场是否一致、采样是否困难、点位是否在交通干线或居民点旁、点位是否受到人为或污染源干扰、点位是否具有监测的延续性等问题。如果不满足采样条件，则现场对点位进行平移、合并或删减，调整后在电子地图上对点位进行更新，最终形成实际监测点位集。

(四) 遥感影像控制

用于土壤布点的遥感影像及矢量数据统一采用WGS坐标系，几何精校正后与Landsat 8 OLI影像之间误差不大于15m，不同年份数据之间的空间误差不大于15m；矢量数据地物图斑与遥感影像之间套合完好；以谷歌地球软件进行校验，用于现场踏勘、野外核查的地理信息定位仪误差小于15m，监测点位与周边居民点、厂矿之间距离不小于300m、与交通干线 (国道、省道和高速公路) 之间距离不小于150m；点位布设采用12位编码，编码应实用、易于操作，能系统直观地反映采样行政区域、采样年份、土地类型和采样深度等特征属性。

二、样品采集与运输

(一) 采样准备

1. 组织准备

土壤采样队伍需要由一支经过一定培训，具有土壤、环境、地质、地理和植物等基础知识的人员组成，对工作区内的样点进行统一分片采集，可以保证样品的代表性，提高调查结果的准确性。采样队伍需要专业齐全配套；需要有一定的野外和社会工作经验的人带队；要有作风严谨、工作认真的技术负责人；采样前，要经过土壤污染状况调查专项培训，以便对采样中的技术问题（如剖面层次划分、土壤性状描述和样点坐标确定等）有统一的标准和认识。

2.技术准备

采样前应收集采样区域行政区划图、水系图、土地利用现状图、地形地貌图、公路交通图、土壤类型图、地形图以及周边污染源基本信息，为采样做好技术储备。

3.采样器具准备

（1）通用采样器具

土壤通用采样器具包括点位确定、现场记录、样品保存、样品测试、样品交接、采样防护与运输，必需的工具和容器见表6-1。

表6-1　土壤通用采样器具清单

物品名称	用　途	数　量
地理信息定位仪、卷尺、测距仪	点位确定	每个采样小组至少1套（台）
数码照相机	现场情况记录	
样品箱（具备冷藏功能）	样品保存	
地质罗盘、土铲、样品标签、采样记录本、剖面记录表、比样标本盒、布袋、塑料袋、绳索、铅笔、资料夹、土壤比色卡、容重圈、pH试纸、石灰反应速测试剂等	样品采集、测试	依样品个数而定
工作服、工作鞋、常用（含蚊蛇咬伤）药品等	防护	依采样人数确定
采样车辆	运输	

（2）专用采样器具

按照无机类、挥发性有机物和半挥发性有机物的分类，土壤采样可选择不同类型的专用采样工具和容器，见表6-2。为防止采样器具对样品造成的干扰，采集无机类样品时使用木质采样工具，样品盛装在布袋或聚乙烯袋中；采集农药类和有机类样品，应使用金属或木质采样工具，样品盛装在棕色玻璃容器中，并装满容器，拧紧瓶盖以防样品挥发。

表6-2　土壤专用采样器具清单

物品分类	监测项目	采样工具与容器	数 量
采样用具	无机类	木铲、木片、竹片、剖面刀	每组至少1套（台）
	农药类	铁铲、铁锹、木铲、土钻	
	挥发性有机物	铁铲、铁锹、木铲	
	半挥发性有机物		
样品容器	无机类	布袋、聚乙烯袋	依样品数量确定
	农药类	250mL 棕色磨口玻璃瓶或带密封垫的螺口玻璃瓶	
	挥发性有机物	40mL 吹扫捕集专用瓶或250mL 带聚四氟乙烯衬垫棕色磨口玻璃瓶或带密封垫的螺口玻璃瓶	
	半挥发性有机物	250mL 带聚四氟乙烯衬垫棕色磨口玻璃瓶或带密封垫的螺口玻璃瓶	
其他物品	挥发性有机物	在容器口用于围成漏斗状的硬纸板	
	半挥发性有机物	在容器口用于围成漏斗状的硬纸板或一次性纸杯	

4. 主要采样工具

（1）无动力采样工具

①锹铲类。常用于土壤污染调查采样，常用的有折叠军工铲，为钛合金或锰钢材质，可折叠，体积小，便于野外携带。针对土壤背景值调查，需使用铁锹挖掘剖面，通常为碳钢材质。

②土钻类。土钻类工具类别较多，具体可分为手动旋转采样钻、直压式采样钻。

手动旋转采样钻根据不同质地的土壤，可选用心形黏土钻头、壤土钻头、沙土钻头、泥炭土钻头，采样长度为20cm，钻头与钻杆螺纹连接，方便拆卸。

直压式采样钻分为直压式半圆槽钻、直压式方形钻。直压式半圆槽钻用于土壤剖面采样、土壤原状采样，采样深度0～180cm，采样直径30mm。采样闭合圆环切割头为双凸结构，减小采样阻力及土样压缩率，圆筒状钻身为裁口，有利于土样保持、观察和取样。采样时直压即可，不用旋转，操作简单。直压式方形钻用于土壤原状采样，单点采样量大，软硬土均适用。采样深度0～200cm，采样边长15cm。方形采样器侧壁可打开，易于取出土样。

③竹具类。主要分为竹片和竹刀，用于采集土壤重金属样品，避免因采样器材质问题而出现的数据误差。

（2）有动力采样工具

当遇到坚硬地面或须采集剖面土壤时，可利用汽油动力钻、冲击钻、打孔钻等工具对目标区域施工，便于采集土壤样品。

①汽油动力钻。汽油动力钻配有汽油机1台，采样直径7cm，一次采样长度25cm，采样深度可达2m，钻头带有锯齿，可拆卸裁口设计，采样量大，取样容易。

②冲击钻。冲击钻具有汽油、电动两种类型，采样直径10cm，一次采样长度100 cm，采样深度可达7m，可满足土壤深层采样需要。

③打孔钻。打孔钻钻头为螺纹式，钻孔直径30～300mm，用于在硬化土地、冻土上钻孔，便于后期采集下层土壤样品。

（3）其他辅助工具

①门赛尔土壤比色卡。该卡片是根据门赛尔颜色系统和门赛尔颜色命名法，结合土颜色的特点编制，用来测定和描述土壤颜色的标准比色卡。门赛尔颜色系统以颜色三属性，即色调、色值和色度为基础。颜色命名的顺序是色调、色值、色度，使用时，把某一土样与带标准色阶的卡片对照，定出并记录土壤颜色。

②地质罗盘。地质罗盘主要包括磁针、水平仪和倾斜仪，可用于识别方向、确定位置、测量地形图等。

③便携式X荧光土壤重金属测试仪。该仪器广泛应用于土壤野外调查污染物现场筛查测试，可初步确定土壤中汞、镉、铅、砷、铜、锌、镍、钴和钒等元素含量，快速甄别出污染区与非污染区，提高调查工作的整体效率，大幅减少监测和运输费用。

（二）样品种类与采样方法

1. 样品种类

按照土壤污染类型与监测项目，土壤样品种类分为单独样、混合样、剖面样和分层样四种类型。

2. 采样方法

（1）单独样

适用于大气沉降污染型和固体废物污染型土壤监测，以及挥发性和半挥发性有机物项目测定。采样时首先清除土壤表层的植物残骸和其他杂物，有植物生长的点位要首先松动土壤，除去植物及其根系。用采样铲挖取面积25cm×25cm、深度为0～20cm的土壤。无机类样品直接采集至布袋中；挥发性样品直接采集到250mL带聚四氟乙烯衬垫棕色磨口玻璃瓶或带密封垫的螺口玻璃瓶中，装满容器；半挥发性样品采集到250mL带聚四氟乙烯衬垫棕色磨口玻璃瓶或带密封垫的螺口玻璃瓶中，装满容器。为防止样品沾污瓶口，采样时将干净硬纸板围成漏斗状衬在瓶口。

（2）混合样

适用于灌溉水污染型、农业化学物质污染型和宏观区域调查土壤环境监测，以及土壤无机类和农药类样品测定。混合样的采集主要有4种方法：

① 对角线布点法。适用于污灌农田土壤，设5~9个分点。

② 梅花布点法。适用于面积较小，地势平坦，土壤组成和受污染程度相对比较均匀的地块，设5个分点。

③ 棋盘式布点法。适宜中等面积、地势平坦、土壤不够均匀的地块，设分点10个左右；受污泥、垃圾等固体废物污染的土壤，分点应在20个以上。

④ 蛇形布点法。适宜面积较大、土壤不够均匀且地势不平坦的地块，设10~30个分点，多用于农业污染型土壤。

监测点位确定后，在50m×50m（或其他规定大小）采样区域内采集分点样品。采样时首先清除土壤表层杂物，在每个分点上，用不锈钢土钻采集1个样品，或用木铲向下切取1片长10cm、宽5cm、深10cm的土壤样品。应严格预防土钻或采样铲等对土壤样品的污染，每次下钻或铲前要清洗采样工具，采集下层土壤时应注意削除采样工具带出的表层土壤。耕地采样深度为0~20cm，园地采样深度为0~60cm。将各分点样品等重量混匀后用四分法弃取，保留相当于3 kg风干土壤的土样。土壤样品按样品的分析要求分别分装和保存。

（3）背景值剖面样

土壤剖面样品在原背景点的位置上采集，一般采用自然发生层次的采样方法，根据已划分的层次，由下至上逐层采集混合样品。

① 土壤剖面的选择

按布点方案结合野外实地调查，在确证未受污染的土壤选择采样剖面。采样剖面必须具备发育特征的环境，小地形较平坦，地表植物生长完好。土壤剖面应发育完整，层次较清楚，无侵入体。如果发现采样点不能满足需要时，应在原背景点附近易地重设，一定要使选定的剖面具有典型性和代表性。

② 剖面的挖掘

A.在选好的剖面点，用铁锹、铁镐挖掘土壤剖面。土壤剖面的规格为长1.5m、宽0.8m、深1.2m。在剖面挖掘完成时，应使阳光与剖面垂直。B.地下水位高的地区，如湖积型、冲积型、海积型（盐碱地）土壤和水稻土等分布区，剖面挖至潜水面。C.在土层较薄残积型及山地土壤上，剖面挖至风化壳。D.土壤剖面挖掘时，应按层将挖出的土壤堆在坑的两侧，以便剖面观察、样品采集完成后顺次回填。剖面上方不准堆土或走动，以免破坏表层结构影响剖面的研究。

③ 土壤样品的采集

A. 土体层次应根据实际发育情况而定，一般按土壤发生层次采样，每个层次取典型部位。通常取 A、B、C 三层，最深可挖至 1.2m 左右。可按深度分层采样，表面取 0～20cm，中层取 40～60cm，底层取 80～100cm。对 B 层发育不完整（不发育）的山地土壤，只采 A、C 两层；对干旱地区剖面发育不完整的土壤，在表层 0～20cm、心土层 50cm、底土层 100cm 左右采样。对 A 层特别深厚，淀积层不甚发育，1m 内见不到母质的土类剖面，按 A 层 0～20cm、A/B 层 60cm、B 层 100cm 采集土壤。草甸土和潮土一般在 A 层 0～20cm、C1 层（或 B 层）50cm、C2 层 100cm 处采样。水稻土按照 A 耕作层、P 犁底层、C 母质层（或 G 潜育层、W 潴育层）采样。对 P 层太薄的剖面，只采 A、C 两层（或 A、G 层或 A、W 层），具体根据水稻土类型而定。B. 采样前用土壤剖面刀从上到下修去观察面表层土壤，在土壤剖面的左侧加标尺、醒目的剖面编号和层次标牌进行土壤剖面的彩色摄影。C. 根据划分好的土层，确定典型部位（一般是各层的中部）而后自下而上用竹、木刀或剖面刀逐层采集土壤样品。D. 在土层较薄的土壤剖面上，土壤样品不应少于 2 个。E. 土壤样品每件重 5kg（或按风干后土壤样品 3kg 以上来计算湿土样重量），可根据需要适当多采。土壤样品按样品分析要求分别分装和保存。

（4）分层样

主要用于重点区域土壤监测和污染事故土壤监测，采样的层数和深度根据污染类型和具体污染情况确定。采样自下而上采集不同深度土壤（如 0～20cm、20～40cm、40～60cm），每层按梅花法采集中部位置土壤，等重量混匀后用四分法弃取，保留相当于风干土 3kg 的土样。土壤样品按样品分析要求分装和保存。

值得说明的是，采集生物样品时，所有工具、塑料袋或其他物品要事先灭菌或用采取的土壤擦拭；由于土壤脱离原状土后其微生物特性容易变化，采样应该快速，样品保存在低温条件下，如放入冰盒；如果要测定微生物特性，应尽快完成；如果短期内不能完成测定，可先前处理，如提取后冷藏。

（三）样品标识

1. 样品编号

所有土壤样品均需要有唯一标识。样品编号应考虑采样时间、采样地点、样品种类和采样深度等信息。

2. 样品标签

采样标签应标注样品编号、采样地点、经纬度、采样深度、土壤类型、土地利用类型、监测项目、监测机构、采样人员和采样日期等信息。采样时，在聚乙烯袋与布袋之间装上标签，布袋外系上标签。若使用纸质样品标签，应将标签装入小自封袋中再装入袋中，避免因湿气导致字迹模糊。也可考虑采用塑料标签，用黑色记号笔书写，统一印制带有条形码的不干胶标签。

（四）采样记录及信息

1. 采样记录

（1）土壤样品采集现场记录表

现场采样记录是反映采样点周边自然环境概况及采样情况的重要信息，具体包括采样地点、采样时间、样品编号、采样深度、样品重量、经纬度信息、海拔高度、地理信息定位仪型号、土地利用类型、作物类型、灌溉水类型、地形地貌、土壤类型、土壤质地、土壤颜色、土壤湿度、采样点周边信息、采样点照片编号、采样器具和采样人员等。

（2）土壤剖面形态现场记录表

土壤剖面形态记录表是土壤样品采集现场记录表的重要补充，是记录土壤剖面发生层次形态及特征的重要记录，具体包括剖面图、发生层次深度、采样位置、颜色、质地、结构、松紧度、孔隙度、植物根系、湿润度、腐殖质、pH、碳酸盐反应、新生体及侵入体描述等。

2. 采样照片

在样品采集的同时，须拍摄采样照片。照片要求反映采样区土壤的基本特征，如土壤类型、土地利用类型和地形地貌；要求拍摄9张照片，其中点位近景照片一张，点位的正北（N）、东北（NE）、正东（E）、东南（SE）、正南（S）、西南（SW）、正西（W）、西北（NW）方向水平远景照片各一张，最好按照顺时针方向依次拍摄，有利于后期查阅照片，确定准确方向；采样结束后，将电子照片导出，根据照片前期记录制作点位八方位图，并标明点位编号及方向，存档备查。

3. 采样航迹

利用地理信息定位仪航迹功能，采样全过程记录航迹。在采样开始前，须检查设备电池，保证电量充足；采样期间不得关机，随时保持航迹自动输入状态；每到达一个采样点，待设备接收信号稳定后读数并在现场记录表中做相应经纬度记录，然后存入内存；采样结束后，将存储的采样点信息（样点编号、日期和时间）和航迹传入计算机；采样点经纬度和航迹信息由专人管理，任何人不得私自调用和修改，采样点和航迹原始数据刻录光盘保存归档；依据地形图和航迹图进行质量管理，每个采样点和航迹图叠加，形成航迹监控图，每一个采样点均应分布在航迹线上。

(五) 样品运输交接

1. 样品信息核对

采样小组在采样工作结束时应对采样结果进行自我检查，自检内容包括样点位置、样品重量、样品标签、样品防沾污措施、记录完整性和准确性，填写"土壤样品采集自检登记表"。如有缺项、漏项和错误处，应及时补齐和修正，核对无误后分类装箱。其中，采样记录信息表和样品标签填写应规范完整，一律使用蓝黑钢笔或签字笔，字迹清晰、不得随意涂改。注意检查样品标签粘贴是否牢固，若不牢固可用宽透明胶绕一圈加固，以防标签脱落；检查点位照片编号与实际拍摄方向记录是否一致，点位八方照片在采样结束后可专门制作，每个点位八方照片最好单独存档，便于后期与点位关联。

2. 样品运输

严防运输过程中破损、混淆或沾污，对光敏感的样品应有避光外包装，样品应及时运送至实验室，并采取有效措施。测定挥发性、半挥发性和持久性有机污染物项目的土壤样品应低温暗处冷藏（低于4℃）。为防止样品瓶在运输过程中瓶口松动，应用封口膜缠绕瓶口，并起到密封和防止交叉污染的作用。运输空白样品应与样品同时采集、同时运输至实验室，可以对样品处理、装填和运输等过程中的潜在污染做进一步的检查。样品运输出发前和到达实验室后，均应在现场清点样品箱号和样品数量等，检查样品保存方式是否正确，是否采取了防沾污、防破损等措施，填写土壤样品运输记录表。

3. 样品交接

从样品采集到分析测试，其间会发生多次样品交接，如采样人与运输人、运输人与实验室样品管理员、样品管理员与负责样品风干的人员等，每次交接时，双方人员均应清点核实样品，核对样品数量、标签、重量、保存温度、采样清单或送样单，并在样品交接记录上签字确认。样品交接记录一式四份，由采样人员填写并保存一份，样品管理员保存一份，交分析人员两份，其中一份存留，另一份随数据存档。对编号不清、重量不足、盛样容器破损、受沾污的样品，接收方应拒绝接收，必要时须确定是否重新采样。

三、样品制备与保存

(一) 样品类型

1. 新鲜样品

挥发性和半挥发性有机污染物、氰化物和挥发酚等组分易分解或挥发，需用新鲜样品进行分析，测定土壤样品水分也需要新鲜样品。

2. 风干样品

土壤 pH、阳离子交换量、有机质、重金属全量及有效态和农药等组分的化学性质比较稳定，不会在风干过程中发生明显变化和损失，可以使用风干样品进行分析测试。

(二) 样品制备条件

1. 风干室要求条件

风干室应设在通风、整洁、无扬尘和无易挥发化学物质 (如酸蒸气和氨气等) 的房间，面积应满足工作量的需求，不应小于10m²；晾样架上下隔层之间的距离应不低于30cm；严防阳光直射样品。

2. 制样室要求条件

制样室应设在通风、整洁、无扬尘和无易挥发化学物质 (如酸蒸气和氨气等) 的房间，并配备通风柜；多样品同时加工的制样室，应有防止交叉污染的有效隔离措施；应安装除尘装置，大型制样室还应有集尘装置；最好配有自动混样设备和分装设备。

3. 制样工具与容器

风干样品用搪瓷盘 (或木盘)、风干台架或土壤样品风干箱和牛皮纸。磨样用玛瑙研磨机 (或不含重金属的化验制样机等)、玛瑙研钵、白色瓷研钵、木滚、木棒、木锤、有机玻璃棒、有机玻璃板、硬质木板和无色聚乙烯膜（60cm×60cm）等。过筛必须采用塑料边框和尼龙材质筛网的土壤分样筛。样品分装用具塞磨口玻璃瓶、具盖无色聚乙烯塑料瓶，无色聚乙烯塑料袋或特制牛皮纸袋；分样用分样板、分样铲 (或分样器)、角勺、毛刷、毛巾、托盘天平或电子天平等其他辅助工具。为方便制样器具清扫和提高工作效率，建议在磨样室配置空压机和烘箱等。

(三) 样品制备方法

1. 新鲜样品

为了能真实反映土壤在自然状态下的某些理化性状，采集新鲜样品后要及时送回实验室分析，分析前用玻璃或瓷研钵棒将样品迅速弄碎、混匀或多点取样称量，对含水量较高的泥状土样可迅速搅匀后称样。称样时应注意避免称取土壤以外的侵入体和新生体。新鲜样品若不能及时进行测定，必须密封冷藏或速冻保存。

2. 风干样品

(1) 样品风干

采集回来的土壤样品必须尽快风干，在风干室将湿样倒在铺垫有牛皮纸（或塑料布）的搪瓷盘（或干净木盘）里，摊成 2cm 的薄层放置在晾土架（台）上通风阴干，搪瓷盘之间应有 10cm 左右的间距，避免翻拌样品时造成交叉污染；干燥过程也可以在低于 40℃ 且空气流通的条件下（如土壤干燥箱内）进行；应间断地将土样压碎、小心翻拌；对于黏性土壤，在土样半干时，须将大块土捏碎或用竹铲切碎，以免完全风干后结成硬块，难以磨细。

(2) 样品粗磨

在磨样室将风干样倒在有机玻璃或木板上用锤、滚、棒小心压碎，用带有筛底和筛盖的 2mm 筛孔的筛子（8~10目）过筛。拣出 2mm 以上的砾石、植物残体、虫体及结核等非土壤杂物，应将其挑拣于器皿内并称重，同时称量剩余土壤样品的重量，计算出杂质的百分率，并做好记录。细小已断的植物根系，可以在土壤样品磨细前利用静电或微风吹的办法清除干净。大于 2mm 的土团须继续研磨，直至所有土壤样品全部过筛；将全部经粗磨过筛后的样品置于无色聚乙烯膜上充分混匀。混匀可采用三种方式：① 堆锥法，将土样均匀地从顶端倾倒，堆成一个圆锥体，再交互地从土样堆两边对角贴底逐锹铲起堆成另一个圆锥，每锹铲起的土样不应过多，并分 2~3 次撒落在新锥顶端，使之均匀地落在新锥四周；② 提拉法，轮换提取方形塑料膜的对角一上一下提拉；③ 翻拌法，用铲子对角翻拌。如此反复多次，直至样品均匀为止。

如果样品量较大，可采用堆锥四分法缩分，即把已破碎、过 2mm 筛且混匀的土样用平板铲铲起堆成圆锥体，如此反复堆 3 次，再由土样堆顶端，从中心向周围均匀地将土样摊平成厚薄一致的圆形扁平体。将分样板或分样器放在扁平体的正中，向下压至底部，土样被分成四个相等的扇形体。将相对的两个扇形体弃去，重复操作数次，直至缩分至规定重量为止。粗磨样可直接测定土壤水分、机械组成、pH、阳离子交换量、可交换酸度、石油类、元素有效态含量和土壤速测养分等项目。

(3) 样品细磨

经过精磨的样品，混匀分装后，逐渐细磨并分别过 0.25mm（60目）和 0.15mm（100目）筛。如果分析项目方法要求特定粒径，或因称样量少要求样品的细度增加，以降低称样误差，应进一步过孔径更小的筛子。过 0.25mm（60目）筛的样品用于农药、有机质、全氮、可溶性硫酸盐和碱解氮等项目分析；过 0.15mm（100目）筛的样品用于土壤元素全量分析。

（4）样品分装

过筛后的样品充分混匀后方可装入具磨塞的广口瓶、塑料瓶或牛皮纸袋，其中永久保存的样品（如国家样品库样品和省级样品库样品）应采用棕色磨口玻璃瓶装样，并用熔化的石蜡密封。用于测试或继续细磨或临时保存的样品可以用样品瓶或样品袋装好，最好能封装，如瓶口用封口膜封装，塑料袋最好有自封口。样品容器内及容器外各具标签一张。写明编号、采样地点、土壤类型、采样深度、样品粒径、采样日期、采样人、制样人和制样时间等信息。

（四）样品保存

样品按照样品名称、编号和粒径分类保存。样品保存分为实验室样品保存和样品库保存。

1.实验室样品保存

实验室样品主要包括新鲜样品、预留样品和分析取用后的样品三种。保存于实验室样品贮存室，一般保存半年至一年，以备必要时核查之用。

（1）新鲜样品保存

对于易分解或易挥发等不稳定组分的样品应低温保存运输，在实验室内4℃以下避光保存，必要时冷冻保存。避免用含有待测组分或对测试有干扰的材料制成的容器盛装保存样品。

（2）风干样品保存

风干样品制备前须存放在阴凉、避光、通风、无污染处；金属项目样品除了汞最长能保存28天外，其余金属项目样品原则上可在室温下保存180天。

（3）预留样品和分析取用后样品保存

预留样品一般保存两年。分析取用后的剩余样品，待测定数据报出后，移交至实验室样品贮存室保存，一般保留半年。

2.样品库样品保存

样品库是长期存放土壤样品的场所。在保存样品时，应注意避免日光、高温、潮湿和腐蚀性气体等影响。

（1）样品库建设要求

样品库严防阳光直射土样，整洁，无尘，保持干燥、通风、防潮、防火、无阳光直射、无污染（无易挥发性化学物质）；防止霉变，虫、鼠害及标签脱落，要定期清理样品。样品入库、领用和清理均需记录。

土壤样品库的建设和管理以安全、准确、便捷为基本原则。安全包括样品性质安全、样品信息安全，以及样品库运行安全；准确包括样品信息准确、样品存取位置准确、技术支持（人为操作）准确；便捷包括工作流程便捷、系统操作便捷和信息交流便捷。

（2）样品库样品保存要求

① 土壤样品保存标签应包含样品编号、采样地点、经纬度、采样深度、土壤类型、土地利用类型、测试项目、土壤粒径、监测机构、合同编号、采样人员、采样日期、制样人员和制样日期等信息。

② 样品标签根据土地利用类型采用不同颜色，耕地为褐色，林地、草地为绿色，未利用地为黄色。

③ 样品保存标签一式两份，一张贴在瓶上，瓶内放置一张塑料标签。

④ 样品保存瓶用石蜡封口。

（3）土壤样品库管理

① 土壤样品出入库时，须由土壤样品管理人员与送、取样人员严格办理交接手续。清点样品数量，检查样品重量和样品相关信息，并分别在土壤样品交接单和出入库登记表上签字，建立样品档案。

② 定期整理样品，定期检查样品库室内环境，防止霉变，虫、鼠害和标签脱落，并建立严格的管理制度。

③ 当发现土壤样品损坏或遗失时，要及时处理。

3. 其他

应注意对高危土壤样品的安全防护：污染事故的土壤样品，要根据污染物性质采取相应防护措施，避免与人体直接接触；高污染土壤样品或污染特性不明确的样品，须针对其可能引致的安全问题采取必要的防护措施。

（五）样品制备和保存记录

1. 样品制备记录

样品制备完成后，须填写样品制备记录表，包括样品编号、粒径、风干方式、研磨方式、重量、样品分装和制样人等信息。

2. 样品制备质量控制

（1）制样损耗率检查

依据样品制备原始记录中粗磨或细磨前后的样品质量，分别计算损耗率。粗磨阶段损耗率应 ≤ 3%，细磨阶段应 ≤ 7%。

（2）样品过筛率检查

应在样品制备完成后，随机抽取任一样品的 10%，按照规定的网目过筛。过筛率达到 95% 为合格。过筛后的样品原则上不得再次放回样品瓶 / 袋中。

（3）样品均匀性检查

在样品混匀后、分装前，将充分混匀的土壤样品依次进行堆锥、平铺和对角线式取样，取出 5 个样品测试相关理化指标，依据测定结果的平行性以检查样品的均匀性。

3. 样品制备流转单

样品制备完成后，制样人员须与实验室样品管理员交接样品，填写样品制备流转单，包括样品编号、样品重量、粒径及数量、监测项目、制备人、领用人和领用时间等信息。

4. 样品入库和领用记录

样品入库和领用均须严格办理记录手续。土壤样品入库记录包括样品编号、采样地点、粒径、样品量、移交人、样品库管理员和交接时间等信息；土壤样品领用记录包括样品编号、采样地点、粒径、领用人、领用量、样品剩余量、样品库管理员和领用时间等信息。

第二节　实验室分析质量控制

一、监测数据的质量指标

监测数据是监测活动的产品，监测数据质量的定量评价指标主要包括准确度、精密度和灵敏度。

（一）准确度

1. 绝对误差和相对误差

绝对误差是单一测量值或多次测量值的均值与真值之差，测量值大于真值时，误差为正，反之为负。

相对误差为绝对误差与真值的比值，通常以百分数表示。

2. 加标回收率

在样品中加入已知量的待测成分（或替代物），按照相同的分析步骤，同时测定加标试样和原试样，加标试样与原试样测定结果的差值与加入量的理论值之比即为加标回收率，以百分数表示。

(二) 精密度

1. 绝对偏差和相对偏差

绝对偏差为单一测量值 (X_i) 与多次测量值的均值 ($\overline{X}$) 之差。

相对偏差为绝对偏差与多次测量值均值的比值, 通常以百分数表示。平行双样的精密度以相对偏差表示。

2. 平均偏差和相对平均偏差

平均偏差为单一测量值的绝对偏差的绝对值之和的平均值。

相对平均偏差为平均偏差与多次测量值均值的比值, 通常以百分数表示。

3. 标准偏差和相对标准偏差

平行测定精密度是在相同条件下 (同一实验室、相同分析人员、相同的仪器设备), 用同一分析方法, 在同一时间内, 对同一样品多次重复测定, 用标准偏差 (S) 或相对标准偏差 (RSD) 表示。

对某一水平浓度的样品在第 i 个实验室内进行 n 次平行测定, 实验室内平均值 (X)、实验室内标准偏差 (S_i) 和实验室内相对标准偏差 (RSD_i) 计算公式为:

$$\overline{X_i} = \frac{\sum\limits_{k=1}^{n} X_k}{n} \tag{6-4}$$

$$S_i = \sqrt{\frac{\sum\limits_{k=1}^{n}\left(X_k - \overline{X}\right)^2}{n-1}} \tag{6-5}$$

$$RSD_i = \frac{S_i}{\overline{X_i}} \times 100\% \tag{6-6}$$

4. 重复性限 r 和再现性限 R

对某一水平浓度的样品进行 l 个实验室的验证, 每个实验室平行测定 n 次, 重复性限标准差 (S_r)、实验室间标准偏差 (S_L) 和再现性限标准差 (S_R) 有如下关系:

$$S_R = \sqrt{S_L^2 + S_r^2} \tag{6-7}$$

重复性限 (r) 和再现性限 (R) 计算公式如下:

$$r = 2.8\sqrt{S_r^2} \tag{6-8}$$

$$R = 2.8\sqrt{S_R^2} \tag{6-9}$$

(三) 方法特性指标

1. 灵敏度

灵敏度是指某方法对单位浓度或单位量待测物质变化所致的响应量变化程度，分析方法的灵敏度可用检测仪器的响应值与对应的待测物质的浓度或质量之比来衡量。若回归方程为 $y=ax+b$，y 为待测物质的响应信号，x 为待测物质的质量或浓度，a 为该方法或该仪器的灵敏度，即灵敏度用校准曲线的斜率表示。

2. 方法检出限

方法检出限是指用特定的分析方法在给定的置信度内可从样品中定性检出待测物质的最低浓度和最小量，是一个定性概念。方法检出限的确定方法一般有空白试验中检测出目标物质和空白试验中未检测出目标物质两种情况。

3. 测定下限

测定下限是指能以适当的置信水平定量测定待测物质的最低浓度或最小质量，是一个定量概念。测定下限反映出分析方法能准确地定量测定低浓度水平待测物质的极限值，是痕量或微量分析中定量测定的特征指标。

二、常用数理统计方法及应用

(一) 异常值的判断和处理方法

潜在异常值是一组数据中与其余数据相比明显偏大或偏小的测量值，可能不能代表其所属的总体。潜在异常值可能是数据录入错误、数据编码错误或测量系统问题引起的，也可能是随机波动的极度表现，代表一个分布的真正极值 (例如，污染最重的地点)，并说明总体的变异超过预期。错误地保留真正的异常值或舍弃非异常值都会导致对总体参数估计值的曲解，因此，在分析和审核数据时应重点关注潜在异常值。

统计异常值的检验可以给出概率性的证据，即极端值不"符合"其余数据的分布。这种检验只能用来确定需要进一步调查的数据点，不能用于确定统计异常值是否应该舍弃或保留，应该进行科学的判断或从技术上查找真正的原因。处理异常值一般有五个步骤：①识别极端值可能是潜在异常值；②应用统计方法检验；③按科学方法审查统计异常值并确定它们的分布特征；④按照"有"和"没有"统计异常值两种情况进行数据分析；⑤保留整个过程的记录。

潜在异常值可先通过图形表示法初步判断，识别比其余数据大很多或小很多的数据，如箱须图、茎叶图、排序数据图、正态概率图和时间图等。

异常值的判定一般选择5%或1%置信水平，如果统计量≤5%置信水平临界值，判定为不属于离群值；如果>5%同时又≤1%置信水平临界值，判定该值为偏离值；如果没有明确产生原因不予剔除；如果>1%置信水平临界值，判定该值为离群值，予以剔除。

怀疑某数据是异常值时，可能会作出纠正、舍弃或保留三种决定。对于明显且确定的失误，可以直接决定。舍弃异常数据应慎重，必须有充分的科学理由，因为其中经常包含合理的极值。属于统计异常值的数据，无论是否被舍弃，都需要保留该数据的记录。判断异常值有多种检验法。已知标准差情况下可用 Nair 法。Dixon检验（极差检验）用于在未知标准差的情况下对样本中离群值进行判定，可用于检验小样本（$n \leqslant 30$）的异常值。

Grubbs 检验也用于在未知标准差的情况下对样本中离群值进行判定。Cochran检验用于多组数据方差一致性的检验，即等精度检验；或用于剔除多组数据精密度最差的一组。

(二) 常用测量结果的统计检验

数理统计应用主要包括参数估计、假设检验、回归问题、多重决策和采样设计、预测等方法。本节分只介绍几种常用的统计检验方法。

1. 检验

t 检验适用于样本含量较小，总体标准差未知的正态分布资料，用 t 分布推论差异发生的概率。

多次测量结果平均值与已知值的 t 检验：可以用于标准样品多次测量结果的平均值与标准值的显著性差异检验，也可以用于一组加标回收率是否达到某一水平或一组数据精密度低于某一水平的统计检验。第一种情况为双侧检验，后两种情况为单侧检验。

比较两个独立样本均值的 t 检验：主要用于评价不同分析人员、不同方法或不同仪器测量同一试样结果的均值是否存在显著性差异，也可以评价污染治理区和对照区污染水平是否存在显著性差异等。环境监测大多数情况下总体方差未知，因此只能用样本方差 S_1^2 和 S_2^2 估计总体方差，在此情况下使用独立样本 t 检验。两个独立样本方差有可能一致，也可能不一致，两种情况 t 值及自由度 f 计算不同。

配对 t 检验：来自两个样本的观测值差异不仅是两样本之间，样本内每个个体也存在差异，但两个总体的个体之间具有一一对应关系，即配对总体的观察值是相互关联的。在此情况下，可以使用配对 t 检验进行统计检验。两个样本可以是两种检测方法、两台仪器或两家实验室，样本中的个体应该是不同的样品。例如，为考察样品保存方式是否对测定结果有影响，对几个样品的鲜样和保存样进行测定，每个样品鲜样和保存样结果即为配对数据；为考察两种方法的差异，采用两种方法测定不同样品中的某一组分，两种方法的结果视为配对结果；为考察不同试验条件对测定结果的影响，分析人员在两种条件下测定不同样品中某一组分的结果也为配对结果。t 检验的目的是检验两个配对总体平均值之间的差异。

2. 检验

F 检验又称方差齐性检验，用于比较不同条件（时间、地点、分析方法和分析人员等）下，两组测量数据是否具有相同的精密度。在总体方差未知的情况下，两组数据的总体遵从正态分布，检验两组数据均值的一致性，应首先使用本方法检验两总体方差是否相等。

3. 方差分析

方差分析是一类特定情况下的统计假设检验，是平均数差异检验的一种引申，主要用来判断多组（＞2）数据的差异显著性。方差分析通过数据分析，搞清与数据有关的各因素是否存在影响和影响的程度，经常用于实验室质量控制和实验室协作实验。

方差分析分为单因素方差分析和多因素方差分析。方差分析与 t 检验要求一致，要求各组数据必须符合正态分布，同时各组数据的总体方差相等，尽管总体方差通常未知。

单因素方差分析（单因素多个样本均数的比较）：在环境监测中，常常要比较不同实验室测定结果有无显著性差异，或者不同环境条件（如季节、温度和风速）、不同实验条件对测定结果的影响，单个因素对结果的影响使用单因素方差分析。

双因素方差分析（双因素多个样本均数的比较）：将试验对象按性质相同或相近者组成配伍组，每个配伍组有 3 个或 3 个以上试验对象，然后随机分配到各个处理组。这样，分析数据时将同时考虑两个因素的影响，试验效率较高。分析不同实验室使用不同方法测定同一样品的结果之间、不同时间不同区域测定结果之间有无显著性差异都可以用双因素方差分析。例如，某市为了研究不同时间全市不同点位土壤中汞含量的变化，2002 ~ 2005 年在市区选择了 7 个采样点，对土壤中汞含量进行测定；可以通过方差分析判断不同时间、不同地点土壤中汞含量之间有无显著性差异。

（三）测量值的相关性

1. 皮尔逊相关系数

皮尔逊（Pearson's）相关系数用于衡量两个变量之间的线性相关性，是建立在数据变量为定量且服从正态分布的前提下，属于参数统计相关分析方法。线性相关意味着当一个变量增加时，另一个变量也会随之线性增加或减少。相关系数接近 +1

时为正相关，说明一个变量增加，另一个变量也增加。相反，相关系数接近 -1 时为负相关，说明一个变量线性增加，而另一个变量线性减小。相关值接近于 0，说明两个变量之间没有线性关系。当数据真正相互独立时，两组数据之间的相关系数为 0；但相关系数为 0，并不能说明数据值是相互独立的。例如，已知在一个受污染的场地采集的 4 个土壤样品中，砷浓度分别为 8.0μg/kg、6.0μg/kg、2.0μg/kg 和 1.0μg/kg，铅浓度分别为 8.0μg/kg、7.0μg/kg、7.0μg/kg 和 6.0μg/kg，在显著性水平 α =0.05 条件下，经过皮尔逊相关系数检验，判断出土壤中的砷浓度与铅浓度不相关。

2.秩相关及其检验方法

斯皮尔曼（Spearman）秩相关是皮尔逊相关系数的代替方法，根据等级资料研究两个变量间相关关系的方法，利用两变量的秩次大小作线性相关分析，对原始变量的分布不作要求，属于非参数统计方法，适用于等级变量或者等级变量不满足正态分布的情况，适用范围更广。对于服从皮尔逊相关系数的数据也可计算斯皮尔曼相关系数，但统计效能要低一些，但无论两个变量的总体分布形态、样本容量大小如何，都可以用斯皮尔曼等级相关来进行研究。

因为意义明显的数据转换（单调递增）并没有改变各个变量的秩 [例如，log（X）的秩与 X 的秩是相同的]，因此，斯皮尔曼秩相关系数也不会由于 X_s 或 Y_s 的非线性递增转换而有所改变。

三、实验室分析的质量控制

（一）方法检出限和测定下限

分析实际样品前，应验证本实验室的检出限和测定下限能否满足方法要求。如果实验室测得的检出限等于或略低于方法规定检出限时，则依据方法规定的检出限；如果实验室测得的检出限明显低于方法规定检出限，则检出限可根据实际测定值而定；如果未达到方法规定检出限，则须查找原因，也可增加取样量或减小浓缩最终体积，至检出限等于或略低于方法规定检出限。但是，增加取样量或减小浓缩最终体积可能影响空白或回收率，需要进行方法确认，并建立标准操作规程，同时在原始记录中注明。

（二）空白试验

1.空白试验种类

（1）试剂空白

试剂空白是指除去实验用水和实验器具，由试剂引入的空白值。如土壤消解时使用的盐酸、硝酸、高氯酸和氢氟酸等，用于样品提取的二氯甲烷和正己烷等有机溶剂。在试剂使用前，需要进行空白检查。

（2）仪器空白

仪器空白是指在仪器测定样品前，用纯溶剂测定的仪器响应值，用于仪器空白检查。

（3）实验室空白

实验室空白是整个实验室分析系统的空白响应值，用不含待测物质的样品与实际样品相同的操作步骤进行试验。一般有机物分析中用等量的空白石英砂代替土壤样品进行前处理和分析，也可将土壤样品经过提取、高温灼烧等方式去除目标化合物后作为空白样品；金属分析中用去离子水代替样品进行消解和分析。

每批试剂在使用前均应检查试剂空白，样品分析前均应测定仪器空白，每批样品均应分析实验室空白。一旦实验室空白结果出现异常，就必须对仪器空白和试剂空白进行检查。

2. 空白的质量控制要求

分析每批样品的同时均应分析实验室空白值，一般有机物至少分析 1 个实验室空白值，大多数无机物要求分析至少 2 个实验室空白值。

土壤实验室空白值一般要求小于方法检出限，也可与以往积累数据比较，确定空白值是否可以接受。有机物实验室空白值一般有以下控制原则：

第一，空白值中目标化合物浓度应小于下列条件的最大值：① 方法检出限；② 相关标准限值的 5%；③ 样品分析结果的 5%。

第二，土壤空白试验的平行双样结果应控制在一定波动范围内，一般要求其相对偏差不大于 50%。

3. 降低空白的方法

① 保证实验用水和试剂纯度，并正确保存。

市售试剂纯度名目繁多，如"超级纯""优级纯""分析纯""色谱纯""光谱纯""农残级"等，不同纯度的试剂使用目的不同，应正确选择试剂纯度，必要时进一步提纯试剂，确保试剂空白值满足要求。

② 实验器具的正确选择、洗涤和保存。

根据实验分析的具体要求，选择化学稳定性和热稳定性好、纯度高的实验器皿材质。例如，测定微量金属元素的器具材质，聚氟乙烯好于聚乙烯，聚乙烯好于石英，硼硅玻璃较差。根据分析项目确定洗涤和冲洗方式。洗涤后的器皿正确保存，防止受到沾污，必要时临用前洗涤或在超净环境中晾干保存。

③ 试剂使用量和使用方法严格依照规定执行，实验室内通风设施完备，防止环

境污染带来交叉污染，必要时在超净室或超净工作台进行操作。

④ 仪器设备按照要求定期进行检定 / 校准和维护，避免系统残留，保证仪器处于良好状态。

⑤ 避免人为增加实验空白值。

（三）校准曲线（标准曲线、工作曲线）

1. 校准曲线的绘制要求

如果标准方法中提出了校准曲线的绘制要求，则按照标准规定执行。如果没有提出要求，可参照下列要求执行：

① 一般要求校准曲线至少包括 5 个浓度水平，曲线最低点一般在测定下限附近，校准曲线绘制之后使用标准物质 / 标准样品进行检查，测定值必须在保证值控制范围内，否则视为曲线无效，需要重新绘制。

② 校准曲线只能在其线性范围内使用，不得随意外延。

③ 校准曲线不得长期使用，更不得借用。校准曲线受实验条件和环境条件变化影响，尽可能与样品分析同步绘制校准曲线。相对稳定的校准曲线，要在分析样品的同时进行曲线检查。一旦试剂、量器或仪器灵敏度发生变化或曲线检查不合格，则必须重新绘制。

④ 校准曲线通常采用最小二乘法拟合直线方程（$y=a+bx$），也可以采用平均响应因子进行计算，例如，气相色谱质谱（GC-MS）测定有机物通常采用平均相对响应因子。特殊情况下，也可以采用最小二乘法拟合的二次曲线方程（$y=a+bx+cx^2$）进行计算，三次以上拟合曲线一般不推荐使用，例如，电感耦合等离子体发射光谱（ICP-OES）测定碱金属元素、电感耦合等离子体质谱（ICP-MS）测定某些金属元素和采用 GC-MS 测定某些有机物。采用二次拟合曲线时，要求至少使用 6 水平校准系列，采用三次拟合曲线要求至少使用 7 水平标准系列，而且非线性拟合不能强制曲线通过原点。

⑤ 无论是使用线性还是非线性回归方程，一般要求 $r \geqslant 0.999$；但使用 ICP-OES 或 ICP-MS 测定金属元素时，要求 $r \geqslant 0.998$；使用原子吸收测定金属元素时，要求 $r \geqslant 0.995$；采用气相色谱法（GC）、高效液相色谱法（HPLC）或 GC-MS 时，要求 $r \geqslant 0.99$。利用平均响应因子计算结果时，各水平响应因子的相对标准偏差 $\leqslant 20\%$。校准曲线最低点响应值带入校准曲线的目标物计算结果，应该是实际值的 70% ~ 130%。

⑥ 利用 GC-MS 进行样品分析时，尽可能采用内标法定量。内标的加入体积应足够小，不能导致样品的体积发生明显变化，如 1mL 样品中加入 10μL 内标。控制

内标的加入量，其响应值和校准化合物的响应值相差不超过 100 倍。

2. 校准曲线参数检验

(1) 线性检验

检验校准曲线的精密度。以 4～6 个浓度水平获得的测量信号值绘制的校准曲线，一般要求其相关系数 $|r| \geqslant 0.999$，否则应找出原因并加以纠正，重新绘制合格的校准曲线；对于石墨炉原子吸收法，可适当放宽至 $|r| \geqslant 0.995$；对于同时测定多组分的方法，可允许个别组分 $|r| \geqslant 0.99$。

(2) 截距检验

检验校准曲线的准确度，在线性合格的基础上，对其线性回归，得出回归方程 $y=a+bx$，然后将截距 a 与 0 作 t 检验，取 95% 置信水平，经检验无显著性差异时回归方程方可使用。当 a 与 0 有显著性差异时，表示校准曲线的回归方程计算结果准确度不高，应找出原因予以校正后，重新绘制校准曲线，并经线性检验合格后使用。

回归方程如不经上述检验直接使用，将给测定结果引入系统误差。

(3) 斜率检验

检验分析方法的灵敏度。方法灵敏度随实验条件变化而改变；在完全相同的分析条件下，仅由于操作中的随机误差导致的斜率变化不应超出一定允许范围，此范围因分析方法的精度不同而异。例如，一般而言，分子吸收分光光度法要求其相对差值（测定值与期望值之差除以期望值）小于 5%，而原子吸收分光光度法则要求其相对差值小于 10% 等。

(4) 两条回归直线的比较

比较不同时间或不同实验室测得的两条校准曲线有无显著性差异，可通过检验其剩余标准差 S_E、回归系数 b 及截距 a 进行判断，即 $S_{E1}=S_{E2}$，$b_1=b_2$，$a_1=a_2$。

3. 校准曲线的检查

校准曲线绘制与样品分析同时进行，否则对测定曲线中间点浓度进行曲线检查（部分方法规定检查低浓度和高浓度点），如果分析方法未做规定，测定结果与该浓度理论值相差不得大于 10%；如果检查曲线最低点，相差一般不得超过 30%；否则重新绘制曲线。

使用 GC、HPLC 和 GC-MS 等色谱方法进行有机物分析时，要求在样品分析前或每分析 12h（部分方法要求 24h）测定目标物校准曲线中间浓度的标准溶液，测定值与期望值相差不超过 20%，或者中间浓度点的响应因子与曲线的平均响应因子相差不超过 20%。部分方法要求校准曲线中间浓度测定值与期望值相差不超过 15%～30%。使用混合物标样做校准曲线校准时，单次测定不得有 10% 以上的目标物超差。

（四）加标试验

加标试验是检测测定结果准确性的一种方法，尤其在缺少与样品相同基质的质控样品时，用加标试验进行方法准确度的质量控制。

1.加标回收率的类型

（1）空白加标

空白样品中加入已知量的待测组分，然后再制备和分析样品。一般无机物分析以去离子水代替空白样品，有机物分析以石英砂代替空白样品。

（2）基质加标

分取样品前，加入已知量的待测组分，然后再进行样品前处理和分析。

（3）替代物加标

在样品处理前加入一定量与待测组分性质相近的化合物，通过测定其回收率了解样品中待测组分在前处理和分析过程中的损失情况。

2.加标回收率的质量控制指标

（1）加标量的要求

空白样品的加标量一般根据方法的测定范围确定，加标三水平包括高（测定上限90%左右）、中（测量中间水平）、低（测定下限附近），加标二水平包括高、低水平。

实际样品加标量根据土壤样品中目标化合物的含量确定，含量高的样品加入目标化合物含量的0.5～1.0倍，但加标被测组分的含量不能超过方法测定上限，含量低的样品加入2～3倍。加标的溶液浓度要高，加标体积要小，加标后不影响原样品的状态。

（2）无机元素分析的加标要求

无机元素加标试验可以直接加入少量高浓度土壤标准样品或加入少量液标，前者反映了包括晶格内重金属消解效率在内的全过程准确度，后者只是反映消解过程的回收率情况，无法了解晶格内重金属是否消解完全。

加标试验具体做法是随机抽取一批试样中10%的试样，样品数量不足10个时，加标试样不应少于1个，考察土样加标测定值是否在控制区间，如不在，该批样品分析无效，重新测定。

（3）有机物分析的加标要求

有机污染物分析加标回收实验的具体要求可参考如下规定：每批样品（最多20个）做一次基质加标，替代物和目标物加标回收率一般应在70%～130%（相对易挥发的组分回收率可以规定50%或更低），否则重新分析。如果重复分析仍不合格，说明存在基体效应（两次加标回收率的相对标准偏差不超过25%），应分析空白加标样品。如果空白加标回收率合格，说明确实存在基质效应，对该样品的结果进行标注。

(五)土壤样品分析中关键环节的控制

1.选择合适粒度的土壤样品

在样品风干、研磨过程中，多数挥发性、半挥发性和农药类有机物会损失，因此，一般情况下测定易分解、易挥发等不稳定有机组分采用新鲜土壤样品，测定持久性有机物时可以考虑使用风干样品；测定土壤 pH、阳离子交换量、速效养分含量和元素有效性含量分析采用 20 目干燥样品；测定土壤有机质和全氮量等采用 60 目干燥样品；土壤元素分析采用 100 目干燥样品，X 射线荧光光谱法测定土壤无机元素则需要 200 目干燥样品。

2.土壤消解

(1)土壤酸消解法

① 土壤酸消解常用试剂

土壤酸消解常用试剂包括各种无机酸，如盐酸（HCl）、硝酸（HNO_3）、氢氟酸（HF）、高氯酸（$HClO_4$）、硫酸（H_2SO_4）和磷酸（H_3PO_4）等，过氧化氢以及其他试剂。氢氟酸是唯一能够分解二氧化硅和硅酸盐的酸。高氯酸能彻底分解有机物，但高氯酸直接与有机物接触会发生爆炸，通常与硝酸组合使用，或先加入硝酸反应一段时间后再加入高氯酸。土壤酸消解采用两种、三种或四种混酸体系，包括 $HCl+HNO_3+HF+HClO_4$、$HNO_3+HF+HClO_4$、$HCl+HNO_3+HF+H_2SO_4$、王水 $+HClO_4+HF$ 等。土壤全消解时，消解液应该是白色或淡黄色（含铁量较高的土壤），不存在明显的沉淀物。

② 土壤消解器皿及其处理方法

A.玻璃器皿：能被氢氟酸、热磷酸和强碱侵蚀。使用前需用酸洗液清洗，因其表面能吸附少量铬，测定铬元素时不采用铬酸洗液。

B.镍坩埚：镍在空气中灼烧易被氧化，不能用于灼烧称量沉淀。具有良好的抗碱性能，主要用于碱解熔融土壤样品，熔融温度不得超过 700℃。新坩埚使用前在 700℃灼烧数分钟，以后每次使用前用水煮沸洗涤，必要时加入少许盐酸煮片刻，再用蒸馏水洗净烘干。

C.铂坩埚：化学性质稳定，大多数试剂对其无腐蚀作用，耐氢氟酸，也可用于碱熔，以及镍坩埚不能使用的酸性熔剂焦硫酸钾。注意使用前后称量重量，严格遵守使用规定。

D.聚四氟乙烯器皿：对所有无机试剂和有机试剂具有较好的惰性，最好在 250℃以下使用，使用前用酸洗液浸泡。

③ 消解的注意事项

A. 消解过程所用试剂的纯度必须能满足分析方法的要求。使用的试剂不得与容器发生反应或引入待测元素，如含氢氟酸消解体系不得使用玻璃容器。

B. 选用的消解体系和消解方法能有效分解试样，不得使待测组分因产生挥发性物质或沉淀而造成损失。

C. 含有机质较多的土壤样品，要在有机质分解后再进行高压密封消解或微波消解。

D. 消解温度要严格控制，消解过程应平稳，升温不宜过猛，避免反应过于激烈使样品溅失或成团，造成消解困难。硝酸溶样时容易迸溅，使用时温度不宜过高。

E. 高氯酸大多数在常压下预处理时使用，较少用于密闭消解（包括微波消解），不得直接向含有有机物的热溶液中加入高氯酸。

F. 加酸的时机要合适。例如，混酸体系中含有硝酸时，注意高氯酸加入不宜过早，避免硝酸和高氯酸反应降低消解效果。加入氢氟酸飞硅时，要在土壤晶格大部分被破坏之后，再加入高氯酸等高沸点酸，过早加入会导致飞硅效果欠佳。

G. 控制加酸量，有机质含量较高的土壤样品消解时适当多加些高氯酸，硅化类土壤样品适量多加氢氟酸，消解后坩埚内壁有黑色物，适当补加高氯酸；消解后如果呈白灰渣样乳白液，说明含盐量较高，适当补加盐酸或硝酸。

H. 赶酸要完全，高氯酸和硫酸如果不能赶酸完全，将影响 Ni、Cr、Pb 和 Mn 的测定。最终观察到白色烟雾减少，杯内溶液为透明、可流动的膏状物意味着赶酸完全。

④ 消解的误差来源及控制

消解误差来源主要是消解不完全、消解空白过高、消解温度控制不准确、消解体系选择不正确，以及基质干扰。控制方法：A. 测定相同土质的土壤标准样品；B. 绘制工作曲线；C. 进行基质加标实验；D. 进行空白试验，检查器皿和试剂的空白；E. 根据要求选择合适的消解体系和消解方法。

（2）土壤熔融分解法

① 土壤熔融分解常用试剂

熔融分解法是将土壤样品和熔剂在坩埚中混合均匀，在 500 ~ 900℃的高温下进行熔融分解。熔融法能够彻底破坏土壤晶格，而且不产生酸气，但须加入大量熔剂（一般为试样量的 6 ~ 12 倍），引入熔剂本身的离子和其中的杂质，测定微量元素时空白很高，采用熔融法进行元素分析时必须考虑空白影响。最常用的熔剂为氢氧化钠、过氧化钠、碳酸钠、过硫酸钾、偏硼酸锂等。碳酸钠可在 920 ~ 950℃下破坏铝硅酸盐、熔解二氧化硅，通常用于测定土壤中铁、铝、锰、钛、钾、钠、钙、镁和磷等元素；氢氧化钠或氢氧化钾熔融可在 600~700℃下进行，通常用于测定钨、钼、磷、氟、硼和二氧化硅；过氧化钠熔融可用于稀土元素测定；过硫酸钾可用于熔解氧化铝等碱性氧化物，偏硼酸锂或四硼酸锂可熔融硅酸盐，可用于硅酸盐、钾和钠等分析。

②土壤熔融分解法注意事项

有机质含量较高的土壤样品，先在 500~600℃的马弗炉中预灰化处理，再进行碱熔分解，同时这类样品不宜使用铂坩埚；根据熔融温度选择合适材质的坩埚，在分解完全的情况下，遵循最大样品量和较小熔剂量原则；空白测定的熔剂量与样品保持一致。

（3）消解方法的选择

土壤酸溶法通常采用混酸体系，不同的混酸体系对测定结果有影响，土壤中金属全量分析必须使用含有氢氟酸的混酸。

碱熔法分解土壤样品能力强，速度快，但熔融后盐浓度高，易堵塞喷雾器或燃烧器。

另外，敞口消解会造成挥发性元素（如 As、Hg、Pb 和 Se）损失，As、Hg 和 Se 通常采用恒温水浴消解、高压密封消解或微波消解。

3. 土壤样品浸提

土壤元素有效态和痕量金属的形态分析都是通过选择合适的提取剂提取土壤中元素。土壤元素有效态用于评价土壤实际污染状况对植物的危害；痕量金属包括多种形态，可交换态、碳酸盐结合态、铁-锰氧化物结合态、有机态和残余态。常用的提取剂包括水、稀酸或碱溶液（如稀盐酸、碳酸氢钠）、络合剂（如 EDTA、DTPA）、中性盐溶液（如氯化钾、硝酸钠、氯化钙）等。浸提剂种类、水土比例、振荡时间、振荡强度、浸提温度等都是影响土壤样品浸提的关键控制因素，进行土壤样品浸提时需要严格遵照方法规定的条件进行才能获得具有可比性的结果。

4. 土壤有机物的提取与净化

（1）土壤有机物提取方法的选择

土壤样品中有机物的提取方法主要包括经典索氏提取法、自动索氏提取法、加压溶剂提取法、超声波提取法等。经典索氏提取法提取效率高，但时间长，提取溶剂消耗量大；自动索氏提取法大大压缩了提取时间，只需 2~3h 即可达到经典索氏提取效果；加压溶剂提取法在一定压力下只需较少的时间和溶剂即可有较高的提取效果；超声波提取法提取时间较短，但需要多次提取，消耗溶剂量较大，提取效果也不如上述三种提取方法，而且部分有机磷化合物会在超声波作用下分解。在选择提取方法时，要综合考虑提取效率。

（2）土壤有机物提取的质量控制

① 提取溶剂

土壤样品中含有水分，进行提取前需要加入一定量的无水硫酸钠、硅藻土，搅拌均匀，提取溶剂应包含一定量丙酮，保证土壤中有机物提取完全。选择提取溶剂时须考虑目标化合物的极性，所选溶剂能够将目标化合物提取出来即可，过强的提取溶剂会带来更大干扰。常用的溶剂体系有丙酮/正己烷、二氯甲烷/丙酮等，一般要求提取液浓缩后将溶剂转换为正己烷，方便继续进行净化。

② 提取效率

通过空白加标、基质加标、加入替代物的方法确定目标化合物的提取效率，进行样品分析前必须进行提取效率实验。

（3）干扰及净化

有机物提取过程中，试剂、玻璃仪器等都有可能对样品分析引入杂质干扰测定，通过同时分析实验室空白值确定干扰情况。

① 酞酸酯类是实验室常见的污染物，通过高温烘烤固体试剂、减少塑料制品使用等进行控制。

② 残留的碱性洗涤剂使玻璃容器表面呈碱性，可造成艾氏剂、七氯、大多数有机磷农药分解，需要用热水冲洗玻璃器皿减少残留。

③ 样品提取的共存组分，也会干扰测定，可通过选择不同极性的溶剂减少共存组分的提取，必要时采用硅胶净化，氧化铝、弗罗里硅土、硫黄净化，硫酸/高锰酸钾净化法和凝胶渗透色谱等净化方法去除干扰。硅胶净化、氧化铝、弗罗里硅土属于吸附色谱法原理，利用目标化合物和干扰物极性不同达到分离的目的，可使用商业化固相柱，干扰物较多时采用层析柱；土壤样品提取液中通常包含硫黄，可使用铜粉去除；硫酸/高锰酸钾净化法一般用于测定多氯联苯时提取液的净化，艾试剂、狄氏剂、异狄氏剂、硫丹和硫丹硫酸盐在此过程中会被破坏，同时测定有机氯农药和多氯联苯时需要特别注意；凝胶渗透色谱可以分离样品提取液中沸点高的大分子干扰物。即便是商业化固相柱，不同厂家或不同批次之间也有区别，同时，不同操作人员操作方式不完全相同，任何实验室、任何实验分析人员在样品分析前必须测定净化效率，既保证净化回收率满足要求，也要保证达到净化效果。

第七章　水、废水监测、大气与废气监测

第一节　水和废水监测

一、水质监测方案的制订

(一)地表水监测方案的制订

1.基础资料的调查和收集

在制订监测方案之前，应尽可能完备地收集欲监测水体及所在区域的有关资料，主要有以下几个方面：

① 水体的水文、气候、地质和地貌资料。例如，水位、水量、流速及流向的变化；降雨量、蒸发量及历史上的水情；河流的宽度、深度、河床结构及地质状况；湖泊沉积物的特性、间温层分布、等深线等。

② 水体沿岸城市分布、工业布局、污染源及其排污情况、城市给排水情况等。

③ 水体沿岸的资源现状和水资源的用途；饮用水源分布和重点水源保护区；水体流域土地功能及近期使用计划等。

④ 历年的水质监测资料等。

2.监测断面和采样点的设置

监测断面即为采样断面，对于地表水的监测来说，并非所有的水体都必须设置四种断面。

采样点的设置应在调查研究、收集有关资料、进行理论计算的基础上，根据监测目的和项目以及考虑人力、物力等因素来确定。

(1)河流监测断面和采样点设置

对于江、河水系或某一个河段，水系的两岸必定遍布很多城市和工厂企业，由此排放的城市生活污水和工业污水成为该水系受纳污染物的主要来源，因此要求设置四种断面，即背景断面、对照断面、控制断面和消减断面。

① 背景断面。当对一个完整水体进行污染监测或评价时，需要设置背景断面。对于一条河流的局部河段来说，通常只设置对照断面而不设置背景断面。背景断面一般设置在河流上游不受污染的河段处或接近河流源头处，尽可能远离工业区、城

市居民密集区和主要交通线以及农药和化肥施用区。通过对背景断面的水质监测，可获得该河流水质的背景值。

② 对照断面。具有判断水体污染程度的参比和对照作用或提供本底值的断面。它是为了了解流入监测河段前的水体水质状况而设置。这种断面应设在河流进入城市或工业区以前的地方。设置这种断面必须避开各种污水的排污口或回流处。常设在所有污染源上游处，排污口上游 100～500m 处，一般一个河段只设一个对照断面（有主要支流时可酌情增加）。

③ 控制断面。为及时掌握受污染水体的现状和变化动态，进而进行污染控制而设置的断面。这类断面应设在排污区下游，较大支流汇入前的河口处；湖泊或水库的出入河口及重要河流入海口处；国际河流出入国境交界处及有特殊要求的其他河段（如邻近城市饮水水源地、水产资源丰富区、自然保护区、与水源有关的地方病发病区等）。控制断面一般设在排污口下游 500～1000m 处。断面数目应根据城市工业布局和排污口分布情况而定。

④ 消减断面。当工业污水或生活污水在水体内流经一定距离而达到（河段范围）最大限度混合时，其污染状况明显减缓的断面。这种断面常设在城市或工业区最后一个排污口下游 1500m 以外的河段上。

在设置监测断面后，应先根据水面宽度确定断面上的采样垂线，再根据采样垂线的深度确定采样点数目和位置。一般是当河面水宽小于 50m 时，设一条中泓垂线；当河面水宽为 50～100m 时，在左右近岸有明显水流处各设一条垂线；当河面水宽为 100～1000m 时，设左、中、右三条垂线；河面水宽大于 1500m 时，至少设 5 条等距离垂线。每一条垂线上，当水深小于或等于 5m 时，只在水面下 0.3～0.5m 处设一个采样点；水深 5～10m 时，在水面下 0.3～0.5m 处和河底以上约 0.5m 处各设 1 个采样点；水深 10～50m 时，要设三个采样点，水面下 0.3～0.5m 处一点，河底以上约 0.5m 处一点，1/2 水深处一点；水深超过 50m 时，应酌情增加采样点个数。

监测断面和采样点位置确定后，应立即设立标志物。每次采样时以标志物为准，在同一位置上采样，以保证样品的代表性。

(2) 湖泊、水库中监测断面和采样点的设置

湖泊、水库监测断面设置前，应先判断湖泊、水库是单一水体还是复杂水体，考虑汇入湖、库的河流数量、水体径流量、季节变化及动态变化、沿岸污染源分布等，然后按以下原则设置监测断面：

① 在进出湖、库的河流汇合处设监测断面。

② 以功能区为中心（如城市和工厂的排污口、饮用水源、风景游览区、排灌站等），在其辐射线上设置弧形监测断面。

③ 在湖库中心，深、浅水区，滞流区，不同鱼类的洄游产卵区，水生生物经济区等设置监测断面。

湖、库采样点的位置与河流相同。但由于湖、库深度不同，会形成不同水温层，此时应先测量不同深度的水温、溶解氧等，确定水层情况后，再确定垂线上采样点的位置。位置确定后，同样需要设立标志物，以保证每次采样在同一位置上。

3. 采样时间和频率的确定

为使采取的水样具有代表性，能反映水质在时间和空间上的变化规律，必须确定合理的采样时间和采样频率。一般原则如下：

① 对较大水系干流和中、小河流，全年采样不少于6次，采样时间分为丰水期、枯水期和平水期，每期采样两次；

② 流经城市、工矿企业、旅游区等的水源每年采样不少于12次；

③ 底泥在枯水期采样一次；

④ 背景断面每年采样一次。

(二) 地下水监测方案的制定

1. 基础资料的调查和收集

① 收集、汇总监测区域的水文、地质、气象等方面的有关资料和以往的监测资料。例如，地质图、剖面图、测绘图、水井的成套参数、含水层、地下水补给、径流和流向，以及温度、湿度、降水量等。

② 调查监测区域内城市发展、工业分布、资源开发和土地利用情况，尤其是地下工程规模、应用等；了解化肥和农药的施用面积和施用量；查清污水灌溉、排污、纳污和地表水污染现状。

③ 测量或查知水位、水深，以确定采水器和泵的类型、所需费用和采样程序。

④ 在完成以上调查的基础上，确定主要污染源与污染物，并根据地区特点与地下水的主要类型把地下水分成若干个水文地质单元。

2. 采样点的设置

① 地下水背景值采样点的确定。采样点应设在污染区外，如须查明污染状况，可贯穿含水层的整个饱和层，在垂直于地下水流方向的上方设置。

② 受污染地下水采样点的确定。对于作为应用水源的地下水，现有水井常被用作日常监测水质的现成采样点。当地下水受到污染需要研究其受污情况时，则常须设置新的采样点。例如，在与河道相邻近地区新建了一个占地面积不太大的垃圾堆场的情况下，为了监测垃圾中污染物随径流渗入地下，并被地下水挟带转入河流的状况，应设置地下水监测井。如果含水层渗透性较大，污染物会在此水区形成一个

条状的污染带，那么监测井位置应处在污染带内。

一般地下水采样时应在液面下 0.3 ~ 0.5m 处采样，若有间温层，可按具体情况分层采样。

3. 采样时间与频率的确定

采样时间与频率一般是每年应在丰水期和枯水期分别采样检验一次，10 天后再采检一次可作为监测数据报出。

(三) 水污染源监测方案的制订

水污染源包括工业废水源、生活污水源、医院污水源等。在制订监测方案时，也要进行调查研究，收集有关资料，查清用水情况、污水的类型、主要污染物及排污去向和排放量等。

1. 基础资料的调查和收集

(1) 调查污水的类型

工业废水、生活污水、医院污水的性质和组成十分复杂，它们是造成水体污染的主要原因。根据监测的任务，首先需要了解污染源所产生的污水类型。工业废水、生活污水、医院污水等所生成的污染物具有较大的差别。相对而言，工业污水往往是我们监测的重点，这是由于工业用水不仅在数量上而且在污染物的浓度上都是比较大的。

工业废水可分为物理污染污水、化学污染污水、生物及生物化学污染污水三种主要类型以及混合污染污水。

(2) 调查污水的排放量

对于工业废水，可通过对生产工艺的调查，计算出排放水量并确定需要监测的项目；对于生活污水和医院污水，则可在排水口安装流量计或自动监测装置进行排放量的计算和统计。

(3) 调查污水的排污去向

调查内容：① 车间、工厂、医院或地区的排污口数量和位置；② 直接排入还是通过渠道排入江、河、湖、库、海中，是否有排放渗坑。

2. 采样点的设置

(1) 工业废水源采样点的确定

① 含汞、镉、总铬、砷、铅、苯并芘等第一类污染物的污水，不分行业或排放方式，一律在车间或车间处理设施的排出口设置采样点。

② 含酸、碱、悬浮物、生化需氧量、硫化物、氟化物等第二类污染物的污水，应在排污单位的污水出口处设采样点。

③有处理设施的工厂，应在处理设施的排放口设点。为对比处理效果，在处理设施的进水口也可设采样点，同时采样分析。

④在排污渠道上，选择道直、水流稳定、上游无污水流入的地点设点采样。

⑤在排水管道或渠道中流动的污水，因为管道壁的滞留作用，使同一断面的不同部位流速和浓度都有变化，所以可在水面下 4/1～2/1 处采样，作为代表平均浓度水样采集。

(2) 综合排污口和排污渠道采样点的确定

①在一个城市的主要排污口或总排污口设点采样；

②在污水处理厂的污水进出口处设点采样；

③在污水泵站的进水和安全溢流口处布点采样；

④在市政排污管线的入水处布点采样。

3. 采样时间和频率的确定

工业废水的污染物含量和排放量常随工艺条件及开工率的不同而有很大差异，故采样时间、周期和频率的选择是一个比较复杂的问题。

一般情况下，可在一个生产周期内每隔 0.5h 或 1h 采样 1 次，将其混合后测定污染物的平均值。如果取几个生产周期（如 3～5 个周期）的污水样监测，可每隔 2h 取样 1 次。对于排污情况复杂、浓度变化大的污水，采样时间间隔要缩短，有时需要 5～10min 采样 1 次，这种情况最好使用连续自动采样装置。对于水质和水量变化比较稳定或排放规律性较好的污水，待找出污染物浓度在生产周期内的变化规律后，采样频率可大大降低，如每月采样测定两次。

城市排污管道大多数受纳 10 个以上工厂排放的污水，由于在管道内污水已进行了混合，因此在管道出水口，可每隔 1h 采样 1 次，连续采集 8h；也可连续采集 24h，然后将其混合制成混合样，测定各污染组分的平均浓度。

二、水样的采集、保存和预处理

(一) 水样的采集

1. 采样设备

采集表层水样，可用桶、瓶等容器直接采集，目前我国已经生产出不同类型的水质监测采样器，如单层采水器、直立式采水器、深层采水器、连续自动定时采水器等，广泛用于废水和污水采样。

常用的简易采水器，是一个装在金属框内用绳吊起的玻璃瓶或塑料瓶，框底装有重锤，瓶口有塞，用绳系牢，绳上标有高度。采样时，将采样瓶降至预定深度，将细绳上提打开瓶塞，水样即流入并充满采样瓶，然后用塞子塞住。

急流采水器适于采集地段流量大、水层深的水样。它是将一根长钢管固定在铁框上，钢管是空心的，管内装橡胶管，管上部的橡胶管用铁夹夹紧，下部的橡胶管与瓶塞上的短玻璃管相接，橡皮塞上另有一长玻璃管直通至样瓶底部。采集水样前，须将采样瓶的橡胶塞子塞紧，然后沿船身垂直方向伸入特定水深处，打开铁夹，水样即沿长玻璃管流入样瓶中。此种采水器是隔绝空气采样，可供溶解氧测定。

此外，还有各种深层采水器和自动采水器。

沉积物采样分表层沉积物采样和柱状沉积物采样。表层沉积物采样是用各种掘式和抓式采样器，用手动绞车或电动绞车进行采样；柱状沉积物采样是采用各种管状或筒状的采样器，利用自身重力或通过人工锤击，将管子压入沉积物中直至所需深度，然后将管子提取上来，用通条将管中的柱状沉积物样品压出。

2. 盛样容器

采集和盛装水样或底质样品的容器要求材质化学稳定性好，保证水样各组分在贮存期内不与容器发生反应，能够抵御环境温度从高温到严寒的变化，抗震，大小、形状和重量适宜，能严密封口并容易打开，容易清洗并可反复使用。常用材料有高压聚乙烯塑料（以 P 表示）、一般玻璃（G）和硬质玻璃或硼硅玻璃（BG）。不同监测项目水样容器应采用适当的材料。

水质监测，尤其是进行痕量组分测定时，常常因容器污染而造成误差。为减少器壁溶出物对水样的污染和器壁吸附现象，须注意容器的洗涤方法。应先用水和洗涤剂洗净，再用自来水冲洗后备用。常用洗涤法是用重铬酸钾 – 硫酸洗液浸泡，然后用自来水冲洗和蒸馏水荡洗；用于盛装重金属监测样品的容器，须用 10% 硝酸或盐酸浸泡数小时，再用自来水冲洗，最后用蒸馏水洗净。容器的洗涤还与监测对象有关，洗涤容器时要考虑到监测对象。例如，测硫酸盐和铬时，容器不能用重铬酸钾 – 硫酸洗液；测磷酸盐时不能用含磷洗涤剂；测汞时容器洗净后尚须用 1+3 硝酸浸泡数小时。

3. 采样方法

① 在河流、湖泊、水库及海洋采样应有专用监测船或采样船，如无条件也可用手划或机动的小船。如果位置合适，可在桥或坎上采样。较浅的河流和近岸水浅的采样点可以涉水采样。采样容器口应迎着水流方向，采样后立即加盖塞紧，避免接触空气，并避光保存。深层水的采集，可用抽吸泵采样，利用船等行驶至特定采样点，将采水管沉降至规定的深度，用泵抽取水样即可。采集底层水样时，切勿搅动沉积层。

② 采集自来水或从机井采样时，应先放水数分钟，使积留在水管中的杂质及陈

旧水排除后再取样。采样器和塞子须用采集水样洗涤3次。对于自喷泉水，在涌水口处直接采样。

③从浅埋排水管、沟道中采集废（污）水，用采样容器直接采集。对埋层较深的排水管、沟道，可用深层采水器或固定在负重架内的采样容器，沉入检测井内采样。

④采用自动采水器可自动采集瞬时水样和混合水样。当废（污）水排放量和水质较稳定时，可采集瞬时水样；当排放量较稳定、水质不稳定时，可采集时间等比例水样；当二者均不稳定时，必须采集流量等比例水样。

4. 水样采集量和现场记录

水样采集量根据监测项目确定，不同的监测项目对水样的用量和保存条件有不同的要求，所以采样量必须按照各个监测项目的实际情况分别计算，再适当增加20%~30%。底质采样量通常为1~2kg。

采样完成并加好保存剂后，要贴上样品标签或在水样说明书上做好详细记录，记录内容包括采样现场描述与现场测定项目两部分。采样现场描述的内容包括样品名称、编号、采样断面、采样点、添加保存剂种类和数量、监测项目、采样者、登记者、采样日期和时间、气象参数（气温、气压、风向、风速、相对湿度）、流速、流量等。水样采集后，对有条件进行现场监测的项目进行现场监测和描述，如水温、色度、臭味、pH、电导率、溶解氧、透明度、氧化还原电位等，以防变化。

（二）水样的运输与保存

1. 样品的运输

水样采集后，应尽快送到实验室分析测定。通常情况下，水样运输时间不超过24h。在运输过程中应注意：装箱前应将水样容器内外盖盖紧，对盛水样的玻璃磨口瓶应用聚乙烯薄膜覆盖瓶口，并用细绳将瓶塞与瓶颈系紧；装箱时用泡沫塑料或波纹纸板垫底和间隔防震；须冷藏的样品，应采取制冷保存措施；冬季应采取保温措施，以免冻裂样品瓶。

2. 样品的保存

水样在存放过程中，可能会发生一系列理化性质的变化。由于生物的代谢活动，会使水样的pH、溶解氧、生化需氧量、二氧化碳、碱度、硬度、磷酸盐、硫酸盐、硝酸盐和某些有机化合物的浓度发生变化；由于化学作用，测定组分可能被氧化或还原。如六价铬在酸性条件下易被还原为三价铬，余氯可能被还原变为氯化物、硫化物、亚硫酸盐、亚铁、碘化物和氧化物可能因氧化而损失；由于物理作用，测定组分会被吸附在容器壁上或悬浮颗粒物的表面上，如金属离子可能与玻璃器壁发生吸附和离子交换，溶解的气体可能损失或增加，某些有机化合物易挥发损失等。为了避免或减少水样的组分在存放过程中的变化和损失，部分项目要在现场测定。不能尽快分析时，应根据不同监测项目的要求，放在性能稳定的材料制成的容器中，采取适宜的保存措施。

为了减缓水样在存放过程中的生物作用、化合物的水解和氧化还原作用、挥发和吸附作用，需要对水样采取适宜的保存措施。① 选择适当材料的容器；② 控制溶液的 pH；③ 加入化学试剂抑制氧化还原反应和生化反应；④ 冷藏或冷冻以降低细菌活性和化学反应速率。

(三) 水样的预处理

1. 水样的消解

当对含有机物的水样中的无机元素进行测定时，需要对水样进行消解处理。消解处理的目的是破坏有机物、溶解颗粒物，并将各种价态的待测元素氧化成单一高价态或转变成易于分离的无机化合物。消解主要有湿式消解法和干灰化法两种。消解后的水样应清澈、透明、无沉淀。

(1) 湿式消解法

① 硝酸消解法。对于较清洁的水样，可用此法。具体方法：取混匀的水样 50 ~ 200mL 于锥形瓶中，加入 5 ~ 10mL 浓硝酸，在电热板上加热煮沸，缓慢蒸发至小体积，试液应清澈透明，呈浅色或无色，否则，应补加少许硝酸继续消解。蒸至近干时，取下锥形瓶，稍冷却后加 2% HNO_3（或 HCl）20mL，温热溶解可溶盐。若有沉淀，应过滤，滤液冷却至室温后于 50mL 容量瓶中定容，备用。

② 硝酸 – 硫酸消解法。这两种酸都是强氧化性酸，其中硝酸沸点低 (83℃)，而浓硫酸沸点高 (338T)，两者联合使用，可大大提高消解温度和消解效果，应用广泛。常用的硝酸与硫酸的比例为 5∶2。消解时，先将硝酸加入水样中，加热蒸发至小体积，稍冷，再加入硫酸、硝酸，继续加热蒸发至冒大量白烟，冷却后加适量水温热溶解可溶盐。若有沉淀，应过滤，滤液冷却至室温后定容，备用。为提高消解效果，常加入少量过氧化氢。该法不适用于含易生成难溶硫酸盐组分的水样。

③ 硝酸 – 高氯酸消解法。这两种酸都是强氧化性酸，联合使用可消解含难氧化有机物的水样。方法要点：取适量水样于锥形瓶中，加 5 ~ 10mL 硝酸，在电热板上加热、消解至大部分有机物被分解。取下锥形瓶，稍冷却，再加 2 ~ 5mL 高氯酸，继续加热至开始冒白烟，如试液呈深色再补加硝酸，继续加热至冒浓厚白烟将尽，取下锥形瓶，冷却后加 2% HNO_3 溶解可溶盐。若有沉淀，应过滤，滤液冷却至室温后定容备用。因为高氯酸能与羟基化合物反应生成不稳定的高氯酸酯，有发生爆炸的危险，所以应先加入硝酸氧化水样中的羟基有机物，稍冷后再加高氯酸处理。

④ 硫酸 – 磷酸消解法。两种酸的沸点都比较高，其中，硫酸氧化性较强，磷酸能与一些金属离子如 Fe^{3+} 等络合，两者结合消解水样，有利于测定时消除 Fe^{3+} 等离子的干扰。

⑤硫酸 – 高锰酸钾消解法。该方法常用于消解测定汞的水样。高锰酸钾是强氧化剂，在中性、碱性、酸性条件下都可以氧化有机物，其氧化产物多为草酸根，但在酸性介质中还可以继续氧化。消解要点：取适量水样，加适量硫酸和 5% 高锰酸钾溶液，混匀后加热煮沸，冷却，滴加盐酸羟胺破坏过量的高锰酸钾。

⑥多元消解法。为提高消解效果，在某些情况下需要通过多种酸的配合使用，特别是在要求测定大量元素的复杂介质体系中。例如，处理测定总铬废水时，需要使用硫酸、磷酸和高锰酸钾消解体系。

⑦碱分解法当酸消解法。造成某些元素挥发或损失时，可采用碱分解法。即在水样中加入氢氧化钠和过氧化氢溶液，或者氨水和过氧化氢溶液，加热沸腾至近干，稍冷却后加入水或稀碱溶液温热溶解可溶盐。

⑧微波消解法。此方法主要是利用微波加热的工作原理，对水样进行激烈搅拌、充分混合和加热，能够有效地提高分解速度，缩短消解时间，提高消解效率。同时，避免了待测元素的损失和可能造成的污染。

（2）干灰化法

干灰化法又称高温分解法。具体方法：取适量水样于白瓷或石英蒸发皿中，于水浴上先蒸干，固体样品可直接放入坩埚中，然后将蒸发皿或坩埚移入马弗炉内，于 $450\sim550℃$ 灼烧至残渣呈灰白色，使有机物完全分解去除。取出蒸发皿，稍冷却后，用适量 2% HNO_3（或 HC1）溶解样品灰分，过滤后滤液经定容后供分析测定。此方法不适用于处理测定易挥发组分（如砷、汞、镉、硒、锡等）的水样。

2. 水样的富集与分离

水质监测中，待测物的含量往往极低，大多处于痕量水平，常低于分析方法的检出下限，并有大量共存物质存在，干扰因素多，所以在测定前须进行水样中待测组分的分离与富集，以排除分析过程中的干扰，提高测定的准确性和重现性。富集和分离过程往往是同时进行的，常用的方法有过滤、挥发、蒸发、蒸馏、溶剂萃取、沉淀、吸附、离子交换、冷冻浓缩、层析等，比较先进的技术有固相萃取、微波萃取、超临界流体萃取等，应根据具体情况选择使用。

（1）挥发、蒸发和蒸馏

挥发、蒸发和蒸馏主要是利用共存组分的挥发性不同（沸点的差异）进行分离。

①挥发。此方法是利用某些污染组分挥发度大，或者将预测组分转变成易挥发物质，然后用惰性气体带出而达到分离的目的。例如，汞是唯一在常温下具有显著

蒸气压的金属元素，用冷原子荧光法测定水样中的汞时，先将汞离子用氯化亚锡还原为原子态汞，通入惰性气体将其带出并送入仪器测定。

②蒸发。蒸发一般是利用水的挥发性，将水样在水浴、油浴或沙浴上加热，使水分缓慢蒸出，待测组分得以浓缩。该方法简单易行，无须化学处理，但存在缓慢、易吸附损失的缺点。

③蒸偏。蒸馏分离是利用各组分的沸点及其蒸气压大小的不同实现分离的方法，分为常压蒸偏、减压蒸馏、水蒸气蒸偏、分馏法等。加热时，较易挥发的组分富集在蒸气相，通过对蒸气相进行冷凝或吸收，使挥发性组分在偕出液或吸收液中得到富集。

(2) 液 – 液萃取法

液 – 液萃取也称溶剂萃取，是基于物质在互不相溶的两种溶剂中分配系数不同，从而达到组分的富集与分离。具体分为以下两类：

① 有机物的萃取。分散在水相中的有机物易被有机溶剂萃取，利用此原理可以富集分散在水样中的有机污染物。常用的有机溶剂有三氯甲烷、四氯甲烷、正己烷等。

② 无机物的萃取。多数无机物质在水相中均以水合离子状态存在，无法用有机溶剂直接萃取。为实现用有机溶剂萃取，通过加入一种试剂，使其与水相中的离子态组分相结合，生成一种不带电、易溶于有机溶剂的物质。根据生成可萃取物类型的不同，可分为螯合物萃取体系、离子缔合物萃取体系、三元络合物萃取体系和协同萃取体系等。在环境监测中常用的是螯合物萃取体系，利用金属离子与螯合剂形成疏水性的螯合物后被萃取到有机相，主要应用于金属阳离子的萃取。

(3) 沉淀分离法

沉淀分离法是基于溶度积原理，利用沉淀反应进行分离。在待分离试液中，加入适当的沉淀剂，在一定条件下，使欲测组分沉淀出来，或者将干扰组分析出沉淀，以达到组分分离的目的。

(4) 吸附法

吸附法是利用多孔性的固体吸附剂将水中的一种或多种组分吸附于表面，以达到组分分离的目的。常用的吸附剂主要有活性炭、硅胶、氧化铝、分子筛、大孔树脂等。被吸附富集于吸附剂表面的组分可用有机溶剂或加热等方式解析出来，进行分析测定。

(5) 离子交换法

离子交换法是利用离子交换剂与溶液中的离子发生交换反应进行分离的方法。离子交换剂分为无机离子交换剂和有机离子交换剂。目前广泛应用的是有机离子交换剂，即离子交换树脂。通过树脂与试液中的离子发生交换反应，再用适当的淋洗液将已交换在树脂上的待测离子洗脱，以达到分离和富集的目的。该法既可以富集水中痕量无机物，又可以富集痕量有机物，分离效率高。

三、金属污染物的测定

(一) 原子吸收分光光度法测定多种金属

原子吸收分光光度法是利用某元素的基态原子对该元素的特征谱线具有选择性吸收的特性来进行定量分析的方法。按照使被测元素原子化的方式可分为火焰法、无火焰法和冷原子法三种形式。最常用的是火焰原子吸收分光光度法。

压缩空气通过文丘里管把试液吸入原子化系统，试液被撞击为细小的雾滴随气流进入火焰。试样中各元素化合物在高温火焰中气化并解离成基态原子，这一过程称为原子化过程。此时，让从空心阴极灯发出的具有特征波长的光通过火焰，该特征光的能量相当于待测元素原子由基态提高到激发态所需的能量，因而被基态原子吸收，使光的强度发生变化，这一变化经过光电变换系统放大后在计算机上显示出来。被吸收光的强度与蒸气中基态原子浓度的关系在一定范围内符合比耳定律，因此，可以根据吸光度的大小，在相同条件下制作的标准曲线上求得被测元素的含量。

在无火焰原子吸收分光光度法中，元素的原子化是在高温的石墨管中实现的。石墨管同轴地放置在仪器的光路中，用电加热使其达到近3000℃温度，使置于管中的试样原子化，同时测得原子化期间的吸光度值。此方法具有比火焰原子吸收法更高的灵敏度。

冷原子吸收分光光度法仅适用于常温下能以气态原子状态存在的元素，实际上只能用来测定汞蒸气，可以说是一种测汞专用的方法。

原子吸收分光光度法用于金属元素分析，具有很好的灵敏度和选择性。

(二) 汞

汞及其化合物属于极毒物质。天然水中含汞极少，一般不超过 $0.1\mu g/L$。工业废水中汞的最高允许排放浓度为 $0.05mg/L$。汞的测定方法有冷原子吸收法、冷原子荧光法等。

1. 冷原子吸收法

汞是常温下唯一的液态金属，具有较高的蒸气压（20℃时汞的蒸气压为 $0.173Pa$，在 25℃时以 $1L/min$ 流量的空气流经 $10cm^2$ 的汞表面，每 $1m^3$，空气中含汞约为 $30mg$），而且汞在空气中不易被氧化，以气态原子存在。由于汞具有上述特性，可以直接用原子吸收法在常温下测定汞，故称为冷原子吸收法。采用此法，由于可以省去原子化装置，使仪器结构简化。测定时干扰因素少，方法检出限为 $0.05\mu g/L$。冷原子吸收法测汞的专用仪器为测汞仪，光源为低压汞灯，发出汞的特征吸收波长 253.7nm 的光。汞在污染水体中部分以有机汞，如甲基汞和二甲基汞形式存在，测总汞时须将有机物破坏，使之分解，并使汞转变为汞离子。一般用强氧化剂加以消解处理。浓硫酸 – 高锰酸钾可以氧化有机汞的化合物，将其中的汞转变成汞离子，然后用适当的还原剂（如氯化亚锡）将汞离子还原为汞。利用汞的强挥发性，以氮气或干燥清洁的空气作载气，将汞吹出，导入测汞仪进行原子吸收测定。

2.冷原子荧光法

荧光是一种光致发光的现象。当低压汞灯发出 253.7nm 的紫外线照射基态汞原子时，汞原子由基态跃迁至激发态，随即又从激发态回至基态，伴随以发射光的形式释放这部分能量，这样发射的光即为荧光。通过测量荧光强度求得汞的浓度。在较低浓度范围内，荧光强度与汞浓度成正比。冷原子荧光测汞仪与冷原子吸收测汞仪的不同之处是光电倍增管处在与光源垂直的位置上检测光强，以避免来自光源的干扰。冷原子荧光法具有更高的灵敏度，其方法检测限为 1.5ng/L。

(三) 砷

砷的污染主要来自含砷农药、冶炼、制革、染料化工等工业废水。环境中的砷以三价砷和五价砷两种价态化合物存在。砷化物均有毒性，三价砷比五价砷毒性更强。地面水环境质量标准规定砷的含量为 0.05 ~ 0.1mg/L，工业废水的最高允许排放浓度为 0.5mg/L。

砷的测定方法可采用分光光度法、原子吸收法和原子荧光法。不管采用何种方法，水样均要进行相似的前处理。除非是清洁水样，对于污染水样，首先用酸消解，然后用还原剂使砷以砷化氢气体从水样中分离出来。

1.二乙基二硫代氨基甲酸银光度法。水样经前处理，以碘化钾和氯化亚锡使五价砷还原为三价砷，加入无砷锌粒，锌与酸产生的新生态氢使三价砷还原成气态砷化氢。用二乙基二硫代氨基甲酸银（AgDDTC）的吡啶溶液吸收分离出来的砷化氢，吸收的砷化氢将银盐还原为单质银，这种单质银是颗粒极细的胶态银，分散在溶剂中呈棕红色，借此作为光度法测定砷的依据。显色反应为：

$$AsH_3 + 6AgDDTC \rightarrow 6Ag + 3HDDTC + As(DDTC)_3$$

吡啶在体系中有两种作用：As（DDTC）$_3$ 为水不溶性化合物，吡啶既作为溶剂，又能与显色反应中生成的游离酸结合成盐，有利于显色反应进行得更完全。但是，由于吡啶易挥发，其气味难闻，后来改用 AgDDTC- 三乙醇胺 – 氯仿作为吸收显色体系。在此，三乙醇胺作为有机碱与游离酸结合成盐，氯仿作为有机溶剂。此法选择在波长 510nm 下测定吸光度。取 50mL 水样，最低检出浓度为 7mg/L。

2.新银盐光度法。硼氢化钾（或硼氢化钠）在酸性溶液中，产生新生态的氢，将水中无机砷还原成砷化氢气体。以硝酸-硝酸银-聚乙烯醇-乙醇为吸收液，砷化氢将吸收液中的银离子还原成单质胶态银，使溶液呈黄色，颜色强度与生成氢化物的量成正比。黄色溶液在400nm处有最大吸收。颜色在2h内无明显变化（20℃以下）。化学反应如下：

$$BH_4^- + FH + 3H_2O \rightarrow 8[H] + H_3BO_3$$

$$As^{3+} + 3[H] \rightarrow AsH_3 \uparrow$$

$$6Ag^+ + ASH_3 + 3H_2O \rightarrow 6Ag + H_3AsO_3 + 6H^+$$

聚乙烯醇在体系中的作用是作为分散剂，使胶体银保持分散状态。乙醇作为溶剂。此法测定的精密度高，根据四个地区不同实验室测定，相对标准偏差为1.9%，平均加标回收率为98%。此法反应时间只需几分钟，而AgDDC法则需1h左右。此法对砷的测定具有较好的选择性，但在反应中能生成与砷化氢类似氢化物的其他离子有正干扰，如锑、铋、锡等；能被氢还原的金属离子有负干扰，如镍、钴、铁、镉等；常见阴阳离子没有干扰。

在含2μg砷的250mL试样中加入0.15mol/L的酒石酸溶液20mL，可消除为砷量800倍的铝、锰、锌、镉，200倍的铁，0倍的镍、钴，30倍的铜，2.5倍的锡（Ⅳ），1倍的锡（Ⅱ）的干扰。用浸渍二甲基甲酰胺（DMF）脱脂棉可消除为砷量2.5倍的锑、铋和0.5倍的锗的干扰。用乙酸铅棉可消除硫化物的干扰。水体中含量较低的碲、硒对本法无影响。取水样体积250mL，本方法的检出限为0.4μg。

3.氢化物原子吸收法。硼氢化钾或硼氢化钠在酸性溶液中，产生新生态氢，将水样中无机砷还原成砷化氢气体，将其用N₂气载入石英管中，以电加热方式使石英管升温至900~1000℃。砷化氢在此温度下被分解形成砷原子蒸气，对来自砷光源的特征电磁辐射产生吸收。将测得水样中砷的吸光度值和标准吸光度值进行比较，确定水样中砷的含量。原子吸收光谱仪一般带有氢化物发生与测定装置作为附件供选择购置，一般装置的检出限为0.25μg/L。

4.原子荧光法。在消解处理水样后加入硫脲，把砷还原成三价。在酸性介质中加入硼氢化钾溶液，三价砷被还原形成砷化氢气体，由载气（氩气）直接导入石英管原子化器中，进而在氩氢火焰中原子化。基态原子受特种空心阴极灯光源的激发，产生原子荧光，通过检测原子荧光的相对强度，利用荧光强度与溶液中的砷含量成正比的关系，计算样品溶液中相应成分的含量。该法也适用于测定锑和铋等元素，砷、铋的方法检出限为0.1~0.2mg/L。

四、水中有机化合物的测定

(一) 化学耗氧量（COD）

化学耗氧量是指在一定条件下，氧化 1L 水样中还原性物质所消耗的氧化剂的量，以氧的量 mg/L 表示。水体中还原性物质包括有机物和亚硝酸盐、硫化物、亚铁盐等无机物。化学耗氧量反映了水体受还原性物质污染的程度。基于水体被有机物污染是很普遍的现象，该指标也作为有机物相对含量的综合指标之一。

测定原理：在强酸性溶液中，用重铬酸钾氧化水样中的还原性物质，过量的重铬酸钾以试铁灵作指示剂，用硫酸亚铁铋标准溶液回滴，根据其用量计算水样中还原性物质消耗氧的量。

(二) 高锰酸盐指数的测定

1. 测定原理

在碱性或酸性溶液中，加一定量 $KMnO_4$ 溶液于水样中，加热一定时间以氧化水中的还原性无机物和部分有机物。加过量草酸钠溶液还原剩余的 $KMnO_4$，最后再以 $KMnO_4$ 溶液回滴过量的草酸钠。

2. 测定步骤（酸性高锰酸钾法）

① 取 100rnL 水样（原样或经稀释）置于锥形瓶中，加入 5mL H_2SO_4 溶液（1+1）混合均匀；

② 加入 10.0mL 高锰酸钾标准溶液 $[c\,(1/5KMnO_4)=0.01mol/L]$，置于沸水浴中加热 30min，取出冷却至室温；

③ 加入 10mL 草酸钠标准溶液 $[c\,(1/2Na_2C_2O_4)=0.01mol/L]$，使溶液中的红色褪尽；

④ 用高锰酸钾标准溶液 $[c\,(1/5KMnO4)=0.01mol/L]$ 滴定，直至出现微红色。

3. 计算

① 不经稀释的水样

$$高锰酸盐指数\,(O_2，mg/L)=\frac{\left[(10+V_1)K-10\right]c\times8\times1000}{100} \tag{7-1}$$

式中：V_1——滴定水样消耗 $KMnO_4$ 标准溶液体积，mL；

K——校正系数（每毫升 $KMnO_4$ 标准溶液相当于 $Na_2C_2O_4$ 标准溶液的体积，mL）；

c——$Na_2C_2O_4$ 标准溶液浓度 $(1/2Na_2C_2O_4)$，mol/L；

8——氧（1/20）的摩尔质量，g/mol；

100——水样体积，mL。

② 经过稀释的水样

$$高锰酸盐指数（O_2，mg/L）= \frac{\left\{\left[(10+V_1)K-10\right]-\left[(10+V_0)K-10\right]f\right\}c \times 8 \times 1000}{V_2} \quad (7\text{-}2)$$

式中：——滴定水样消耗 $KMnO_4$ 标准溶液体积，mL；

V_2——所取水样体积，mL；

f——稀释后水样中含稀释水的比例（如 20mL 水样稀释至 100mL，f=0.8）。

（三）五日生化需氧量（BOD_5）的测定

1. 测定原理

与测定 DO 一样，使用碘量法。对于污染轻的水样，取其两份，一份测其当时的 DO；另一份在（20±1）℃下培养 5 天再测 DO，两者之差即为 BOD_5。

对于大多数污水来说，为保证水体生物化学过程所必需的三个条件，测定时需按估计的污染程度适当地加特制的水稀释，然后取稀释后的水样两份，一份测其当时的 DO，另一份在（20±1）℃下培养 5 天再测 DO，同时测定稀释水在培养前后的 DO，按公式计算 BOD_5 值。

2. 稀释水

上述特制的、用于稀释水样的水，通称为稀释水。它是专门为满足水体生物化学过程的三个条件而配制的。配制时，取一定体积的蒸馏水，加 $CaCl_2$、$FeCl_3$、$MgSO_4$ 等用于微生物繁殖的营养物，用磷酸盐缓冲液调 pH 至 7.2，充分曝气，使溶解氧近饱和，达 8mg/L 以上。稀释水的 pH 值应为 7.2，BOD_5 必须小于 0.2mg/L，稀释水可在 20T 左右保存。

3. 接种稀释水

水样中必须含有微生物，否则应在稀释水中接种微生物，即在每升稀释水中加入生活污水上层清液 1～10mL。或天然河水、湖水 10～100mL，以便为微生物接种。这种水称作接种稀释水，其 BOD_5 应在 0.3～1.0mg/L 的范围内。

对于某些含有不易被一般微生物所分解的有机物的工业废水，需要进行微生物的驯化。这种驯化的微生物种群最好从接受该种废水的水体中取得。为此可以在排水口以下 3～8km 处取得水样，经培养接种到稀释水中；也可以用人工方法驯化，采用一定的生活污水，每天加入一定量的待测污水，连续曝气培养，直至培养成含有可分解污水中有机物的种群为止。

为检查稀释水和微生物是否适宜，以及化验人员的操作水平，将每升含葡萄糖和谷氨酸各 150mg 的标准溶液以 1∶50 的比例稀释后，与水样同步测定 BOD_5，测得值应在 180～230mg/L，否则，应检查原因，予以纠正。

4. 水样的稀释

水样的稀释倍数主要是根据水样中有机物含量和分析人员的实践经验来进行估算的。通常有以下两种情况：

① 对于清洁天然水和地表水，其溶解氧接近饱和，无须稀释。

② 对于工业废水，有两种方法可以估算稀释倍数：第一，用 COD_{cr} 值分别乘系数 0.075、0.15、0.25 获得；第二，由高锰酸盐指数来确定稀释倍数，见表 7-1。

表 7–1　高锰酸盐指数对应的系数

高锰酸盐指数 /mg·L⁻¹	系　数	高锰酸盐指数 /mg·L⁻¹	系　数
＜ 5	–	10～20	0.4，0.6
5～10	0.2，0.3	＞ 20	0.5，0.7，1.0

为了得到正确的 BOD 值，一般以经过稀释后的混合液在 20T 培养 5 天后的溶解氧残留量在 1mg/L 以上，耗氧量在 2mg/L 以上，这样的稀释倍数最合适。如果各稀释倍数均能满足上述要求，那么取其测定结果的平均值为 BOD 值；如果三个稀释倍数培养的水样测定结果均在上述范围以外，那么应调整稀释倍数后重做。

(四) 总有机碳 (TOC) 和总需氧量 (TOD) 的测定

1. 总有机碳 (TOC) 的测定

总有机碳是以碳的含量表示水体中有机物质总量的综合指标。TOC 的测定均采用燃烧法，能将有机物全部氧化，因此它比 BOD_5 或 COD 更能反映水样中有机物的总量。

目前广泛应用的测定 TOC 的方法是燃烧氧化非色散红外吸收法。其测定原理是将一份定量水样注入高温炉内的石英管，在 900～950℃高温下，以钳和三氧化钴或三氧化二铬为催化剂，使有机物燃烧裂解转化为二氧化碳，然后用红外线气体分析仪测定 CO_2 含量，从而确定水样中碳的含量。但在高温条件下，水样中的碳酸盐也会分解产生二氧化碳，因而上法测得的为水样中的总碳 (TC) 而非有机碳。

为了获得有机碳含量，一般可采用两种方法。一是将水样预先酸化，通入氮气曝气，驱除各种碳酸盐分解生成的二氧化碳后再注入仪器测定；二是使用装配有高低温炉的 TOC 测定仪，测定时将同样的水样分别等量注入高温炉 (900℃) 和低温炉 (150℃)。在高温炉中，水样中的有机碳和无机碳全部转化为 CO_2，而低温炉的石英管中装有磷酸浸渍的玻璃棉，能使无机碳酸盐在150℃分解为CO_2，有机物却不能被分解氧化。将高、低温炉中生成的CO_2依次导入非色散红外气体分析仪，分别测得总碳（TC）和无机碳（IC），二者之差即为总有机碳（TOC）。该方法最低检出浓度为0.5mg/L。

2. 总需氧量（TOD）的测定

总需氧量是指水中能被氧化的物质（主要是有机物质）在燃烧中变成稳定的氧化物时所需要的氧量，结果以O_2的量mg/L表示。TOD也是衡量水体中有机物污染程度的一项指标。

用TOD测定仪测定TOD的原理：将一定量水样注入装有钳催化剂的石英燃烧管，通入含已知氧浓度的载气（氮气）作为原料气，则水样中的还原性物质在900℃下被瞬间燃烧氧化，测定燃烧前后原料气中氧浓度的减少量，便可求得水样的总需氧量值。

TOD值能反映几乎全部有机物质经燃烧后变成CO_2、H_2O、NO、SO_2……所需要的氧量，它比BOD、COD和高锰酸盐指数更接近于理论需氧量值。它们之间没有固定的相关关系，从现有的研究资料来看，BOD_5：TOD为0.1～0.6，COD：TOD为0.5～0.9，具体比值取决于污水的性质。

根据TOD和TOC的比例关系可粗略判断有机物的种类。对于含碳化合物，因为一个碳原子需要消耗两个氧原子，即O_2：C=2.67，所以从理论上说，TOD=2.67TOC。若某水样的TOD：TOC=2.67左右，可认为主要是含碳有机物；若TOD：TOC＞4.0，则应考虑水中有较大量含S、P的有机物存在；若TOD：TOC＜2.6，就应考虑水样中硝酸盐和亚硝酸盐可能含量较大，它们在高温和催化条件下分解放出氧，使TOD测定呈现负误差。

（五）挥发酚的测定

芳香环上连有羟基的化合物均属酚类，各种不同结构的酚具有不同的沸点和挥发性，根据酚类能否与水蒸气一起蒸出，可以将其分为挥发酚与不挥发酚。通常认为，沸点在230℃以下的为挥发酚（属一元酚），沸点在230℃以上的为不挥发酚。

在有机污染物中，酚属毒性较高的物质，人体摄入一定量会出现急性中毒症状；长期饮用被酚污染的水，可引起头昏、瘙痒、贫血及神经系统障碍。当水体中的酚含量大于5mg/L时，就可造成鱼类中毒死亡。酚的主要污染源是炼油、焦化、煤气发生站、木材防腐及化工等行业所排放的废水。

酚的主要分析方法有滴定分析法、分光光度法、色谱法等。目前各国普遍采用的是4-氨基安替比林分光光度法，高浓度含酚废水可采用溴化滴定法。

(六) 矿物油类测定

水中的矿物油来自工业废水和生活污水。工业废水中的石油类 (各种烃类的混合物) 污染物主要来自原油开采、炼油企业及运输部门。矿物油漂浮在水体表面，影响空气与水体界面间的氧交换；分散于水中的油可被微生物氧化分解，消耗水中的溶解氧，使水质恶化。

矿物油中还含有毒性大的芳烃类。

测定矿物油的方法有重量法、非色散红外法、紫外分光光度法、荧光法、比浊法等。

1. 紫外分光光度法

石油及其产品在紫外光区有特征吸收。带有苯环的芳香族化合物的主要吸收波长为 250～260nm；带有共机双键的化合物主要吸收波长为 215～230nm；一般原油的两个吸收峰波长为 225nm 和 254nm；轻质油及炼油厂的油品可选 225nm。

水样用硫酸酸化，加氯化钠破乳化，然后用石油醚萃取、脱水、定容后测定。标准油用受污染地点水样中石油醚萃取物。

不同油品特征吸收峰不同，如难以确定测定波长时，可用标准油样在波长 215～300nm 扫描，采用其最大吸收峰处的波长，一般在 220～225nm。

2. 非色散红外法

本法系利用石油类物质的甲基、亚甲基在近红外区 (3.4μm) 有特征吸收，作为测定水样中油含量的基础。标准油可采用受污染地点水中石油醚萃取物。根据我国原油组分特点，也可采用混合石油烃作为标准油，其组成为：十六烷：异辛烷：苯 =65：25：10 (／)。

测定时，先用硫酸将水样酸化，加氯化钠破乳化，再用三氯三氟乙烷萃取，萃取液经无水硫酸钠过滤、定容，注入红外分析仪测其含量。

所有含甲基、亚甲基的有机物质都将产生干扰。如水样中有动、植物性油脂以及脂肪酸物质应预先将其分离。此外，石油中有些较重的组分不溶于三氯三氟乙烷，致使测定结果偏低。

第二节　大气和废气监测

一、大气污染基本知识

(一) 大气污染源

1. 工业企业排放的废气

在工业企业排放的废气中，排放量最大的是以煤和石油为燃料，在燃烧过程中排放的粉尘、SO_2、NO_x、CO、CO_2 等，其次是工业生产过程中排放的多种有机和无机污染物质。

2. 交通运输工具排放的废气

主要是交通车辆、轮船、飞机排出的废气。其中，汽车数量最大，并且集中在城市，故对空气质量特别是城市空气质量影响大，是一种严重的空气污染源，其排放的主要污染物有碳氢化合物、一氧化碳、氮氧化物和黑烟等。

3. 室内空气污染源

随着人们生活水平、现代化水平的提高，加上信息技术的飞速发展，人们在室内活动的时间越来越长，现代人，特别是生活在城市中的人，80%以上的时间是在室内度过的。因此，近年来对建筑物室内空气质量（IAQ）的监测及其评估，在国内外引起广泛重视。据测量，室内污染物的浓度高于室外污染物浓度 2~5 倍。室内环境污染直接威胁着人们的身体健康，流行病学调查表明：室内环境污染将提高急、慢性呼吸系统障碍疾病的发生率，特别是使肺结核、鼻、咽、喉和肺癌、白血病等疾病的发生率、死亡率上升，导致社会劳动效率降低。室内污染来源是多方面的，如大量使用含有过量有害物质的化学建材、装修不当、高层封闭建筑新风不足、室内公共场合人口密度过高等，使室内污染物质难以被充分稀释和置换，从而引起室内环境污染。

室内空气污染来源：化学建材和装饰材料中的油漆、胶合板、内墙涂料、刨花板中含有的挥发性的有机物，如甲醛、苯、甲苯、氯仿等有毒物质；大理石、地砖、瓷砖中的放射性物质的排放(氡气及其子体)；烹饪、吸烟等室内燃烧所产生的油、烟污染物质；人群密集且通风不良的封闭室内 CO_2 过高；空气中的霉菌、真菌和病毒等。

(1) 室内空气污染的分类

① 化学性污染：甲醛、总挥发有机物 (TVOC)、O_3、NH_3、CO、CO_2、SO_2、NO_2 等。

② 物理性污染：温度、相对湿度、通风率、新风量；PM10、PM2.5、电磁辐射等。

③生物性污染：霉菌、真菌、细菌、病毒等。

④放射性污染：氡气及其子体。

(2)室内空气的质量表征

①有毒、有害污染因子指标：在《室内空气质量标准》标准中规定了最高允许量。

②舒适性指标：包括室内温度、湿度、大气压、新风量等，它属主观性指标，与季节(夏季和冬季室内温度控制不一样)、人群生活习惯等有关。

(二) 空气中的污染物及其存在状态

1. 分子状态污染物

某些物质如二氧化硫、氮氧化物、一氧化碳、氯化氢、氯气、臭氧等沸点都很低，在常温、常压下以气体分子形式分散于空气中。还有些物质如苯、苯酚等，虽然在常温、常压下是液体或固体，但因其挥发性强，故能以蒸气态进入空气中。

无论是气体分子还是蒸气分子，都具有运动速度较大、扩散快、在空气中分布比较均匀的特点。它们的扩散情况与自身的密度有关，密度大者向下沉降，如汞蒸气等；密度小者向上飘浮，并受气象条件的影响，可随气流扩散到很远的地方。

2. 粒子状态污染物

粒子状态污染物(或颗粒物)是分散在空气中的微小液体和固体颗粒，粒径多在$0.01 \sim 100 \mu m$，是一个复杂的非均匀体系。通常根据颗粒物在重力作用下的沉降特性将其分为降尘和可吸入颗粒物。粒径大于10的颗粒物能较快地沉降到地面上，称为降尘；粒径小于$10 \mu m$的颗粒物(PM10)可长期飘浮在空气中，称为可吸入颗粒物或飘尘(IP)；粒径小于$2.5 \mu m$的颗粒物(PM2.5)能够直接进入支气管，干扰肺部的气体交换，引发哮喘、支气管炎和心血管病等方面的疾病。空气污染常规测定项目——总悬浮颗粒物(TSP)是粒径小于100颗粒物的总称。

可吸入颗粒物具有胶体性质，故又称气溶胶，它易随呼吸进入人体肺脏，在肺泡内积累，并可进入血液输往全身，对人体健康危害大。通常所说的烟(smoke)、雾(fog)、灰尘(dust)也是用来描述颗粒物存在形式的。

某些固体物质在高温下由于蒸发或升华作用变成气体逸散于空气中，遇冷后又凝聚成微小的固体颗粒悬浮于空气中构成烟。例如，高温熔融的铅、锌，可迅速挥发并氧化成氧化铅和氧化锌的微小固体颗粒。烟的粒径一般在$0.01 \sim 1 \mu m$。

雾是由悬浮在空气中微小液滴构成的气溶胶。按其形成方式可分为分散型气溶胶和凝聚型气溶胶。常温状态下的液体，由于飞溅、喷射等原因被雾化而形成微小雾滴分散在空气中，构成分散型气溶胶。液体因为加热变成水蒸气逸散到空气中，遇冷后又凝集成微小液滴形成凝聚型气溶胶。雾的粒径一般在 10mm 以下。

通常所说的烟雾是烟和雾同时构成的固、液混合态气溶胶，如硫酸烟雾、光化学烟雾等。硫酸烟雾主要是由燃煤产生的高浓度二氧化硫和煤烟形成的，二氧化硫经氧化剂、紫外光等因素的作用被氧化成三氧化硫，三氧化硫与水蒸气结合形成硫酸烟雾。当空气中的氮氧化物、一氧化碳、碳氢化合物达到一定浓度后，在强烈阳光照射下，经一系列光化学反应，形成臭氧、PAN 和醛类等物质悬浮于空气中而构成光化学烟雾。

尘是分散在空气中的固体微粒，如交通车辆行驶时所带起的扬尘、粉碎固体物料时所产生的粉尘、燃煤烟气中的含碳颗粒物等。

二、空气污染监测方案的制定

(一) 基础资料的收集

1. 污染源分布及排放情况

通过调查，将监测区域内的污染源类型、数量、位置、排放的主要污染物及排放量调查清楚，同时还应了解所用原料、燃料及消耗量。特别注意排放高度低的小污染源，它对周围地区地面、大气中污染物浓度的影响要比大型工业污染源大。

2. 气象资料

污染物在大气中的扩散、输送和一系列的物理、化学变化在很大程度上取决于当时当地的气候条件。因此，要收集监测区域的风向、风速、气温、气压、降水量、日照时间、相对湿度、温度的垂直梯度和逆温层底部高度等资料。

3. 地形资料

地形对当地的风向、风速和大气稳定情况等有很大影响。因此，设置监测网点时应该考虑地形的因素。例如，一个工业区建在不同的地区，对环境的影响会有显著的差异，不同的地理环境会有不同。在河谷地区出现逆温层的可能性较大，在丘陵地区污染物浓度梯度会很大，在海边、山区影响也是不同的。因此，监测区域的地形越复杂，要求布设监测点越多。

4. 土地利用和功能分区情况

监测地区内土地利用情况及功能区划分也是设置监测网点应考虑的重要因素之一，不同功能区的污染状况是不同的，如工业区、商业区、混合区、居民区等。

5. 人口分布及人群健康情况

环境保护的目的是维护自然环境的生态平衡，保护人群的健康，因此，掌握监测区域的人口分布、居民和动植物受大气污染危害情况及流行性疾病等资料，对制定监测方案、分析判断监测结果是有益的。

对于相关地区以及周边地区的大气资料，如有条件也应收集、整理，供制订监测方案参考。

(二) 采样点的布设

1. 采样点布设原则

常规监测的目的：一是判断环境大气是否符合大气质量标准，或提高环境大气质量的程度；二是观察整个区域的污染趋势；三是开展环境质量识别，为环境科学提供基础资料和依据。监测 (网) 点的布设方法有经验法、统计法、模式法等。监测点的布设，要使监测大气污染物所代表的空间范围与监测站的监测任务相适应。

经验法布点采样的原则和要求：采样点应选择整个监测区域内不同污染物的地方；采样点应选择在有代表性区域内，按工业密集的程度、人口密集程度、城市和郊区，增设采样点或减少采样点；采样点要选择开阔地带，要选择风向的上风口；采样点的高度由监测目的而定，一般为离地面 1.5 ~ 2m 处，连续采样、例行监测采样口高度应距地面 3 ~ 15m，或设置于屋顶采样；各采样点的设置条件尽可能一致，或按标准化规定实施，使获得的数据具有可比性；采样点应满足网络要求，便于自动监测。

2. 采样布点方法

采样点的设置数目要与经济投资和精度要求相应的一个效益函数适应，应根据监测范围大小、污染物的空间分布特征、人口分布及密度、气象、地形及经济条件等因素综合考虑确定。世界卫生组织（WHO）和世界气象组织（WMO）提出按城市人口多少设置城市大气地面自动监测站 (点) 的数目，见表7-2。我国对大气环境污染例行监测采样点规定的设置，见表7-3。

表 7-2 WHO 和 WMO 推荐的城市大气自动监测站 (点) 数目

市区人口 / 万人	飘　尘	SO$_2$	NO$_x$	氧化剂	CO	风向、风速
≤ 100	2	2	1	1	1	1
100 ~ 400	5	5	2	2	2	2
400 ~ 800	8	8	4	3	4	2
> 800	10	10	5	4	5	3

表7-3 我国大气环境污染例行监测采样点设置数目

市区人口/万人	SO_2、NO_x、TSP	灰尘自然降尘量	硫酸盐化速度
<50	3	≥3	≥6
50~100	4	4~8	6~12
100~200	3	8~11	12~18
200~400	6	12~20	18~30
>400	7	20~30	30~40

(1) 功能区布点法

这种方法多用于区域性常规监测。布点时先将监测地区按环境空气质量标准划分成若干"功能区"，再按具体污染情况和人力、物力条件，在各功能区设置一定数量的采样点。各功能区的采样点不要求平均，一般在污染较集中的工业区多设点，人口较密集的区域多设点。

(2) 网格布点法

这种方法是将监测区域地面划分成均匀网状方格，采样点设在两条线的交叉处或方格中心。网格大小视污染源强度、人口分布及人力、物力条件等确定，如主导风向明显，下风向设点应多一些，一般约占采样总数的60%。网格划分越小，检测结果越接近真值，监测效果越好。网格布点法适用于有多个污染源，且污染分布比较均匀的地区。

(3) 同心圆布点法

这种方法主要用于多个污染源构成污染群，且大污染源较集中的地区。先找出污染群的中心，以此为圆心在地面上画若干个同心圆，再从圆心作若干条放射线，将放射线与圆周的交点作为采样点。不同圆周上的采样数目不一定相等或均匀分布，常年主导风向的下风向比上风向多设一些点。

(4) 扇形布点法

这种方法适用于主导风向明显的地区，或孤立的高架点源，以点源为顶点，呈45°扇形展开，采样点在距点源不同距离的若干弧线上。扇形布点主要用于大型烟囱排放污染物的取样，烟囱高度越高，污染面越大，采样点就要增多。

(三) 采样时间和频率

1. 采样时间

采样时间短，试样缺乏代表性，监测结果不能反映污染物浓度，随时间的变化，仅适用于事故性污染、初步调查等情况的应急监测。为增加采样时间，目前采用的方法是使用自动采样仪器进行连续自动采样，若再配上污染组分连续或间歇自动监测仪器，其监测结果能更好地反映污染物浓度的变化，得到任何一段时间（如 1h、1d、1 个月、1 个季度、1 年）的代表值（平均值）。这是最佳采样和测定方式。

2. 采样频率

采样频率安排合理、适当，积累足够多的数据，则具有较好的代表性。增加采样频率，即每隔一定时间采样测定一次，取多个试样测定结果的平均值为代表值。例如，每个月采样一天，而一天内由间隔等时间采样测定一次，求出日平均、月平均监测结果。这种方法适用于受人力、物力限制而进行人工采样测定的情况，是目前进行大气污染常规监测、环境质量评价现状监测等广泛采用的方法。

显然，连续自动采样监测频率可以选得很高，采样时间很长，如一些发达国家为监测空气质量的长期变化趋势，要求计算年平均值的累积采样时间在 6000h。

若采用人工采样测定，应满足：在采样点受污染最严重的时期采样测定；最高日平均浓度全年至少监测 20 天；最大一次浓度不得少于 25 个；每日监测次数不少于 3 次。

三、环境空气样品的采集和采样设备

（一）采集方法

根据被测物质在空气中存在的状态和浓度，以及所用分析方法的灵敏度，可选择不同的采样方法。采集空气样品的方法一般分为直接采样法和富集采样法两大类。

1. 直接采样法

（1）注射器采样法

将空气中被测物采集在 100mL 注射器中的方法。采样时，先用现场空气抽洗 2~3 次，再抽取空气样品 100mL，密封进样口，带回实验室进行分析。采集的空气样品要立即进行分析，最好当天处理完毕。注射器采样法一般用于有机蒸气的采样。

（2）塑料袋采样法

将空气中被测物质直接采集在塑料袋中的方法。此方法需要注意所用塑料袋不应与所采集的被测物质起化学反应，也不应对被测物质产生吸附和渗漏现象。常用塑料袋有聚乙烯袋、聚四氟乙烯袋及聚酯袋等，为减少对待测物质的吸附，有些塑料袋内壁衬有金属膜，如衬银、铝等。采样时用二连球打入现场空气，冲洗 2~3 次，然后再充满被测样品，夹住进气口，带回实验室进行分析。

（3）采气管采样法

采气管是两端具有旋塞的管式玻璃容器，其容积为 100~500mL。采样时，打开两端旋塞，将二联球或抽气泵接在管的一端，迅速抽进比采气管体积大6~10倍的欲采气体，使气管中原有气体完全被置换出，关上两端旋塞，采气体积即为采气管的容积。

（4）真空瓶（管）采样法

将空气中被测物质采集到预先抽成真空的玻璃瓶或玻璃采样管中的方法。所用的采样瓶（管）必须是用耐压玻璃制成，一般容积为500~2000mL。

抽真空时，瓶外面应套有安全保护套，一般抽至剩余压力为1.33kPa左右即可，如瓶中预先装好吸收液，可抽至溶液冒泡时为止。采样时，在现场打开瓶塞，被测空气即充进瓶中，关闭瓶塞，带回实验室分析。采样体积为真空采样瓶（管）的体积。如果真空度达不到1.33kPa，那么采样体积的计算应扣除剩余压力。

2. 富集采样法

（1）溶液吸收法

用吸收液采集空气中气态、蒸气态物质以及某些气溶胶的方法。当空气样品进入吸收液时，气泡与吸收液界面上的监测物质的分子由于溶解作用或化学反应，很快地进入吸收液中。同时气泡中间的气体分子因存在浓度梯度和运动速度极快，能迅速地扩散到气—液界面上。因此，整个气泡中被测物质分子很快地被溶液吸收。各种气体吸收管就是利用这个原理而设计的。

理想的吸收液应是理化性质稳定，在空气中和在采样过程中自身不会发生变化，挥发性小，并能够在较高温度下经受较长时间采样而无明显的挥发损失，有选择性地吸收，吸收效率高，能迅速地溶解被测物质或与被测物质起化学反应。最理想的吸收液中就含有显色剂，边采样边显色，不仅采样后即可比色定量，而且可以控制采样的时间，使显色强度恰好在测定范围内。常用的吸收液有水溶液和有机溶剂等。吸收液的选择是根据被测物质的理化性质及所用的分析方法而定。

吸收液的选择原则：与被采集的物质发生化学反应快或对其溶解度大；污染物质被吸收液吸收后，要有足够的稳定时间，以满足分析测定所需时间的要求；污染物质被吸收后，应有利于下一步分析测定，最好能直接用于测定；吸收液毒性小、价格低、易于购买，且尽可能回收利用。

①气泡吸收管。适用于采集气态和蒸气态物质，对于气溶胶态物质，因不能像气态分子那样快速扩散到气液界面上，故吸收效率差。

②冲击式吸收管。适宜于采集气溶胶态物质。因为该吸收管的进气管喷嘴孔径小，距离瓶底又很近，当被采气样快速从喷嘴喷出冲向管底时，则气溶胶颗粒因惯性作用冲击到管底被分散，从而易被吸收液吸收。

③多孔筛板吸收管（瓶）。气样通过吸收管（瓶）的筛板后，被分散成很小的气泡，

且阻留时间长，大大增加了气液接触面积，从而提高了吸收效果。适合采集气态和蒸气态物质外，也能采集气溶胶态物质。

(2) 填充柱阻留法

填充柱是用一根长 6 ~ 10cm、内径 3 ~ 5mm 的玻璃管或塑料管，内装颗粒状填充剂制成。采样时，让气样以一定流速通过填充柱，欲测组分因吸附、溶解或化学反应等作用被阻留在填充剂上，达到浓缩采样的目的。采样后，通过解吸或溶剂洗脱，使被测组分从填充剂上释放出来进行测定。根据填充剂阻留作用的原理，可分为吸附型、分配型和反应型三种类型。

吸附型填充柱的填充剂是颗粒状固体吸附剂，如活性炭、硅胶、分子筛、高分子多孔微球等。在选择吸附剂时，既要考虑吸附效率，又要考虑易于解吸测定。

分配型填充柱的填充剂是表面涂有高沸点有机溶剂 (如异十二烷) 的惰性多孔颗粒物 (如硅藻土)，类似于气液色谱柱中的固定相，只是有机溶剂的用量比色谱固定相大。当被采集气样通过填充柱时，在有机溶剂 (固定液) 中分配系数大的组分保留在填充剂上而被富集。

反应型填充柱的填充剂是由惰性多孔颗粒物 (如石英砂、玻璃微球等) 或纤维状物 (如滤纸、玻璃棉等) 表面涂渍能与被测组分发生化学反应的试剂制成。气样通过填充柱时，被测组分在填充剂表面因发生化学反应而被阻留。

(3) 滤料阻留法

该方法是将过滤材料 (滤纸、滤膜等) 放在米样夹上，用抽气装置抽气，则空气中的颗粒物被阻留在过滤材料上，称量过滤材料上富集的颗粒物质量，根据采样体积，即可计算出空气中颗粒物的浓度。

(4) 低温冷凝法

空气中某些沸点比较低的气态污染物质，如烯炷类、醛类等，在常温下用固体填充剂的方法富集效果不好，而低温冷凝法可提高采集效率。低温冷凝采样法是将 U 形或蛇形采样管插入冷阱中，当空气流经采样管时，被测组分因冷凝而凝结在采样管底部。如用气相色谱法测定，可将采样管与仪器进气口连接，移去冷阱，在常温或加热情况下气化，进入仪器测定。

制冷的方法有半导体制冷器法和制冷剂法。常用的制冷剂有冰 (0° C)、冰 – 食盐 (-10℃)、干冰 – 乙醇 (-72℃)、干冰 (-78.5℃)、液氮 (-196℃) 等。

(5) 自然积集法

这种方法是利用物质的自然重力、空气动力和浓差扩散作用采集空气中的被测物质，如自然降尘量、硫酸盐化速率、氟化物等空气样品的采集。采样不需要动力设备，简单易行，且采样时间长，测定结果能较好地反映空气污染状况。

(二) 采样仪器

用于空气采样的仪器种类和型号颇多，但它们的基本构造相似，一般由收集器、流量计和采样动力三部分组成。

1. 收集器

收集器是阻留捕集空气中欲测污染物的装置。包括前面介绍的气体吸收管 (瓶)、填充柱、滤料、冷凝采样管等。

2. 流量计

流量计是采样时测定气体流量的装置，常用的流量计有皂膜流量计、孔口流量计、转子 (浮子) 流量计、湿式流量计、临界孔稳流计和质量流量计等。皂膜流量计专用于校正其他流量计。转子流量计具有简单、轻便、较准确等特点，专为各种空气采样仪器所采用。

3. 采样动力

空气监测中除少数项目 (如降尘等) 不需动力采样外，绝大部分项目的监测采样都需采样动力。采样动力为抽气装置，最简易的采样动力是人工操作的抽气筒、注射器、双联球等。而通常所说的采样动力是指采样仪器中的抽气泵部分。抽气泵有真空泵、刮板泵、薄膜泵和电磁泵等。

(三) 采样效率及评价

1. 采集气态和蒸气态污染物质效率的评价方法

采集气态和蒸气态的污染物常用溶液吸收法和填充柱阻留法。效率评价有绝对比较法和相对比较法两种。

(1) 绝对比较法

精确配制一个已知浓度为 c_0 的标准气体，然后用所选用的采样方法采集标准气体，测定其浓度，比较实测浓度 c_1 和配气浓度 c_0，其采样效率 K 为：

$$K = \frac{c_1}{c_0} \times 100\% \tag{7-3}$$

用这种方法评价采样效率虽然比较理想，但配制已知浓度的标准气体有一定困难，实际应用时受到限制。

(2) 相对比较法

配制一个恒定浓度的气体，而其浓度不一定要求准确已知。然后用 2 ~ 3 个采样管串联起来采集所配制的样品。采样结束后，分别测定各采样管中污染物的含量，计算第一个采样管含量占各管总量的百分数，其采样效率 K 为：

$$K = \frac{c_1}{c_1 + c_2 + c_3} \times 100\%\tag{7-4}$$

式中：c_1、c_2、c_3——第一个、第二个和第三个采样管中污染物的实测浓度。

用此法计算采样效率时，要求第二管和第三管的浓度之和与第一管比较是极小的，这样三个管所测得的浓度之和就近似于所配制的气样浓度。一般要求 K 值在90% 以上。有时还须串联更多的吸收管采样，以期求得与所配制的气样浓度更加接近。采样效率过低时，应更换采样管、吸收剂或降低抽气速度。

2. 采集颗粒物效率的评价方法

采集颗粒物效率的评价方法有两种。一种是颗粒采样效率，即所采集到的颗粒数占总的颗粒数的百分数；另一种是质量采样效率，即所采集到的颗粒物质量占颗粒物总质量的百分数。只有当全部颗粒大小相同时，这两种采样效率才在数值上相等。但是，实际上这种情况是不存在的。粒径几微米以下的极小颗粒在颗粒数上总是占绝大部分，而按质量计算却只占很小部分。因此，质量采样效率总是大于颗粒采样效率。在空气监测中，评价采集颗粒物方法的采样效率多用质量采样效率表示。

评价采集颗粒物方法的效率与评价气态和蒸气态的采样方法有很大的不同。一是因为配制已知浓度标准颗粒物在技术上比配制标准气体要复杂得多，而且颗粒物粒度范围也很大，所以很难在实验室模拟现场存在的气溶胶各种状态；二是用滤料采样就像一个滤筛一样，能漏过第一张滤料的细小颗粒物，也有可能会漏过第二张或第三张滤料，所以用相对比较法评价颗粒物的采样效率就有困难。鉴于以上情况，评价滤料的采样效率一般用另一个已知采样效率高的方法同时采样，或串联在其后面进行比较得出。颗粒采样效率常用一个灵敏度很高的颗粒计数器测量进入滤料前后的空气中的颗粒数来计算。

（四）采气量、采样记录和浓度表示

1. 采气量的确定

每一个采样方法规定了一定的采气量。采气量过大或过小都会影响监测结果。一般来讲，分析方法灵敏度较高时，采气量可小些，反之则须加大采气量。如果现场污染物浓度不清楚时，采气量和采样时间应根据被测物质在空气中的最高允许浓度和分析方法的检出限来确定。最小采气量是保证能够测出最高允许浓度范围所需的采样体积，最小采气量可用下式进行估算。

$$V = \frac{V_t \times D_L}{c}\tag{7-5}$$

式中：V——最小采气体积，L；

V_t——样品溶液的总体积，mL；

D_L——分析方法的检出限，mg/mL；

c——最高允许浓度，mg/m³。

2. 采样记录

采样记录与实验室分析测定记录同等重要。在实际工作中，不重视采样记录，往往会导致由于采样记录不完整使一大批监测数据无法统计而报废。因此，必须给予高度重视。采样记录的内容：所采集样品被测污染物的名称及编号；采样地点和采样时间；采样流量、采样体积及采样时的温度和空气压力；采样仪器、吸收液及采样时天气状况及周围情况；采样者、审核者姓名。

3. 空气中污染物浓度的表示方法

(1) 浓度的表示方法

空气中污染物浓度的表示方法有两种：一种是以单位体积内所含的污染物的质量数来表示，常用 mg/m³ 或 μg/m³ 来表示；另一种是污染物体积与气样总体积的比值，常用 mL/L、nL/L 或 pL/L 来表示。过去常用的 *ppmV* 是指在百万体积空气中含有害气体和蒸气的体积数。

(2) 空气体积的换算

根据气体状态方程式可知，气体体积受温度和空气压力影响。为了使计算出的浓度具有可比性，要将采样体积换算成标准状态下的采样体积，体积换算式如下：

$$V_0 = V_t \times \frac{273}{273 + t} \times \frac{P}{101.325} \tag{7-6}$$

式中：V_0——标准状态下的采样体积，L 或 m³；

V_t——采样体积，L 或 m³；

t——采样时的温度，℃；

P——采样时的大气压力，kPa。

四、大气颗粒物污染源样品的采集及处理

(一) 大气颗粒物排放源分类

大气颗粒物排放源分类：土壤风沙尘、海盐粒子、燃煤飞灰、燃油飞灰、汽车尘、道路尘、建筑材料尘、冶炼工业粉尘、植物尘、动物焚烧尘、烹调油烟、城市扬尘等。

(二) 源样品采集原则

有些源类，其构成物质在向受体排放时，主要经历物理变化过程，如海盐粒子、火山灰、风沙土壤、植物花粉等。采集这类源样品时，可以直接采集构成源的物质，以源物质的成分谱作为源成分谱。

有些源类，其构成物质不直接向受体排放，中间主要经历物理化学变化过程，如煤炭、石油及石油制品要经过燃烧过程，建筑水泥尘是矿石经过焙烧过程，钢铁尘经过冶炼过程等。因此，采集这类源样品时，不能直接采集源构成物质，而应该采集它们的排放物，以源的排放物 (飞灰) 的成分谱作为源成分谱。

二次粒子成分，如硫酸盐、硝酸盐和二次转化的有机物，则难以通过一般的方法来采样测量。

(三) 代表性源样品采集技术的新进展

1. 用机动车随车采样器采集机动车尾气尘

(1) 台架法

机动车尾气管排放的颗粒物主要以含碳为主的不可挥发部分和以高沸点碳氢化合物为主要成分的可挥发部分。因此，颗粒物的取样温度、取样方式直接影响检测结果。通常将尾气稀释，以避免化学活性强的物质发生化学反应和水蒸气聚集凝结溶解其他污染物引起误差。

常见的取样方法有三种：① 全流稀释风道法，采用定容取样原理制成，适用于气体和颗粒物的采样；② 二次稀释风道采样；③ 分流稀释取样。

(2) 随车法

目前我国生产和进口的机动车种类繁多，工况复杂。台架法适合规定工况条件下的尾气测试，不能反映机动车随机条件下的尾气排放情况，因此采用随车采样器更能满足随机条件下的尾气排放测试。南开大学已经研制开发了适合各种机动车型号的随车采样器，能够满足测试的要求。

2. 烟道气湍流混合稀释采样系统采集工业燃煤 (油) 飞灰

烟尘在环境中主要以气、固两相气溶胶形态存在，是环境空气颗粒物的主要来源之一。烟尘从排气筒中排出后，会立即与环境空气混合发生凝结、蒸发、凝聚以及二次化学反应。这些物理、化学变化将改变颗粒物的粒度分布和化学组成。因此，如何从固定源排气筒中采集到物化行为更接近于环境条件下演化的颗粒物样品，已成为困扰环保界的技术难题之一。

3. 颗粒物再悬浮采样器对粉末源样品进行分级

颗粒物再悬浮采样器主要是为了解决开放源样品的采样问题。再悬浮采样器通过送样装置将已干燥、筛分好的粉末样品送至再悬浮箱中使颗粒再次悬浮起来，然后利用分级采样头将样品采集到滤膜上。

五、空气污染物的测定

(一) 粒子状污染物的测定

1. 自然降尘的测定

降尘是大气污染监测的参考性质指标之一，大气降尘定义是指在空气环境下，靠重力自然沉降在集尘缸中的颗粒物。降尘颗粒多在 $10\mu m$ 以上。

(1) 测定原理

空气中可沉降的颗粒，沉降在装有乙二醇水溶液的集尘缸里，样品经蒸发、干燥、称量后，计算降尘量。

(2) 采样

① 设点要求。采样地点附近不应有高大的建筑物及局部污染源的影响；集尘缸应距离地面 5~15m。

② 样品收集。放置集尘缸前，加入乙二醇 60~80mL，以占满缸底为准，加入的水量适宜 (50~200mL)；将采样缸放在固定架上并记录放缸地点、缸号、时间；定期取采样缸 [(30±2) h]。

(3) 测定步骤

① 瓷坩埚的准备。将洁净的瓷坩埚置于电热干燥箱内在 (105±5)℃烘 3h，取出放入干燥器内冷却 50min，在分析天平上称量；在同样的温度下再烘 50min，冷却 50min，再称量，直至恒重 (两次误差小于 0.4mg)，此值为 W_b。然后，将瓷坩埚置于高温熔炉内在 600℃灼烧 2h，待炉内温度降至 300℃以下时取出，放入干燥器中，冷却 50min，称量，再在 600℃下灼烧 1h，冷却 50min，再称量，直至质量恒定，此值为 W_b。

② 降尘总量的测定。剔除采样缸中的树叶、小虫后其余部分转移至 500mL 烧杯中，在电热板上蒸发至 10~20mL，冷却后全部转移至恒重的坩埚内蒸干，放入干燥箱经 (105±5)℃烘干至恒重 W_1。

③ 试剂空白测定。取与采样操作等量的乙二醇水溶液，放入 500mL 烧杯中，重复前面的实验内容，得到的恒定质量减去 W_0 即为空白 W_e。

（4）计算

$$M = \frac{W_1 - W_0 - W_e}{Sn} \times 30 \times 10^4 \tag{7-7}$$

式中：M——除尘总量，t/（km² · 30d）；

W_1——降尘，瓷坩埚、乙二醇水溶液蒸发至干恒重质量，g；

W_0——电瓷坩埚恒重质量，g；

W_e——空白质量，g；

S——集尘缸缸口面积，cm²；

n——采样天数，准确至 0.1d。

2. 总悬浮颗粒物的测定

（1）测定原理

空气中总悬浮颗粒物（简称"TSP"）抽进大流量采样器时，被收集在已称重的滤料上，采样后，根据采样前后滤膜质量之差及采样体积，计算总悬浮颗粒物的浓度。滤膜处理后，可进行组分测定。

（2）主要仪器

①大流量或中流量采样器（带切割器）。

②大流量孔口流量计（量程 0.7 ~ 1.4m³/min，恒流控制误差 0.01m³/min）、中流量孔口流量计（量程 70 ~ 160L/min，恒流控制误差 1L/min）。

③滤膜。气流速度为 0.45m/s 时，单张滤膜阻力不大于 3.5kPa，抽取经过高效过滤其精华的气体 5h，1cm² 滤膜失重不大于 0.012mg。

④恒温恒湿箱。

⑤天平（大托盘分析天平）。

（3）测定步骤

①滤膜准备。每张滤膜都要经过 X 线机的检查，不得有缺陷。用前要编号，并打在滤膜的角上。把滤膜放入恒温恒湿箱内平衡 2h，平衡温度取 15 ~ 30T 中任何一点，并记录温度和湿度。平衡后称量滤膜，称准为 0.1mg。

②安放滤膜。将滤膜放入滤膜夹，使之不漏气。

③采样后，取出滤膜检查是否受损。若无破损，在平衡条件下，称量测定。

（4）计算

$$\rho = \frac{K(W_1 - W_0)}{Q_N t} \tag{7-8}$$

式中：ρ——总悬浮颗粒物含量，μg/m³；

W_1——电采样前滤膜质量，g；

W_0——采样后滤膜质量，g；

t——累计采样时间，min；

Q_N——采样器平均抽气量，m^3/min；

K——常数（大流量 1×100，中流量 1×109）。

(二) 分子状污染物的测定

1. SO_2 的测定

二氧化硫是主要大气污染物之一，来源于煤和石油产品的燃烧、含硫矿石的冶炼、硫酸等化工产品生产所排放的废气。

(1) 测定方法

测定 SO_2 方法很多，常见的有分光光度法、紫外荧光法、电导法、恒电流库仑法和火焰光度法等。

四氯汞盐 - 副玫瑰苯胺分光光度法适用于大气中二氧化硫的测定，方法检出限为 $0.015mg/m^3$，以 50mL 吸收液采样 24h，采样 288L 时，可测浓度范围为 $0.017 \sim 0.35\mu n/m^3$；甲醛吸收 – 副玫瑰苯胺分光光度法方法检出限 $0.007mg/m^3$，以 50mL 吸收液采样 24h，采样 288L 时，最低检出限量 $0.003mg/m^3$。

(2) 测定原理

两种测定方法原理基本上相同，差别在于 SO_2 吸收剂不同，一种方法是用四氯汞钾吸收液，另一种方法用甲醛缓冲液。

① 四氯汞钾（TCM）为吸收液。气样中的 SO_2 被吸收液吸收生成稳定的二氯亚硫酸盐配合物，此配合物与甲醛和盐酸副玫瑰苯胺（PRA）反应生成红色配合物，用分光光度法测定生成配合物的吸光度，进行定量分析。

② 甲醛缓冲溶液为吸收液。气样中 SO_2 与甲醛生成羟醛甲基磺酸加成产物，加入 NaOH 溶液使加成物分解释放出 SO_2，再与盐酸副玫瑰苯胺反应生成紫红色配合物，比色定量分析。

(3) 测定步骤

① 标准曲线的绘制。取 7 支 10mL 具塞比色管，按表 7-4 配制校准标准色阶管。

表 7-4　标准溶液系列

管号	0	1	2	3	4	5	6
二氧化硫标准溶液（mL）	0	0.5	1	2	5	8	10.00
甲醛（mL）	10	9.5	9	8	5	2	0
二氧化硫（g）	0	0.5	1	5	5	8	10.00

向各色阶管中分别加入 1.0mL 3g/L 氨基磺酸钠溶液、0.5mL 2.0mol/L 氢氧化钠溶液、1mL 水，充分混匀后再用可调定量加液器将 2.5mL 0.25g/L PRA 溶液快速射入混合液中，立即盖塞颠倒混匀，放入恒温水浴中显色。根据不同的季节选择最接近室温的显色温度与时间，见表 7-5。

表 7-5　显色温度与时间的选择

显色温度 /℃	10	15	20	25	30	稳定时间 /min	35	25	20	15	10
显色时间 /min	40	25	20	15	5	试剂空白吸光度	0.03	0.035	0.04	0.05	0.06

用 10mm 的比色皿，以水为参比溶液，在波长 570nm 处测定各管的吸光度，以二氧化硫含量（mg）为横坐标，吸光度为纵坐标，绘制标准曲线并计算回归线的斜率。以斜率的倒数作为样品测定的计算因子 B_s（mg/mL）。

② 样品测定

A.30 ~ 60min 样品测定将吸收液全部移入比色管中，用少量吸收液洗吸收管，合并至样品溶液中，并使体积为 10mL，然后按标准溶液绘制标准曲线的操作步骤测定吸光度。

B.24h 样品测定用水补充到采样前的吸收液的体积，准确量取 10.0mL 样品溶液，然后按标准溶液绘制标准曲线的操作步骤测定吸光度。

在每批样品测定的同时，用未采样的吸收液做试剂空白的测定。

（4）计算

$$c = \frac{(A - A_0)B_s}{V_0}D \tag{7-9}$$

式中：c——空气中二氧化硫的浓度；

A——样品溶液的吸光度；

A_0——试剂空白溶液的吸光度；

B_s——用标准溶液制备标准曲线得到的计算因子，mg；

D——分析时样品溶液的稀释倍数（30 ~ 60min 样品为 1，24h 50mL 样品为 5）；

V_0——换算成标准状况下的采样体积，L。

2. 氮氧化物的测定

（1）盐酸萘乙二胺分光光度法

① 测定原理

空气中的氧化氮（NO_x）经氧化管后，在采样吸收过程中生成亚硝酸，再与对氨基苯磺酰胺进行重氮化反应，然后与盐酸萘乙二胺偶合生成玫瑰红氮化合物，比色定量分析。

②采样

A. 1h采样。用一个内装10mL吸收液的普通型多孔玻璃吸收管，进口接上一个氧化管，并使管略微向下倾斜，以免潮湿空气将氧化管弄脏，污染后面的吸收管；以0.4L/min流量避光采气5~24L，使吸收液呈现玫瑰红色。

B. 24h采样。用一个内装50mL吸收液的大型多孔玻璃板吸收管，进口接上一个氧化管，并使管略微向下倾斜，以免潮湿空气将氧化管弄脏，污染后面的吸收管；以0.2L/min流量避光采气288L，或采至吸收液呈现玫瑰红色为止。

记录采样时的温度和大气压。

③测定步骤

A. 标准曲线的绘制。用亚硝酸钠标准溶液绘制标准曲线：取7个25mL容量瓶，按表7-6制备标准色列瓶管。

表7-6　标准溶液系列

瓶　号	0	1	2	3	4	5	6
标准溶液 V/mL	0	0.3	0.7	1	3	5	7
NO_2^-/mL	0	0.03	0.07	0.1	0.3	0.5	0.7

向各色列瓶中分别加入12.5mL显色液，加水至刻度，混匀，放置15min，用10mm的比色皿，以水为参比溶液，在波长540nm处测定各管的吸光度，以NO_2^-含量（μg/mL）为横坐标，吸光度为纵坐标，绘制标准曲线并计算回归线的斜率。以斜率的倒数作为样品测定的计算因子B_s（μg/mL）。

B. 样品测定。采样后，用水补充到采样前的吸收液的体积，放置15min，用10mm比色皿，以水作参比，按用标准溶液绘制标准曲线的操作步骤测定样品吸光度。

在每批样品测定的同时，用未采样的吸收液做试剂空白的测定。

④计算

$$c = \frac{(A - A_0) B_s V_1}{V_0 K} \times D \tag{7-10}$$

式中：c——空气中氧化氮的浓度，mg/m³；

A——样品溶液的吸光度；

A_0——试剂空白溶液的吸光度；

B_s——用标准溶液制备标准曲线得到的计算因子 μg/mL；

V_1——采样用的吸收液的体积，mL；

（短时间采样为10mL，24h采样为50mL）

K——$NO_2 \rightarrow NO_2^-$ 的经验转换系数，0.89；

D——分析时样品溶液的稀释倍数；

V_0——换算成标准状况下的采样体积，L。

（2）化学发光法

① 测定原理。某些化合物分子吸收化学能后，被激发到激发态，再由激发态返回到基态时，以光量子的形式释放出能量，这种化学反应称为化学发光法。利用测量化学发光强度对物质进行分析测定的方法称为化学发光分析法。

化学发光 NO_x 监测仪（又称"氧化氮分析器"）可用于氧化氮的分析，它是根据一氧化氮和臭氧气相发光反应的原理制成的。被测样气连续被抽入仪器，氧化氮经过 $NO_2 \rightarrow NO$ 转化器后，以一氧化氮的形式进入反应室，再与臭氧反应产生激发态二氧化氮（NO_2^*），当 NO_2^* 回到基态时放出光子（hv）。反应式如下：

$$2NO_2 \xrightarrow[M]{\Delta} 2NO + MO_2$$

$$NO + O_3 \rightarrow NO_2^* + O_2$$

$$NO_2^* \rightarrow NO_2 + hv \tag{7-11}$$

式中：M——$NO_2 \rightarrow NO$ 转化器中转化剂；

h——普朗克常数；

v——光子振动频率。

光子通过滤光片，被光电倍增管接收，并转变为电流，经放大后被测量。电流大小与一氧化氮浓度成正比。用二氧化氮标准气体标定仪器的刻度，即得知相当于二氧化氮量的氧化氮（NO_x）的浓度。仪器接记录器。

仪器中与 $NO_2 \rightarrow NO$ 转化器相对应的阻力管是为测定一氧化氮用的，这时气样不经转化器而经此旁路，直接进入反应室，测得一氧化氮量，则二氧化氮量等于氧化氮减一氧化氮量。

② 采样。空气样品通过聚四氟乙烯管以 1L/min 的流量被抽入仪器，取样管长度等于 5.0m，取样探头长度不小于 600mm。

③ 测量。将进样三通阀置于"测量"位置，样气通过聚四氟乙烯管被抽进仪器，即可读数。

④ 计算。在记录器上读取任一时间的氧化氮（换算成 NO_2）浓度，mg/m^3。将记录纸上的浓度和时间曲线进行积分计算，可得到氧化氮（换算成 NO_2）小时和日平均浓度，mg/m^3。

3. CO 的测定

一氧化碳是大气中主要污染物之一，主要来源于石油、煤炭燃烧不完全的产物，以及汽车的排气。一氧化碳是有毒气体，它容易与人体血液中的血红蛋白结合，形成碳氧血红蛋白，使血液输送氧的能力降低，造成缺血症，重者可致人死亡。

测定 CO 的方法很多，有非分散红外吸收法、气相色谱法、定电位电解法、间接冷原子吸收法等。

(1) 基本原理

当 CO 气态分子受到红外辐射（$1 \sim 25\mu m$）照射时，将吸收各自特征波长的红外光，引起分子振动能级和转动能级的跃迁，产生振动—转动吸收光谱，即红外吸收光谱。在一定气态物质浓度范围内，吸收光谱的峰值（吸光度）与气态物质浓度之间的关系符合朗伯－比尔定律，因此，测定其吸光度即可确定气态物质浓度。

CO 特征吸收峰为 $4.65\mu m$，CO_2 特征吸收峰为 $4.3\mu m$，水蒸气为 $3\mu m$ 和 $6\mu m$ 附近。因为空气中 CO_2 和水蒸气的浓度远大于 CO 的浓度，它们的存在干扰 CO 的测定。在测定前可用制冷或通过干燥剂的方法除去水蒸气，用窄带光除去 CO_2 的干扰。

(2) 仪器和试剂

① 非分散红外 CO 分析仪。

② 记录仪。$0 \sim 10mV$。

③ 流量计。$0 \sim 1L/min$。

④ 采样袋。铝箔复合薄膜采气袋或聚乙烯薄膜采气袋。

⑤ 双连橡胶球。

⑥ 高纯氮气。不含 CO 或已知 CO 的浓度。

⑦ CO 标准气。浓度选在测量范围 $60\% \sim 80\%$ 之内。

(3) 采样

用双连橡胶球将现场空气打入铝箔复合薄膜采气袋中，使之胀满后挤压放掉，如此反复 $5 \sim 6$ 次，最后一次打满后密封进样口，带回实验室分析。

(4) 分析测定

① 仪器启动和调零。开启仪器预热 30min，通入高纯氮气校准气调仪器零点。

② 校准量程。将 CO 标准器连接在仪器进口上，校准量程的上限值标度。

③ 测定样气。将采样袋通过干燥管连接在进气口，则气体被抽入仪器中，由仪器表头直接指示 CO 的浓度。

(5) 计算

仪器的标度指示是经过标准气体校准的，样气中的 CO 浓度由表头直接读出。

第八章　污水、污泥的厌氧生物处理

第一节　污水的厌氧消化

一、厌氧接触法

(一)厌氧的工艺流程

为了克服普通消化池不能保留或补充厌氧活性污泥的缺点，在消化池后设沉淀池，将沉淀污泥回流至消化池，形成了厌氧接触法。该工艺类似于完全混合式好氧活性污泥法，该系统不仅能使污泥不流失、出水水质稳定，而且能提高消化池内污泥浓度，从而提高设备的有机负荷和处理效率。

(二)厌氧接触法的特点

① 通过污泥回流(回流量一般为污水量的 2 ~ 3 倍)，可以使消化池内保持较高的污泥浓度，一般可达 10 ~ 15g/L，因此该工艺耐冲击能力较强。

② 消化池的容积负荷较普通消化池高，中温消化时，一般为 2 ~ 10 kgCOD/($m^3 \cdot d$)，但不宜过高，在高的污泥负荷下，厌氧接触工艺也会产生类似好氧活性污泥法的污泥膨胀问题，一般认为接触反应器中的污泥体积指数(SV1)应为 70 ~ 150mL/g。

③ 水力停留时间比普通消化池大大缩短，如常温下，普通消化池为 15 ~ 30d，而接触法小于 10d。

④ 该工艺不仅可以处理溶解性有机污水，而且可以用于处理悬浮物较高的高浓度有机污水，但不宜过高，否则将使污泥的分离发生困难。

⑤ 混合液经沉淀后，出水水质好，但须增加沉淀池、污泥回流和脱气等设备，厌氧接触法还存在混合液难以在沉淀池中进行固液分离的缺点。

(三)厌氧接触工艺存在的问题及解决办法

从消化池排出的混合液在沉淀池中进行固液分离有一定的困难，易造成污泥流失。一方面是由于混合液中污泥上附着大量的微小沼气泡，易于引起污泥上浮；另一方面是由于混合液中的污泥还具有产甲烷活性，在沉淀过程中仍能继续产气，从而妨碍污泥颗粒的沉降和压缩。为了提高沉淀池中混合液的固液分离效果，目前采用以下几种方法脱气：

①真空脱气，由消化池排出的混合液经真空脱气器（真空度为0.005MPa），将污泥絮体上的气泡除去，改善污泥的沉淀性能。

②热交换器急冷法，将从消化池排出的混合液进行急速冷却，如中温消化液35℃冷到15~25℃，可以控制污泥继续产气，使厌氧污泥有效地沉淀。

③絮凝沉淀，向混合液中投加絮凝剂，使污泥易凝聚成大颗粒，加速沉降。

④用超滤器代替沉淀池，以改善固液分离效果。

为了保证沉淀池分离效果，在设计时，沉淀池内表面负荷比一般污水沉淀池表面负荷应小，一般不大于1m/h，混合液在沉淀池内停留时间比一般污水沉降时间要长，可采用4h。

二、厌氧滤池

（一）厌氧生物滤池的构造

厌氧滤池（AF）又称厌氧固定膜反应器，是20世纪60年代末开发的新型高效厌氧处理装置，滤池呈圆柱形，池内装有填料，且整个填料浸没于水中，池顶密封。厌氧微生物附着于填料的表面生长，当污水通过填料层时，在填料表面的厌氧生物膜作用下，污水中的有机物被降解，并产生沼气，沼气从池顶部排出。滤池中的生物膜不断地进行新陈代谢，脱落的生物膜随出水流出池外，为分离被出水挟带的生物膜，一般在滤池后须设沉淀池。

填料是厌氧生物滤池的主体，其主要作用是提供微生物附着生长的表面及悬浮生长的空间。对填料的要求：比表面积大，孔隙率高，表面粗糙生物膜易附着，对微生物细胞无抑制和毒害作用，有一定强度，且质轻、价廉、来源广。常用的滤料有碎石、卵石、焦炭，以及各种形式的塑料滤料。碎石、卵石填料的比表面积较小（$40~50m^2/m^3$），孔隙率较低（50%~60%），产生的生物膜较少，生物固体的浓度不高，有机负荷较低，仅为$3~6kgCOD/(m^3 \cdot d)$，此类滤池运行中容易发生堵塞现象与短流现象。塑料填料的比表面积和孔隙率都比较大，如波纹板滤料的比表面积达$100~200m^2/m^3$，孔隙率达80%~90%，因此，有机负荷大为提高，在中温条件下，可达$5~15kgCOD/(m^3 \cdot d)$，滤池在运行时不易堵塞。填料层高度，对于拳状滤料，高度以不超过1.2m为宜。对于塑料填料，高度以1~6m为宜。

厌氧生物滤池中除填料外，还有布水系统和沼气收集系统。

进水系统须考虑易于维修而又使布水均匀，且有一定的水力冲刷强度。对直径较小的厌氧滤池常用短管布水，对直径较大的厌氧滤池多用可拆卸的多孔管布水。

沼气收集系统包括水封、气体流量计等。

(二) 厌氧生物滤池的类型和特点

厌氧生物滤池按其中水流方向，可分为升流式和降流式两种形式。

污水从池底进入，从池上部排出，称为升流式厌氧滤池；污水从池上部进入，以降流的形式流过填料层，从池底部排出，称为降流式厌氧滤池。在厌氧滤池中，厌氧微生物大部分存在于生物膜中，少部分以厌氧活性污泥的形式存在于滤料的孔隙中，厌氧生物滤池内厌氧微生物的浓度随填料高度的不同，存在很大的差别。升流式厌氧生物滤池底部的微生物浓度有时是其顶部微生物浓度的几十倍，因此底部容易出现部分填料间水流通道堵塞、水流短路的现象。而降流式厌氧生物滤池向下的水流有利于避免填料层的堵塞，其中微生物浓度的分布比较均匀。在处理含硫废水时，由于产生毒性的 H_2S 大部分可以从上层逸出，因此在整个反应器内，H_2S 的浓度较小，有利于克服毒性的影响。经验表明，在相同的水质条件和水力停留时间下，升流式厌氧生物滤池的污物去除率要比降流式厌氧生物滤池高，因此实际应用中的厌氧生物滤池多采用升流式。

厌氧生物滤池的特点如下：

① 由于填料为微生物附着生长提供了较大的表面积，滤池中的微生物量较高，又因为生物膜停留时间长，平均停留时间长达100d，因而可承受的有机容积负荷高，COD 容积负荷为 $2 \sim 16kgCOD/(m^3 \cdot d)$；

② 耐水量和水质的冲击负荷能力强；

③ 微生物以固着生长为主，不易流失，因此不需污泥回流和搅拌设备；

④ 启动或停止运行后再启动比前述厌氧接触工艺时间短；

⑤ 适用于处理溶解性有机废水。

(三) 厌氧生物滤池运行中存在的问题及解决办法

该工艺存在的问题：处理含悬浮物浓度高的有机污水，常发生堵塞和由此引起的水流短路现象，影响处理效率，此类问题在升流式厌氧生物滤池中更突出。

解决的办法如下：

①采用出水回流的措施，降低原废水悬浮固体与有机物质浓度，提高水力负荷，提高池内水流的上升速度，减少滤料空隙间的悬浮物，减轻堵塞的可能性，可使滤料层中的生物膜量趋于均匀分布，充分发挥滤池作用，提高净化功能。

②采用适当的预处理措施，降低进水悬浮物的浓度，防止填料的堵塞。

③将厌氧生物滤池的进水方式由升流式改为平流式，即滤池前段下部进水，后段上部溢流出水，顶部设气室，同时使用软性填料。

(四) 厌氧生物滤池的启动

启动厌氧生物滤池的步骤和注意事项如下：

① 选择合适的接种污泥，可用污水处理厂的消化污泥作为接种污泥，接种的体积至少为10%，如果接种污泥不含有毒抑制物，可将接种体积提高至30%~50%。

② 接种污泥在投加前与一定量的待处理废水混合后一同加入反应器停留3~5d后，系统内循环一段时间（几小时到几天），然后开始连续进液。

③ 启动初期，有机负荷应低于$1.0kgCOD/(m^3 \cdot d)$［或小于$0.1kgCOD/(kgVSS \cdot d)$］。

④ 在启动期间，生物絮体浓度应保持在20gVSS/L以保证菌种的附着生长和防止污泥流失。

⑤ 负荷应当逐渐增加，一般当废水中可生物降解的COD去除率达到约80%时，即可适当提高负荷。如此重复进行，直至达到反应器的设计能力。

⑥ 对于高浓度与有毒的废水要进行适当的稀释，并在启动过程中使稀释倍数逐渐减少。

厌氧滤池启动完成的标志是通过增殖与驯化，使生物膜和细胞聚集体达到预定的污泥浓度和活性，从而使反应器在设计负荷下正常运行。

三、升流式厌氧污泥床反应器

(一) 升流式厌氧污泥床反应器的工作原理

升流式厌氧污泥床反应器简称UASB反应器。反应器内没有载体，是一种悬浮生长型的消化器。UASB主体部分由反应区、沉降区和气室三部分组成。在反应器的底部是浓度较高的污泥层，称为污泥床，在污泥床上部是浓度较低的悬浮污泥层，通常把污泥层和悬浮层统称为反应区，在反应区上部设有气、液、固三相分离器。污水从污泥床底部进入，与污泥床中的污泥进行混合接触，微生物分解污水中的有机物产生沼气，微小沼气泡在上升过程中，不断合并逐渐形成较大的气泡。由于气泡上升产生较强烈的搅动，在污泥床上部形成悬浮污泥层。气、水、泥的混合液上升至三相分离器内，沼气气泡碰到分离器下部的反射板时，折向气室而被有效地分离排出；污泥和水则经孔道进入三相分离器的沉降区，在重力作用下，水和泥分离，上清液从沉降区上部排出，沉降区下部的污泥沿着斜壁返回到反应区内。在一定的水力负荷下，绝大部分污泥颗粒能保留在反应区内，使反应区具有足够的污泥量。

反应区中污泥层高度约为反应区总高度的 1/3，但其污泥量约占全部污泥量的 2/3 以上。由于污泥层中的污泥量比悬浮层大，底物浓度高，酶的活性也高，有机物的代谢速度较快，因此，大部分有机物在污泥层被去除。UASB 反应器内污泥的平均浓度可达 50g/L 以上，在池底污泥浓度可达 100g/L。污水通过污泥层已有 80% 以上的有机物被转化，余下的再通过污泥悬浮层处理，有机物总去除率达 90% 以上。虽然悬浮层去除的有机物量不大，但其高度对混合程度、产气量和过程稳定性至关重要。因此，应保证适当悬浮层乃至反应区高度。

(二) 厌氧污泥床反应器的构造

1. 三相分离器

设置气、液、固三相分离器是升流式厌氧污泥床的重要结构特征，三相分离器由沉降区、回流缝和气室组成，它的功能是将气体 (沼气)、固体 (污泥) 和液体 (废水) 三相进行分离。三相分离器应满足以下条件：① 沉降区斜壁角度约 50°，使沉淀在斜底上的污泥不积聚，尽快滑回反应区内；② 沉降区的表面负荷应在 0.7m³/(m²·h) 以下，混合液进入沉降区前，通过入流孔道 (缝隙) 的流速不大于 2m/h；③ 应防止气泡进入沉降区影响沉淀；④ 应防止气室产生大量泡沫，并控制好气室的高度，防止浮渣堵塞出气管，保证气室出气管畅通无阻。从实践来看，气室水面上总是有一层浮渣，其厚度与水质有关。因此，在设计气室高度时，应考虑浮渣层的高度。此外，还须考虑浮渣的排放。

2. 进水配水系统

升流式厌氧污泥床的混合是靠上升的水流和消化过程中产生的沼气泡来完成的。进水配水系统的主要功能有两个：① 将进入反应器的原废水均匀地分配到反应器整个横断面，并均匀上升；② 起到水力搅拌的作用。一般采用多点进水，使进水较均匀地分布在污泥床断面上。

(三) 升流式厌氧污泥床反应器的特点

①UASB 反应器结构紧凑，集生物反应与沉淀于一体，无须设置搅拌与回流设备，不装填料，因此占地少，造价低，运行管理方便。

②UASB 反应器最大的特点是能在反应器内形成颗粒污泥，使反应器内的平均污泥浓度达到 30~40g/L，底部污泥浓度高达 60~80g/L，颗粒污泥的粒径一般为 1~2mm，相对密度为 1.04~1.08，比水略重，具有较好的沉降性能和产甲烷活性。

③一旦形成颗粒污泥，UASB 反应器即能够承受很高的容积负荷，一般为

$10 \sim 20 kgCOD/（m^3 \cdot d）$，最高可达 $30 kgCOD/（m^3 \cdot d）$。但如果不能形成颗粒污泥，而主要以絮状污泥为主，那么，UASB 反应器的容积负荷一般不要超过 $5 kgCOD/(m^3 \cdot d)$。如果容积负荷过高，厌氧絮状污泥就会大量流失，而厌氧污泥增殖很慢，这样可能导致 UASB 反应器失效。

④ 处理高浓度有机废水或含硫酸盐较高的有机废水时，因沼气产量较大，一般采用封闭的 UASB 反应器，并考虑利用沼气的措施。处理中、低浓度有机污水时，可以采用敞开形式 UASB 反应器，其构造更简单，更易于施工、安装和维修。但 UASB 反应器也存在穿孔管被堵塞造成的短流现象，影响处理能力和启动时间较长的缺点。

升流式厌氧污泥床反应器不仅适用于处理高、中浓度的有机污水，也适用于处理城市污水，是目前应用最多、最有发展前景的厌氧生物处理装置。同时，以 UASB 为基础的其他高效能反应器也在发展中，如厌氧复合床、厌氧膨胀床和流化床等。

（四）上流式厌氧污泥床（UASB）反应器的启动

1. 温度

以中温或高温为宜。

2. 接种污泥的质量和数量

可以以絮状的消化池污泥或二沉池排出的剩余污泥或生物膜作为种泥。如有条件采用已培养成的颗粒污泥作为种泥，可大大地缩短培养时间，接种量至少为 UASB 有效容积的 1/10。

3. 废水性质

进水浓度不宜过高，一般小于 $5000 mg/L$，当污水浓度较高时，可用低浓度污水稀释或采用出水循环的方式使反应器进水大约 $5000 mg/L$，有毒物质的浓度也不可超过生物处理所允许的最高值。

4. 水力负荷和有机负荷

启动时有机负荷不宜过高，一般以 $0.5 \sim 1.5 kgCOD/（m^3 \cdot d）$ 开始，并且在启动初期，一般不要求反应器的去除率、产气率等，而且该阶段要求时间较长，为 $30 \sim 40 d$。

5. 负荷增加的操作方法

启动初期，种泥微生物已对污水水质逐渐适应，开始增加负荷。从启动的最小负荷开始，当可生物降解的 COD 去除率达到 80% 并稳定几天后，再逐步增大负荷，该阶段负荷的最大增加速度不能超过 30%，而且当增加负荷时，出水 COD 浓度会有短暂的增加阶段。以上负荷增加的步骤可以重复进行，直到负荷达到 2.0kgCOD/(m³·d)，也就是说，负荷增大的步骤中可能重复 8~10 次。每次操作所需时间长短不一，有时可能长达两周，有时仅有几天。该过程较慢，当负荷达 2.0kgCOD/(m³·d) 以上时，每次负荷可增加 20%，负荷达 5.0kgCOD/(m³·d) 后，除按前面的步骤操作外，应该开始检查反应器中污泥沿反应器高度的浓度变化。颗粒污泥可能在负荷达到 5kgCOD/(m³·d) 前后很快形成，其后反应器的负荷以增加量小于 50% 的速度较快地增加，直至达到设计负荷。

6. 挥发酸

负荷在增加的过程中，必须监测出水中挥发酸，当出水挥发酸浓度达 1000kg/L 时，若污水中原有的或在发酵过程中产生的有机酸浓度高时，不应再提高有机容积负荷。

7. 增加负荷的方法

负荷的增加可以通过增大进水量或者降低进水稀释比的方法来进行，当水力停留时间达到大约 5d 时，开始降低稀释用水的量；当水力停留时间小于 20h 时，对于 COD 浓度小于 15g/L 的污水就不必稀释了；如果污水浓度大于 15g/L，则需要出水的循环。

8. 污泥的流失

在整个启动过程中，随出水带出的絮状污泥和启动完成之前随出水带出的细小颗粒污泥均不必回流。

9. 碱度

整个启动过程要求 pH 值在 6.5 以上，当 pH 值低于 6.5 时，可以加入 Na₂S 或碳酸钠提高其碱度。

四、厌氧膨胀床和流化床

为了进一步提高污水厌氧处理的能力，现又在试验一种更新的厌氧处理工艺，称为厌氧膨胀床和厌氧流化床。

(一) 厌氧膨胀床和厌氧流化床的工艺流程

厌氧膨胀床和厌氧流化床基本上是相同的。只是在运行过程中床内载体膨胀率不同。一般认为，当床内载体的膨胀率达到 50% 以上，载体处于流化状态，称为厌氧流化床，膨胀床的膨胀率一般在 10%~30%。

厌氧膨胀床和厌氧流化床内装有一定量的细颗粒载体。污水以一定流速从池底部流入，使填料层处于流化状态，每个颗粒可在床层中自由运动，而床层上部保持一个清晰的泥水界面。为使填料层膨胀或流化,一般需用循环泵将部分出水回流,以提高床内水流的上升速度。为降低回流循环的动力能耗,宜取质轻、粒细的载体。常用的填充载体有石英砂、无烟煤、活性炭、聚氯乙烯颗粒、陶粒和沸石等,粒径一般为 0.2 ~ 1mm,大多在 300 ~ 500μm。

(二)厌氧流化床的特点

① 载体颗粒细,比表面积大,且生物膜附着于载体表面,不会流失,使床内具有很高的微生物浓度。一般为 30gVSS/L 左右,因此有机物容积负荷大,一般为 10 ~ 40kgCOD/($m^3 \cdot d$)。水力停留时间短,具有较强的耐冲击负荷能力,运行稳定。

② 载体处于膨胀和流化状态,无床层堵塞现象,对高、中、低浓度污水均有很好的处理效果。

③ 载体膨胀或流化时,污水与微生物之间接触面大,同时两者相对运动速度快,具有很好的传质条件,细菌易于与营养物接触,代谢物也较易排泄出去,从而使细菌保持较高的活性。

④ 床内生物膜停留时间较长,运行稳定,剩余污泥量少。

⑤ 结构紧凑,占地少,基建投资省。但载体的膨胀和流化过程动力消耗较大,且对系统的管理技术要求较高。

为了降低动力消耗和防止床层堵塞,可采取两种方法:① 间歇性式运行,即以固定床与膨胀床或流化床间歇性交替操作。固定床操作时,不须回流,在一定时间间歇后,再启动回流泵,呈膨胀床或流化床运行。② 尽可能取质轻、粒细的载体,如粒径 20 ~ 30μm,相对密度 1.05 ~ 1.2g/cm³ 的载体,保持低的回流量,甚至不用回流就可以实现床层膨胀或流化。

五、厌氧生物转盘

(一)厌氧生物转盘的构造

厌氧生物转盘的构造与好氧生物转盘相似,不同之处在于上部加盖密封,为收集沼气和防止液面上的空间有氧存在。厌氧生物转盘由盘片、密封的反应槽、转轴及驱动装置等组成。盘片分为固定盘片(挡板)和转动盘片,相间排列,以防盘片间生物膜粘连堵塞,固定盘片一般设在起端。转动盘片串联,中心穿以转轴,轴安装在反应器两端的支架上。废水处理靠盘片表面生物膜和悬浮在反应槽中的厌氧活性污泥共同完成。盘片转动时,作用在生物膜上的剪刀将老化的生物膜剥下,在水中呈悬浮状态,随水流出槽外。沼气则从槽顶排出。

(二) 厌氧生物转盘的特点

① 微生物浓度高，可承受高额的有机物负荷，一般在中温发酵条件下，有机物面积负荷可达 $0.04kgCOD/$ [m^3(盘片)·d] 左右，相应的 COD 去除率可达 90% 左右；

② 废水在反应器内按水平方向流动，无须提升废水，从这个意义来说是节能的；

③ 无须处理水回流，与厌氧膨胀床和流化床相较既节能又便于操作；

④ 可处理含悬浮固体较高的废水，不存在堵塞问题；

⑤ 由于转盘转动，不断使老化生物膜脱落，使生物膜经常保持较高的活性；

⑥ 具有承受冲击负荷的能力，处理过程稳定性较强；

⑦ 可采用多种串联，各级微生物处于最佳的条件下；

⑧ 便于运行管理。

厌氧生物转盘的主要缺点是盘片成本较高使整个装置造价很高。

六、二段厌氧消化工艺

(一) 二段厌氧消化工艺的流程

厌氧消化过程包括水解酸化、产氢产乙酸和产甲烷三个连续阶段，分别由三大类微生物群体参与反应。由于这几类微生物群体对环境条件要求不同，对底物的代谢速率也很不相同，整个反应过程由碱性消化速率所控制。因此，一个消化池内的三大类微生物群体，环境条件很难使它们都处于生长繁殖的最佳状态，还受到某种程度的抑制，不能充分发挥各自的作用，因而维护管理必须十分认真。近年来，根据消化机理提出的两段厌氧消化工艺则克服了这一缺点。两段厌氧消化是使消化阶段的前两个阶段在一个消化池内完成，后一个阶段在一个池内完成，也就是使水解酸化细菌、产氢产乙酸菌和产甲烷细菌分别处于适合各自生长的最佳环境条件中。

在工程上，按照所处理的污水的水质情况，两段可以采用同类型或不同类型的厌氧生物反应器。例如，对悬浮固体含量高的高浓度有机污水，第一段反应器可选不易堵塞、效率稍低的厌氧反应装置，经水解产酸阶段后的上清液中悬浮固体浓度降低，第二段反应器可采用新型高效厌氧反应器。根据水解产酸菌和产甲烷菌对底物与对环境条件的要求不同，第一段反应器可采用简易非密闭装置，在常温较宽的 pH 值范围条件下运行，第二步反应则要求严格密闭，恒温和在 6.8 ~ 7.2 的 pH 值范围。

(二) 两段厌氧法的特点

1. 耐冲击负荷能力强，运行稳定，避免了一段法不耐高有机酸浓度的缺陷；两阶段反应不在同一反应器中进行，互相影响小，可更好地控制工艺条件。

2. 消化效率高，尤其适于处理含悬浮物高、难消化降解的高浓度有机污水。但两段法设备较多，流程和操作复杂。

七、水解工艺

水解工艺同两段厌氧工艺一样，都是根据厌氧消化机理进行设计的。不同之处在于，水解工艺仅利用厌氧反应中的水解酸化阶段 (厌氧反应中的前两个阶段，酸化也可能不十分彻底)，而放弃了停留时间长的甲烷发酵阶段。因此，水解工艺是一种预处理工艺，其后可以根据需要采用不同的生物处理工艺 (包括厌氧的和好氧的)。水解工艺所采用的构筑物——水解池一般是改进的 UASB 反应器，但不设三相分离器。因此，水解池的全称为水解上流式污泥床 (HUSB) 反应器，简称水解池。水解工艺的特点如下：

① 不需要密闭的池子、搅拌器和三相分离器，降低了造价并便于维护。

② 水解、产酸阶段的产物主要为小分子的有机物，可生物降解性一般较好，故水解工艺可以改变原污水的可生化性，从而减少反应时间和处理的能耗。

③ 由于第一、二阶段反应迅速，因此水解池体积小，与初次沉淀池相当，节省基建投资。由于水解池对固体有机物的降解，减少了污泥量，因此其功能与消化池一样。

④ 该工艺仅产生很少剩余活性污泥，实现污水、污泥一次处理，不需要中温消化池。

八、膨胀颗粒污泥床反应器

(一) EGSB 的结构和工作原理

EGSB 是对 UASB 反应器运行方式的改进，与 UASB 反应器最大的区别是反应器内的液体上升流速不同，EGSB 上流速度高达 $5 \sim 10m/h$，远远大于 UASB 反应器中采用的 $0.5 \sim 2.5m/h$ 的上流速度，使 EGSB 反应器内整个颗粒污泥床处于膨胀状态。

EGSB 的结构分为进水配水系统、三相分离器和出水循环系统。与 UASB 反应器不同之处是 EGSB 反应器设有专门的出水循环系统。EGSB 反应器一般为圆柱状塔形，特点是具有很大的高径比，一般可高达 3～5，该反应器的有效高度可达 15～20m。三相分离器仍是 EGSB 反应器最关键的构造，其主要作用是将出水、沼气和污泥三相进行有效的分离，使污泥不流失。

与 UASB 相比，由于 EGSB 反应器内的液体上升流速更大，因此必须对三相分离器进行特殊的改进。改进有以下几种方法：① 增加一个可以旋转的叶片，在三相分离器底部产生一股向下水流，有利于污泥回流；② 采用筛网或细格栅，可以截留细小颗粒污泥；③ 反应器内设置搅拌器，使气泡与颗粒污泥分离；④ 在出水堰处设置挡板以截留颗粒污泥。

出水循环的目的是提高反应器内的液体上升流速，使颗粒污泥床充分膨胀，废水与颗粒污泥更充分接触，加强传质效果，还可以避免反应器内的死角和短流产生。

(二) EGSB 反应器的应用

EGSB 反应器由于特殊的运行方式，使该反应器可以保持较高的有机容积负荷 [10～30kgCOD/(m³·d)] 和去除效率。目前，EGSB 反应器在四个方面有成功的应用：① 处理低温（10℃）和低浓度（COD 小于 1000mg/L）有机废水；② 处理中、高浓度有机废水；③ 处理含硫酸盐的有机废水；④ 处理有毒性、难降解的有机废水。

九、内循环厌氧反应器

(一) IC 反应器的构造特点与工作原理

IC 反应器可以看作由两个 UASB 反应器串联而成的，具有很大的高径比，一般为 4～8，其高度可达 16～25m，外观呈塔状。

进水通过泵进入反应器底部混合区，与该区内的厌氧颗粒污泥均匀混合，废水中所含的大部分有机物在这里转化成沼气，产生的沼气被第一反应室的集气罩收集，沿着提升管上升。沼气上升的同时，把第一反应室的混合液提升至设在反应器顶部的气液分离器，被分离出的沼气由气液分离器顶部沼气排出管排出。分离出的泥水混合液将沿着回流管返回至反应器底部的混合区，并与底部的颗粒污泥和进水充分混合，实现第一反应室混合液的内部循环（IC 反应器的命名由此得来）。内循环的结果是，第一反应室不仅有很高的生物量、很长的污泥龄，而且具有很大的升流速度，使该室内的颗粒污泥完全达到流化状态，有很高的传质速率，使生化反应速率提高，从而大大提高第一反应室去除有机物的能力。

经过第一反应室处理过的废水，会自动地上升到第二反应室继续处理。废水中的剩余有机物可被第二反应室内的厌氧颗粒污泥进一步降解，使废水得到更好的净化，提高出水水质。产生的沼气由第二反应室的二级三相分离器收集，通过集气管进入气液分离器并通过沼气排出管排出。第二反应室布水系统的泥水混合液进入沉淀区进行固液分离，处理过的上清液由出水管排走，沉淀下来的污泥可自动返回第二反应室。这样，废水完成了在 IC 反应器内处理的全过程。

可以看出，IC 反应器相当于由上下两个 UASB 反应器组成，实现内循环的提升动力来自上升的和返回的泥水混合液的密度差，无须外加动力，使废水获得强化预处理。下面第一个 UASB 反应器具有很高的有机负荷率，起"粗"处理作用，上面一个 UASB 反应器的负荷较低，起"精"处理作用，IC 反应器相当于两级 UASB 工艺。

(二) IC 反应器的特点

① 具有很高的容积负荷率。IC 反应器由于存在内循环，传质效果好，生物量大，污泥龄长，进水有机负荷率比普通的 UASB 反应器可高出 3 倍左右。处理高浓度有机废水，如土豆加工废水，当 COD 为 10000 ~ 15000mg/L 时，进水容积负荷率可达 30 ~ 40kgCOD/（$m^3 \cdot d$）。处理低浓度有机废水，如啤酒废水，当 COD 为 2000 ~ 3000mg/L 时，进水容积负荷率可达 20 ~ 50kgCOD/（$m^3 \cdot d$），HRT 仅为 2 ~ 3h，COD 去除率可达 80%。

② 沼气提升实现内循环，不必外加动力厌氧流化床载体的流化是通过出水回流由水泵加压实现，因此必须消耗一部分动力。而 IC 反应器是以自身产生的沼气作为提升的动力实现混合液的内循环，不必另设水泵实现强制循环，从而可节省能耗。

③ 抗冲击负荷能力强。由于 IC 反应器实现了内循环，处理低浓度废水（如啤酒废水）时，循环流量可达进水流量的 2 ~ 3 倍。处理高浓度废水（如土豆加工废水）时，循环流量可达进水流量的 10 ~ 20 倍。因为循环流量与进水在第一反应室充分混合，使原废水中的有害物质得到充分稀释，大大降低其有害程度，从而提高了反应器的耐冲击负荷能力。

④ 具有缓冲 pH 的能力。内循环流量相当于第一级厌氧出水的回流量，可利用 COD 转化的碱度，对 pH 起缓冲作用，使反应器内的 pH 保持稳定。处理缺乏碱度的废水时，可减少进水的投碱量。

目前，IC 反应器在啤酒废水处理、土豆淀粉废水处理上均有成功的应用。

十、厌氧折流板反应器

厌氧折流板反应器（Anaerobic Baffled Reactor，ABR）是在第二代厌氧反应器的工艺特点和性能的基础上开发和研制的一种新型高效厌氧生物反应器。

(一) ABR 反应器的构造特点与工作原理

ABR 反应器内设置了若干竖向导流板，将反应器分隔成串联的几个反应室，每个反应室可以看作一个相对独立的上流式污泥床系统，废水进入反应器后沿导流板上下折流前进，依次通过每个反应室的污泥床，废水中的有机物通过与微生物充分接触而得到去除。借助废水流动和沼气上升作用，反应室中的污泥上下运动，但由于导流板的阻挡和污泥自身的沉降性能，污泥在水平方向的流速极其缓慢，从而大量的厌氧污泥被截留在反应室中。

ABR 可以看作多个 UASB 的简单串联，但在工艺上与单个 UASB 有显著的不同，UASB 可近似地看作一种完全混合式反应器，ABR 则由于上下折流板的阻挡和分隔作用，使水流在不同隔室中的流态成完全混合态，而在反应器的整个流程方向则表现为推流态。

ABR 工艺在反应器中设置了上下折流板而在水流方向形成依次串联的隔室，从而使微生物种群沿长度方向的不同隔室实现产酸相和产甲烷相的分离，在单个反应器中进行两相或多相运行。

(二) ABR 反应器的特点

① 水力条件好。在 ABR 反应器中，由于挡板阻挡了各隔室内的返混作用，强化了各隔室内的混合作用，整个反应器内的水流形式属于推流式，每个隔室内的水流则由于上升水流及产气的搅拌作用而表现为完全混合型的水流流态。这种整体上为推流式、局部区域为完全混合式的多个反应器串联工艺对有机物的降解速率和处理效果高于单个完全混合反应器。同时，在一定处理能力下所需要的反应器容积也较完全混合式反应器低得多。

② 良好的污泥截留能力。ABR 反应器对污泥的截留能力主要取决于其构造特点：一是水流绕挡板流动而使水流在反应器内的流程增加；二是下向流室较上向流室窄使上向流室中的上升水流速度较小；三是上向流室的进水侧挡流板的下部设置了约 45° 的转角，有利于截留污泥，也可缓冲水流和均匀布水。

③ 良好的处理效果和稳定运行。由于厌氧挡板使反应器各隔室内底物浓度和组成不同，逐步形成了各隔室内不同的微生物组成。在反应器前端的隔室内，主要以水解及产酸菌为主，而在较后面的隔室内，则以产甲烷菌为主，这种由微生物组成的空间变化，使优势菌群得以良好地生长繁殖，废水中不同的底物分别在不同的隔室被降解，因而处理效果良好且稳定。

ABR 反应器自开发以来，人们进行了大量的试验和一些工业应用的研究，比如对低浓度、高浓度、含高浓度固体、含硫酸盐废水、豆制品废水、草浆黑液、柠檬酸废水、糖蜜废水、印染废水等都能够有效处理。该工艺适合多种环境条件，在10～55℃内均可稳定运行。

ABR 反应器在木薯酒糟废水处理、金霉素废水处理、毛巾印染废水处理等方面均有应用，取得了令人满意的效果。

第二节　污泥的厌氧消化

一、消化工艺

（一）一级消化工艺

最早使用的消化池叫作传统消化池，又称低速消化池，是一个单级过程，称为一级消化工艺。污泥的消化和浓缩均在单个池内同时完成。这种消化池内一般不设搅拌设备，因而池内污泥有分层现象，仅一部分池容积起有机物的分解作用，池底部容积主要用于贮存和浓缩熟污泥。由于微生物不能与有机物充分接触，消化速率很低，消化时间很长，一般为30～60d，虽然池子的容积很大，但池子的有效利用率低。因此，一级消化工艺仅适用于小型装置，目前已很少使用。

生污泥从池的中心或集气罩内投入消化池，从集气罩内进入的污泥能打碎在消化池液面形成的浮渣层。已消化过的污泥在池底排出，通过从消化池抽出的污泥经热交换器加热后再送回消化池，进行消化池的加热。池内由于不设搅拌设备，消化池内出现了分层现象，顶部为浮渣层，消化了的熟污泥在池底浓缩，中间层包括一层清液（污泥水）和起厌氧分解的活性层。污泥水根据具体水层厚度从池子不同高度的抽出管排出。浮盖由液面承托，可以上下移动。单级浮动盖消化池的功能为挥发性有机物的消化、熟污泥的浓缩和贮存。其特点是提供的贮存容积约等于池子体积的1/3。

（二）二级消化工艺

二级消化工艺为两个消化池串联运行，生污泥连续或分批投入一级消化池中并进行搅拌和加热，使池内的污泥保持完全混合状态。温度一般维持中温34℃左右。由于搅拌使池内有机物浓度、微生物分布、温度、pH 值等都均匀一致，微生物得到了较稳定的生活环境，并与有机物均匀接触，因而提高了消化速率，缩短了消化时间。污泥中有机物的分解主要在一级消化池中进行，产气量占总产气量的80%，因此该系统中的一级消化池也称为高速消化池。一级消化池的污泥靠重力排入二级消化池中。二级消化池无须搅拌和加热，而是利用一级消化池排出的污泥的余热继续消化，其消化温度可保持在 20~26℃。二级消化池上设有集气管和上清液排出管，产气量占总产气量的 20%。二级消化池起着污泥浓缩的作用。

二级消化工艺中第一级消化池容积通常按污泥投配率为 5% 来计算，而第一级与第二级消化池的容积比为 1:1 或 2:1 或 3:2，但最常用的是 2:1，即第二级消化池的容积按污泥投配率为 10% 来计算。

二级消化工艺比一级消化工艺总的耗热量少，并减少了搅拌的能耗，熟污泥含水率低，上清液固体含量少。

污泥消化过程中排出的上清液（污泥水）有机物含量较多（BOD_5 500~1000mg/L），不能任意排放，必须送回到污水生物处理构筑物内进一步处理。

二、消化池的构造

(一) 消化池的池形

消化池的基本池形有圆柱形和蛋形两种，圆柱形池径一般为 6~35m，柱体部分的高度约为直径的一半，总高度与池径之比为 0.8~1.0，池底、池盖倾角一般取 15°~20°，为检修方便，池盖上设置 1 个或 2 个 0.7m 的入孔，池顶集气罩直径取 2~5m，高 1~3m。蛋形的侧壁为圆弧形，直径远小于池高。大型消化池可采用蛋形，容积可做到 10000m³ 以上，蛋形消化池在工艺与结构方面有如下优点：① 搅拌充分、均匀，可以有效地防止池底积泥和泥面结壳；② 因池体接近球形，在池容相等的条件下，池子总表面积比圆柱形小，散热面积小，故热量损失小，可节省能源。国内建造的大型消化池多为圆柱形。

(二) 投配、排泥与溢流系统

1. 污泥

投配生污泥（包括初沉污泥、腐殖污泥及经过浓缩的剩余活性污泥），须先排入消化池的污泥投配池，再后用污泥泵抽送至消化池。污泥投配池一般为矩形，至少设两个，池容根据生污泥量及投配方式确定，常用 12h 的贮泥量设计。投配池应加盖，设排气管、上清液排放管和溢流管。如果采用消化池外加热生污泥的方式，则投配池可兼作污泥加热池，一般消化池的进泥口布置在泥位上层，其进泥点及进泥口的形式应有利用搅拌均匀和破碎浮渣的需要。

2. 排泥

消化池的排泥管设在池底，出泥口布置在池底中央或在池底分散数处，排空管可与出泥管合并使用，也可单独设立。依靠消化池内的静水压力将熟污泥排至污泥的后续处理装置。

污泥的投配管和排泥管的直径一般为150～200mm。一般排泥管与放空管合并使用。污泥管的最小直径为150mm，为了能在最适当的高度除去上清液，可在池子的不同高度设置若干个排出口，最小管径为75mm。

此外，还设取样管，一般取样管设置在池顶，最少为两个，一个在池子中部，一个在池边。取样管的长度最少应伸入最低泥位以下0.5m，最小管径为100mm。还备有清洗水或蒸汽的进口及清理污泥管道的设备。

3. 溢流系统

溢流装置消化池的污泥投配过量、排泥不及时或沼气产量与用气量不平衡等情况发生时，沼气室内的沼气压缩，气压增加，甚至可能压破池顶盖。因此消化池必须设置溢流装置，及时溢流，以保持沼气室压力恒定。溢流管的溢流高度，必须考虑是在池内受压状态下工作。在非溢流工作状态时或泥位下降时，溢流管仍须保持泥封状态，溢流装置必须绝对避免集气罩与大气相通，也避免消化池气室与大气连通。溢流装置常用形式有倒虹管式、水封式等。

倒虹管的池内端必须插入污泥面，保持淹没状，池外端插入排水槽也须保持淹没状。当池内污泥面上升、沼气受压时，污泥或上清液可从倒虹管排出。

水封式溢流装置由溢流管、水封管与下流管组成。溢流管从消化池盖插入设计污泥面以下，水封管上端与大气相通，下流管的上端水平轴线标高，高于设计污泥面，下端接入排水槽。当沼气受压时，污泥或上清液通过溢流管经水封管、下流管排入水槽。溢流装置的管径一般不小于200mm。排出的上清液及溢流出泥，应重新导入初次沉淀池进行处理。设计沉淀池时，应计入此项污染物。

(三) 沼气的收集与贮存设备

因为产气量与用气量常常不平衡，所以必须设贮气柜进行调节。沼气从集气罩通过沼气管输送到贮气柜。沼气管的管径按日平均产气量计算，管内流速按7～15m/s计，当消化池采用沼气循环搅拌时，则计算管径时应加入搅拌循环所需沼气量。管道坡度应与气流方向一致，其坡度为0.005，在最低点应设置凝结水罐，并可及时排除积水。为了减少凝结水量，防止沼气管被冻裂，沼气管应该保温。应采取防腐措施，一般采用防腐蚀镀锌钢管或铸铁管。在沼气输送管道的适当地点设置必要的水封罐，以便调整和稳定压力，并在消化池、贮气柜、压缩机、锅炉房等设备之间起隔绝作用，确保安全。

消化池的气室及沼气管道均应在正压下工作。通常压力为2～3kPa。消化池不允许出现负压。

沼气中由于硫化氢和饱和蒸汽的存在，对消化池顶集气罩有腐蚀作用，必须对气室进行防腐处理。

贮气柜有低压浮盖式和高压球形罐两种。贮气柜的容积一般按平均日产气量的25%～40%，即6～10h的平均产气量计算。

低压浮盖式的浮盖重量决定于柜内气压，柜内气压一般为1177～1961Pa（120～200mmH$_2$O），最高可达3432～4904Pa（350～500mmH$_2$O）。气压的大小可用盖顶加减铸铁块的数量进行调节。浮盖的直径与高度比一般采用1.5：1，浮盖插入水封柜以免沼气外泄。

当需要长距离输送沼气时，可采用高压球形罐。贮气柜中的压力决定了消化池气室和输气管道的压力，此压力一般保持在2～3kPa，不宜太高。

由于沼气中含有少量H$_2$S，一般含量为0.005%～0.01%，在有水分条件下，当沼气中硫化氢含量超过百万分之一时，对沼气发动机有很强的腐蚀性。根据煤气燃烧规定，硫化氢的容许含量应小于20mg/m^3。如果沼气中含硫量太高，就必须进行沼气脱硫。

（四）消化池的加热方法

1. 热交换器预热法

在消化池外，用热交换器将新鲜污泥预热后，送入消化池。热交换器可采用套管式，以热水为热媒。

新鲜污泥从内管通过，流速1.5～2.0m/s，热水从套管通过，流速1.0～1.5m/s。可用逆流或顺流交换。内管直径一般为100mm，套管直径为150mm。

2. 投配池内预热法

在投配池内，用蒸汽把新鲜污泥预热到所需温度后，一次投入消化池。

此外，为减少热量损失，还必须对消化池采取保温措施，凡是热导率小、容量较小、具有一定的机械强度和耐热性能力、吸水性差的材料，一般均可作为保温材料。常用的保温材料有泡沫混凝土、膨胀珍珠岩、聚苯乙烯泡沫塑料和聚氨酯泡沫塑料等。

（五）消化池的搅拌方法

1. 泵加水射器搅拌

生污泥用污泥泵加压后，射入水射器。水射器顶端浸没在污泥面以下0.2～0.3m，污泥泵压力应大于0.2MPa，生污泥量与吸入水射器的污泥量之比为1：3～1：5。消化池池径大于10m时，可设2个或2个以上水射器。

根据需要，加压后的污泥也可从中位管压入消化池进行补充搅拌。这种方法搅拌可靠，但效率较低。

2. 联合搅拌法

联合搅拌法的特点是把生污泥加温、沼气搅拌联合在一个装置内完成。经空气压缩机加压后的沼气以及经污泥泵加压后的污泥，分别从热交换器(兼作生、熟污泥与沼气的混合器)的下端射入，并把消化池内的熟污泥抽吸出来，共同在热交换器中加热混合，然后从消化池的上部污泥面下喷入，完成加温搅拌过程。

加热混合器污泥管直径用150mm，外套管用250mm，加热所需接触面积可以用热交换量计算。消化池直径9m以下，可用一个热交换器，直径在15m以下可用三个热交换器均匀分布在池外。

3. 沼气搅拌法

沼气搅拌法的优点是没有机械磨损，故障少，搅拌力大，不受液面变化的影响，并可促进厌氧分解，缩短消化时间。用空压机将贮气罐中的一部分消化气抽出，经稳压罐送入消化池进行搅拌。消化气通过消化池顶盖上面的配气环管，进入每根立管，立管数量根据搅拌气量及立管内的气流速度决定。搅拌气量按每1000m³池容5~7m³/min计，气流速度按7~15m/s计。立管末端在同一平面上，距池底1~2m，或在池壁与池底连接面上。

其他搅拌方法如螺旋桨式搅拌，现已不常用。

三、消化池的启动、运行与管理

(一)消化池的启动

1. 试漏、气密性检查、气体的置换

向池内灌满清水，检查消化池和污泥管道有无漏水现象，接着对消化池和输气管路进行气密试验。把内压加到约3432.33Pa，稳定15min后，测后15rain的压力变化。当气压降小于98Pa，可认为池体气密性符合要求；否则应采取补救措施，再按上述方法试验，直至合格为止。为防止发生爆炸事故，在投泥前应使用惰性气体(氮气)将输气管路系统中的空气置换出去，以后再投污泥，产生沼气后，再逐渐把氮气置换出去。

2. 消化污泥的培养与驯化

新建的消化池，需要培养消化污泥。培养方法有以下两种。

(1)逐步培养法

将每天排放的初次沉淀污泥和浓缩后的活性污泥投入消化池，然后加热，使每小时温度升高1℃。当温度升到预定消化温度时，维持温度，然后逐日加入新鲜污泥，直至设计泥面，停止加泥，维持消化温度，使有机物水解、液化，需30～40d。待污泥成熟、产生沼气后，方可投入正常运行。

（2）一次培养法

在消化池中投入一定数量的接种污泥，数量应占消化池有效容积的1/10，再投入新鲜污泥至设计泥面，然后加热，升温速度为1℃/h，直至预定温度。投加一定碱（或石灰），使pH值保持在6.8～7.2，稳定一段时间（3～5d），污泥成熟、产气后，便可投入试运行。如果当地已有消化池，则可使消化污泥更为简便。

（3）消化池启动过程中的注意事项和遇到的问题

① 当取池塘中的陈腐污泥、人、畜粪便或初沉池污泥作种泥时，首先要对其进行淘洗、过滤以除去无机杂物，再通过静止沉淀，去除部分上清液后，混合均匀，配制成含固体浓度为3%～5%的污泥，投入消化池，且最小投加量应占消化池有效容积的10%。

② 消化池加热至预定温度（如中温消化的35℃）后，要维持消化池的恒温条件。

③ 消化池混合液pH值维持在6.8～7.2，一旦pH值下降，立即投加石灰，直到pH值稳定在6.8为止，投加量通过简单试验即可获得。

④ 投配污泥尽可能保持有规律性，而且高速消化池中一次投配量不要超过额定负荷的30%。

⑤ 污泥消化池启动过程中，经常会遇到泡沫问题。当消化过程开始时，随着CO_2气体的形成而出现大量的污泥泡沫，泡沫的出现有时很突然，当污泥中存在蛋白质或某些没有完全分解的表面活性剂时，这一现象会更加严重。严格地控制消化池温度条件以及严格监控生污泥的营养比，可以克服这一问题。成熟的污泥呈深灰或黑色并略带有焦油味。pH值为7.0～7.5，污泥易脱水和干化。

（二）正常运行的化验指标

正常运行的化验指标：投配污泥含水率94%～96%，有机物含量60%～70%，脂肪酸以乙酸计为2000mg/L左右，总碱度以重碳酸盐计大于2000mg/L，氨氮500～1000mg/L，有机物分解程度45%～55%，产气率正常，沼气成分（CO_2与CH_4所占百分数）正常。

（三）正常运行的控制指标

①投配率，新鲜污泥投配率须严格控制。
②温度，消化温度须严格控制。

③搅拌，采用沼气循环搅拌可全日工作。采用水力提升器搅拌时，每日搅拌量应为消化池容积的两倍，间歇进行，如搅拌 0.5h，间歇 1.5~2h。

④排泥，有上清液排除装置时，应先排上清液再排泥。否则应采用中、低位管混合排泥或搅拌均匀后排泥，以保持消化池内污泥浓度不低于 30g/L，而且进泥和排泥必须做到有规律，否则消化很难进行。

⑤沼气气压，消化池正常工作所产生的沼气气压在 1177~1961Pa 之间，最高可达 3432~4904Pa，过高或过低都说明池组工作不正常或输气管网中有故障或操作失误。

(四) 消化池运转时的异常现象及解决办法

消化池异常表现在产气量下降，上清液水质恶化等。

1. 产气量下降

产气量下降的原因与解决办法主要有以下几点：

① 投加的污泥浓度过低，导致微生物的营养不足，应设法提高投配污泥浓度；

② 消化污泥排量过大，使消化池内微生物量减少，破坏微生物与营养的平衡，应减少排泥量；

③ 消化池温度降低，可能是由于投配的污泥过多或加热设备发生故障，解决办法是减少投配量与排泥量，检查加温设备，保持消化温度；

④ 采用蒸汽竖管直接加热，若搅拌配合不上，造成局部过热，使部分甲烷菌活性受到抑制，导致产气量下降，应及时检查搅拌设备，保证搅拌效果；

⑤ 消化池的容积减少，由于池内浮渣与沉砂量增多，使消化池容积减小，应检查池内搅拌效果及沉砂池的沉砂效果，并及时排除浮渣与沉砂；

⑥ 有机酸积累，碱度不足，解决办法是减少投配量，继续加热，观察池内碱度的变化，如不能改善，则应投加碱，如石灰、$CaCO_3$ 等。

2. 上清液水质恶化

上清液水质恶化表现在 BOD_3 和 SS 浓度增加，原因可能是排泥量不够、固体负荷过大、消化程度不够、搅拌过度等。解决办法是分析上列可能原因，分别加以解决。

3. 沼气的气泡异常

① 连续喷出像啤酒开盖后出现的气泡，这是消化状态严重恶化的征兆。原因可能是排泥量过大，池内污泥量不足，或有机物负荷过高，或搅拌不充分。解决办法是减少或停止排泥，加强搅拌，减少污泥投配。

② 大量气泡剧烈喷出，但产气量正常，池内由于浮渣层过厚，沼气在层下集

聚，一旦沼气穿过浮渣层，就有大量沼气喷出，对策是破碎浮渣层充分搅拌。

③ 不起泡，可暂时减少或中止投配污泥，充分搅拌一级消化池；打碎浮渣并将其排除；排除池中堆积的泥沙。

(五) 消化池的维护与管理

消化池的维护与管理应注意以下几点：

① 消化池中的浮渣与沉砂应定期清除，最长 3～5 年清除 1 次。

② 由于沼气中往往带有水蒸气，在沼气输送过程中遇冷变成凝结水，为了保证沼气管道畅通，在沼气输送管道的最低点都设有凝结水罐，应及时或定期排除凝结水。

③ 沼气、污泥及蒸汽管道都采取保温措施，溢流管、防爆装置的水封在冬季应加入食盐以降低冰点，避免结冰而失灵。同时，要经常检查水封高度，保证其在要求的高度范围内。

④ 当采用蒸汽直接加热时，污泥会充满灼热的蒸汽竖管，容易结成污泥壳而使管道堵塞，可用大于 0.4MPa 的蒸汽冲刷。

⑤ 消化池的所有仪表 (压力表、真空表、温度表、pH 计等) 应定期检查，随时保证完好。

⑥ 在运行中必须充分注意安全问题，因为沼气为易燃易爆气体，甲烷在空气中的含量达到 5%～16% 时，遇明火即爆炸，故消化池、贮气罐、沼气管道等必须绝对密闭，周围严禁明火或电气火花。检修消化池时，必须完全排除消化池内的消化气。

第三节　污泥处理和处置

一、概述

(一) 污泥的分类与特性

按其所含主要成分的不同，分为污泥和沉渣。

以有机物为主要成分的称为污泥。污泥的特性是有机物含量高，容易腐化发臭，颗粒较细，相对密度较小，含水率高且不易脱水，是呈胶状结构的亲水性物质，便于用管道输送。如初次沉淀池与二次沉淀池排出的污泥。

以无机物为主要成分的称为沉渣，沉渣的特性是颗粒较粗，相对密度较大，含水率较低且易于脱水，但流动性较差，不易用管道输送，如沉砂池和某些工业废水处理沉淀池所排出的污泥。

按产生的来源，污泥可分为以下三种：

① 初次沉淀污泥：来自初次沉淀池，其性质随污水的成分，特别是随混入的工业废水性质而异。

② 腐殖污泥与剩余活性污泥：来自生物膜法与活性污泥法后的二次沉淀池。前者称腐殖污泥，后者称剩余活性污泥。

③ 熟污泥：初次沉淀污泥、腐殖污泥、剩余活性污泥经消化处理后，即成为熟污泥，或称消化污泥。

1. 污泥含水率 p

污泥中所含水分的质量与污泥总质量之比的百分数称为含水率。污泥含水率一般都很高，相对密度接近于1。不同污泥，含水率有很大差别。污泥的体积、质量、所含固体物浓度及含水率之间的关系，污泥体积与含水率之间的关系可表示为：

$$\frac{V_1}{V_2} = \frac{W_1}{W_2} = \frac{100 - p_2}{100 - p_1} = \frac{c_2}{c_1} \tag{8-1}$$

式中：V_1，W_1，c_1——污泥含水率为 p_1 时的污泥体积、质量与固体物浓度；

V_2，W_2，c_2——污泥含水率为 p_2 时的污泥体积、质量与固体物浓度。

污泥的含水率从99%降低到96%时，求污泥体积。

$$V_2 = V_1 \times \frac{100 - p_1}{100 - p_2} = V_1 \times \frac{100 - 99}{100 - 96} = \frac{1}{4} V_1 \tag{8-2}$$

污泥体积可减少原来污泥体积的3/4。

2. 污泥的相对密度

污泥的相对密度等于污泥质量与同体积水质量的比值，而污泥质量等于其中含水分质量与干固体质量之和，污泥相对密度可用下式计算。

$$\gamma' = \frac{p + (100 - p)}{p + \frac{(100 - p)}{\gamma_s}} = \frac{100 \gamma_s}{p \gamma_s + (100 - p)} \tag{8-3}$$

式中：γ'_s——污泥的相对密度；

P——污泥含水率，%；

γ_s——污泥中固体物的平均相对密度。

干固体包括有机物（挥发性固体）和无机物（灰分）两种成分，其中有机物所占百分比及其相对密度分别用 p_v，γ_v 表示，无机物的相对密度用 γ_a 表示，则污泥中干固体平均相对密度 γ_s，可用下式计算：

$$\frac{100}{\gamma_s} = \frac{p_v}{\gamma_v} + \frac{100 - p_v}{\gamma_v} \tag{8-4}$$

即

$$\gamma_s = \frac{100\gamma_a\gamma_v}{100\gamma_v + p_v(\gamma_a - \gamma_v)} \tag{8-5}$$

有机物相对密度一般等于1，无机物相对密度为2.5～2.65，以2.5计，则上式可简化为：

$$\gamma_a = \frac{250}{100 + 1.5p_v} \tag{8-6}$$

将式（8-6）代入式（8-3）得到污泥相对密度的最终计算式为：

$$\gamma = \frac{25000}{250p + (100 - p)(100 + 1.5p_v)} \tag{8-7}$$

确定污泥相对密度和污泥中干固体相对密度，对于浓缩池的设计、污泥运输及后续处理，都有实用价值。

3. 挥发性固体和灰分

挥发性固体（VS）能近似代表污泥中有机物含量，又称灼烧减量，灰分则表示无机物含量，又称灼烧残渣。初次沉淀池污泥 VS 的含量占污泥总质量的65% 左右，活性污泥和生物膜 VS 的含量占污泥总质量的75% 左右。

4. 污泥的肥分

污泥含有氮、磷（P_2O_5）、钾（K_2O）和植物生长所必需的其他微量元素。污泥中的有机腐殖质，是良好的土壤改良剂。

5. 污泥的细菌组成

污泥中，含有大量细菌及各种寄生虫卵，为了防止在利用污泥的过程中传染疾病，因此必须进行寄生虫卵的检查与处理。

（二）污泥量

初次沉淀污泥量可根据污水中悬浮物浓度、污水流量、沉降效率及污泥的含水率，用下式计算：

$$V = \frac{100C\eta Q}{10^3(100 - p)\rho} \tag{8-8}$$

式中 ——初次沉淀污泥量，m^3/d；

 ——污水流量，m^3/d；

——沉降效率，%;

——污水中悬浮物浓度，mg/L;

——污泥含水率，%;

——初次沉淀污泥密度以 $1000(kg/m^3)$ 计。

剩余活性污泥量取决于微生物增殖动力学及物质平衡关系。

$$\Delta X = aQc_{s0}\eta - bVc_x \tag{8-9}$$

式中：ΔX——挥发性剩余活性污泥量，kg/d。

(三) 污泥流动的水力特征与管道输送

污泥在厂内输送或排出厂外，都使用管道。因此，必须掌握污泥流动的水力特征。

污泥在管道中流动的情况和水流大不相同，污泥的流动阻力随其流速大小而变化。在层流状态时，污泥黏滞性大，悬浮物又易于在管道中沉降，因此污泥流动的阻力比水流大。当流速提高达到紊流时，由于污泥的黏滞性能够消除边界层产生的旋涡，使管壁的粗糙度减少，污泥流动的阻力反较水流为小。含水率越低，污泥的黏滞性越大，上述状态就越明显；含水率越高，污泥黏滞性越小，其流动状态就越接近于水流。根据污泥流动的特性，在设计输泥管道时，应采用较大的流速，使污泥处于紊流状态。

污水处理厂内部的输泥管道：重力输泥管，一般采用 0.01 ~ 0.02 的坡度；压力输泥管，建议采用表 8-1 的最小设计流速。

表8-1 压力输泥管最小设计流速

污泥含水率 /%	最小设计流速 /m·s⁻¹		污泥含水率 /%	最小设计流速 /m·s⁻¹	
	管径 150~250mm	管径 300~400mm		管径 150~250mm	管径 300~400mm
90	1.5	1.6	95	1.0	1.1
91	1.4	1.5	96	0.9	1.0
92	1.3	1.4	97	0.8	0.9
93	1.2	1.3	98	0.7	0.8
94	1.1	1.2			

长距离输泥管道 (如输送至处理厂附近的农田、草原或投海等)，可采用式 (8-10) 紊流公式计算。

$$h_f = 2.49 \left(\frac{L}{D^{1.17}} \right) \left(\frac{v}{C_H} \right)^{1.85} \qquad (8\text{-}10)$$

式中：h_f——输泥管道沿程压力损失，m;

L——输泥管道长度，m;

D——输泥管管径，m;

v——污泥流速，m/s

C_H——海森—威廉（Haren-Williams）系数，其值决定于污泥浓度，见表8-2。

表8-2 污泥浓度与 C_H 值

污泥浓度 /%	C_H 值	污泥浓度 /%	C_H 值	污泥浓度 /%	C_H 值
0.0	100	4.0	61	8.5	32
2.0	81	6.0	45	10.1	25

二、污泥浓缩

(一) 重力浓缩法

利用污泥自身的重力将污泥间隙的液体挤出，从而使污泥的含水率降低的方法称为重力浓缩法。其处理构筑物为污泥浓缩池，一般常采用类似沉淀池的构造。如竖流式或辐流式污泥浓缩池。浓缩池可以连续运行，也可以间歇运行。前者用于大型污水处理厂，后者用于小型污水处理厂(站)。

间歇式浓缩池，当浓缩二沉池污泥时，如停留时间过短，将达不到浓缩的目的，如停留时间过长（超过24h）污泥容易腐败变质。

停留时间一般不超过24h，常采用9~12h，浓缩池的有效容积也以此确定，池数2个以上轮换操作。不设搅拌，在浓缩池不同高度设上清液排放管。当间歇式浓缩池运行时，先放掉上清液和排放浓缩污泥，然后再投入污泥。

带刮泥机与搅拌装置的连续流浓缩池。池底坡度一般采用1/100~1/12，浓缩后污泥从池中心通过排泥管排出。刮泥机附设竖向栅条，随刮泥机转动，起搅动作用，可加快污泥浓缩过程。污泥分离液，含悬浮物300mg/L以上，BOD_3 也较高，应回流到初沉池重新处理。

连续流污泥浓缩池污泥浓缩面积应按污泥沉淀曲线决定的固体负荷率计算。当无试验资料时，对于含水率95%~97%的初沉池污泥浓缩至含水率90%~92%，一般可采用固体负荷率为80~120kgSS/（$m^2 \cdot d$）；对于含水率为99.2%~99.6%的活性污泥浓缩至含水率97.5%左右，一般可采用固体负荷率为20~30kgSS/（$m^2 \cdot d$）。

浓缩池的有效水深一般采用4.0m，当采用竖流式浓缩池时，其水深可按沉淀部分的上升流速不大于0.1mm/s进行核算。浓缩池容积应按污泥停留时间为10~16h进行核算，不宜过长。

重力浓缩法主要用于浓缩初沉污泥及初沉污泥与剩余活性污泥或初沉污泥与腐殖污泥的混合液。

初沉池污泥的介入有利于浓缩过程。因为初沉池污泥颗粒较大，较密实，这些颗粒在沉淀过程中对下层的压缩效果较亲水的生物絮凝体要好得多。

重力浓缩法的缺点是使有机污泥产生不良的气味，气味的问题可以采用在浓缩前加石灰的办法来克服。在浓缩池内加适量的石灰不影响后续处理，在实际运行过程中新鲜污泥直接脱水或在厌氧消化池启动时常常需要投加石灰。另外，将浓缩池加盖，使密闭的池内形成负压，并将抽出的污染的气体进行处理。

(二) 气浮浓缩法

气浮浓缩与重力浓缩法相反，通过压力溶气罐溶入过量空气，然后突然减压释放出大量的微小气泡，并附着在污泥颗粒周围，使其相对密度减小而强制上浮。因此，气浮法适用于相对密度接近于1的活性污泥的浓缩。气浮浓缩的工艺流程基本上与污水的气浮处理相同，其中加压溶气气浮是污泥浓缩最常用的方法。

污泥气浮浓缩的主要设计参数 (未加化学混凝剂) 如下：

固体负荷率 $1.8 \sim 5.0 \text{kgSS}/(\text{m}^2 \cdot \text{h})$ 回流比 $Q_R/Q = 40\% \sim 70\%$

水力负荷率 $1 \sim 3.6 \text{m}^3/(\text{m}^2 \cdot \text{h})$ 加压溶气罐压力 $0.3 \sim 0.5 \text{MPa}$

气/固 $0.03 \sim 0.04 \text{kg}$ 空气 $/\text{kgSS}$

预先投加高分子聚合电解质时，其负荷率可提高50%~100%，浮渣浓度可提高1%，分离效率可提高5%，化学混凝剂的投加量为污泥干重的2%~3%。

气浮一般用于浓缩活性污泥，也有用于生物膜的。该方法能把含水率98.5%~99.3%的活性污泥浓缩到94%~96%，其浓缩效果比重力浓缩法好；浓缩时间短；耐冲击负荷和温度的变化；污泥处于好氧环境，基本没有气味的问题。缺点是运行费用高。

(三) 离心机浓缩法

污泥中的固体颗粒和水的密度不同，在高速旋转的离心机中，所受离心力大小不同从而使二者分离，污泥得到浓缩。被分离的污泥和水分别由不同的通道导出机外。用于污泥浓缩的离心机种类有转盘式离心机、篮式离心机和转鼓离心机等。各种离心浓缩的运行效果（所处理污泥为剩余活性污泥）见表8-3。

表8-3　各种离心浓缩的运行效果

离心机种类	入流污泥量 /L·s⁻¹	污泥浓缩前含固率 /%	污泥浓缩后含固率 /%	固体回收率 /%
转盘式	9.5	0.75 ~ 1.0	5.0 ~ 5.5	90
转盘式	3.2 ~ 5.1	0.7	5.0 ~ 7.0	93 ~ 87
篮式	2.1 ~ 4.4	0.7	9.0 ~ 1.0	90 ~ 70
转鼓式	4.75 ~ 6.30	0.44 ~ 0.78	5 ~ 7	90 ~ 80
转鼓式	6.9 ~ 10.1	0.5 ~ 0.7	5 ~ 8	65
				85(加少混凝剂)

　　离心机浓缩法的优点是效率高、需时短、占地少。它能在很短的时间内完成浓缩工作，同时离心机浓缩法对于轻质污泥，也能获得较好的处理效果。此外，离心浓缩工作场所卫生条件好，这一切都使得离心机浓缩法的应用越来越广泛。离心机浓缩法的缺点：① 在浓缩剩余活性污泥时，为了取得好的浓缩效果，得到较高的出泥含固率（74%）和固体回收率（大于90%），一般须添加 PFS 聚合硫酸铁、PAM 聚丙烯酰胺等助凝剂，使运行费提高；② 耗电高。

　　另外一种常用的离心设备是离心筛网浓缩器。它是将污泥从中心分配管输入浓缩器。在筛网笼低速旋转下，隔滤污泥。浓缩污泥由底部排出，清液由筛网从出水集水室排出。

　　离心筛网浓缩器可以为活性污泥法混合液的浓缩用，能减少二沉池的负荷和曝气池的体积，浓缩后的污泥回流到曝气池，分离液因固体浓度较高，应流入二沉池作沉淀处理。

　　离心筛网浓缩器因回收率较低，出水浑浊，不能作为单独的浓缩设备。

（四）污泥浓缩方法的选择

　　污泥浓缩方法选择要综合处理厂的规模、占地大小、周边环境的要求、污泥性质等多方面因素考虑。表8-4列出了各种浓缩方法的优缺点，供选择时参考。

表8-4　各种浓缩方法的优缺点

方　法	优　点	缺　点
重力浓缩法	贮存污泥的能力高，操作要求不高，运行费用低（尤其是耗电少）	占地大，且会产生臭气，对于某些污泥工作不稳定，经浓缩后的污泥非常稀薄
气浮浓缩法	比重力浓缩的泥水分离效果好，所需土地面积少，臭气问题小，污泥含水率低，可使砂砾不混于浓缩污泥中，能去除油脂	运行费用较重力法高，占地比离心法多，污泥贮存能力小

续表

方　法	优　点	缺　点
离心机浓缩法	占地少，处理能力高，没有或几乎没有臭气问题	要求专用的离心机，耗电大，对操作人员要求高

污泥的好氧消化是通过长时间的曝气使污泥固体稳定，好氧消化常用于处理来自无初次沉淀池污水处理系统的剩余活性污泥。通过曝气使活性污泥进行自身氧化，从而使污泥得到稳定。挥发性固体可去除 40%~50%（一般认为，当污泥中的挥发性固体含量降低 40% 左右，即可认为已达到污泥的稳定），延时曝气和氧化沟排出的剩余污泥已经好氧稳定，不必再进行厌氧或好氧消化。

参与污泥好氧消化的微生物是好氧菌和兼性菌。它们利用曝气鼓入的氧气，分解生物可降解有机物及细胞原生质，并从中获得能量。消化池内微生物处于内源呼吸期，污泥经氧化后，产生挥发性物质（CO_2，NH_3 等），使污泥量大大减少。如以 $C_5H_7NO_2$ 表示细菌细胞分子式，好氧消化反应为：

$$C_5H_7NO_2 + 5O_2 \rightarrow 5CO_2 + NH_3 + 2H_2O$$

污泥的好氧消化需要供给足够的氧气以保证污泥中含溶解氧至少 1~2mg/L，并有足够的搅拌使污泥中的颗粒保持悬浮状态。污泥含水率大于 95%，否则难于将污泥搅拌起来。

污泥好氧消化池的构造与曝气池基本相同，有曝气设备，没有加温设备，池子不必加盖。当采用圆形池与矩形池时，因为好氧消化在运行过程中泡沫现象较多（尤其在启动初期较严重），所以超高应采用 0.9~1.2m。

污泥好氧消化时间最好通过试验确定，对于生活污水污泥好氧消化的一些设计参数如下：当消化温度为 15℃ 以上时，消化时间：活性污泥需 15~20d，初沉池污泥加活性污泥需 20~25d。采用鼓风曝气时，其空气用量为：活性污泥需 0.02~0.04m³/[m²（池）·min]，初沉污泥加活性污泥需 0.06m³/[m³（池）·min]。当污泥浓度大于 8g/L，池深大于 3.5m 时，曝气器应置于池底，以免搅不起污泥。采用机械曝气时其所需功率为：0.03~0.04kW/10³m³（池）。

与厌氧消化处理比较，好氧消化的主要优点：① 消化温度相同时，所需消化时间较短；② 出水的 BOD_5 浓度较低；③ 无臭气；④ 污泥的脱水性能较好；⑤ 运行较方便；⑥ 设备费用少。

好氧消化的缺点：① 需要供氧，动力费用一般较高；② 无沼气产生；③ 去除寄生虫卵和病原微生物的效果较差；④ 冬季低温时运行效果极差。

污泥好氧消化法一般仅适用于中小型污水厂。中国目前尚无污水厂的污泥处理采用此方法。

三、污泥脱水

(一) 污泥机械脱水的基本原理

污泥机械脱水是以过滤介质 (如滤布) 两面的压力差为推动力，使污泥中的水被强制地通过过滤介质，称为过滤液；而固体则被截留在介质上，称为滤饼，从而使污泥达到脱水的目的。机械脱水的推动力，可以是在过滤介质的一面形成负压 (如真空过滤机)，或在过滤介质的一面加压污泥把水压过过滤介质 (如压滤) 或造成离心力 (如离心脱水) 等。

机械脱水的基本过程：过滤刚开始时，滤液仅须克服过滤介质 (滤布) 的阻力；当滤饼层形成后，滤液要通过不仅要克服过滤介质的阻力，而且要克服滤饼的阻力，这时的过滤层包括滤饼层与过滤介质。

(二) 污泥脱水前的预处理

机械脱水前的预处理 (也称污泥调质) 的目的是改善污泥的脱水性能，提高脱水设备的生产能力。预处理的方法有化学混凝法、淘洗法、热处理法及冷冻法等，其中加药絮凝法功能可靠，设备简单，操作方便，被长期广泛采用。

化学混凝法是通过向污泥中投加混凝剂、助凝剂等使污泥凝聚和絮凝，提高污泥的脱水性能实现的。

混凝剂有两大类：一类是无机混凝剂，包括铝盐和铁盐；另一类是高分子聚合电解质，包括有机高分子聚合电解质 (如聚丙烯酰胺 PAM)、无机高分子混凝剂 (如聚合氯化铝 PAC)。至于调理药剂的选择、投加量的确定和药品的配制条件等，要通过现场试验确定。一般情况下，无机药剂更适合真空过滤和压滤，而有机药剂则适合离心脱水或带式压滤。

(三) 机械脱水设备

1. 过滤法脱水设备

(1) 真空过滤机

真空过滤是目前使用较为广泛的一种污泥脱水机械方法，使用的机械是真空转鼓过滤机，也称转鼓式真空过滤机。

真空过滤的主要影响因素有工艺和机械两个方面。

①工艺方面

A.污泥种类对过滤性能影响最大。原污泥的干固体浓度高，过滤产率也高，两者成正比。但污泥干固体浓度最好不要超过8%～10%，否则流动性差，输送困难，不适合处理很亲水的胶体污泥。B.真空过滤预处理过程所采用的药剂多为无机药剂。对有机污泥，铁盐和石灰结合使用；对无机污泥，主要是石灰，聚合电解质则很少采用。C.污泥在真空过滤前的预处理及存放时间应该尽量短。贮存时间越长，脱水性能也越差。一般采用10～30min真空过滤机，目前主要用于初次沉淀污泥和消化污泥的脱水。其特点是能够连续操作，运行平稳，可以自动控制。缺点是过滤介质紧包在转鼓上，再生与清洗不充分，容易堵塞，影响生产效率，附属设备多，工序复杂，运行费用高。

②机械方面

A.真空度是真空过滤的推动力，直接关系过滤产率及运行费用，影响比较复杂。一般来说，真空度越高，滤饼厚度越大，含水率越低。但由于滤饼加厚、过滤阻力增加，又不利于过滤脱水。真空度提高到一定值后，过滤速度的提高并不明显，特别是对压缩性的污泥更是如此。另外，真空度过高，滤布容易被堵塞与损坏，动力消耗与运行费用增加。根据污泥的性质，真空度一般在5.32～7.98kPa比较合适。其中，滤饼形成区5.32～7.98kPa，吸干区6.65～7.98kPa。B.转鼓浸深和转速影响滤饼含水率，浸得深，滤饼形成区吸干区的范围广，滤饼形成区时间在整个过滤周期中占的比率大，过滤产率高，但滤饼含水率也高；浸得浅，转鼓与污泥槽内的污泥接触时间短，滤饼较薄，含水率也比较低。一般转鼓浸在水面下的转筒部分为全部面积的15%～40%。平均为25%，以此来计算转鼓的浸没深度。C.转速快，周期短，滤饼含水率高，过滤产率高，滤布磨损加剧，转速慢，滤饼含水率低，产率也低。转速过快或过慢都不好，转鼓转速主要取决于污泥性质、脱水要求以及转鼓直径。一般转筒的转速约为1r/min。线速度为1.5～5m/min。D.滤布孔目的选择决定于污泥颗粒的大小及性质。网眼太小，容易堵塞，阻力大，固体回收率高，产率低；网眼过大，阻力小，固体回收率低，滤液浑浊。滤布目前常用合成纤维如锦纶、涤纶、尼龙等制成。为防止堵塞，也有用单独外部清洗的双层金属盘簧代替滤布，但这种材料网眼太大，产生的滤液太浓。

（2）板框压滤机

压滤脱水使用的机械称为板框压滤机，板框压滤机由滤板和滤框相间排列而成。在滤板的两面覆有滤布，滤框是接纳污泥的部件。滤板的两侧面覆上凸条和凹槽相间，凸条承托滤布，凹槽接纳滤液。凹槽与水平方向的底槽相连，把滤液引向出口。滤布目前多采用合成纤维织布，有多种规格。

　　在过滤时，首先将滤框和滤板相间放在压滤机上，并在它们之间放置滤布，然后开动电机，通过压滤机上的压紧装置，把板、框、布压紧，这样，在板与板之间构成压滤室。在板与框的上端相同部位开有小孔。压紧后，各孔连成一条通道，待脱水的污泥经加压后由通道进入压滤室。滤液在压力作用下，通过滤布背面的凹槽收集，并由经过各块板的通道排走，达到脱水的目的，排出的水回到初沉池进行处理。

　　压滤机可分为人工板框压滤机与自动板框压滤机两种。

　　人工板框压滤机须一块一块地卸下，剥离泥饼并清洗滤布后，再逐块装上，劳动强度大、效率低。自动板框滤机的上述过程都是自动的，效率较高，劳动强度低，是一种有前途的脱水机械。自动板框压滤机有水平式与垂直式两种。

　　板框压滤机的过滤能力与污泥性质、泥饼厚度、过滤压力、过滤时间和滤布的种类等因素有关。

　　处理城市污水厂污泥时，过滤能力一般为 $2 \sim 10kg$ 干泥 $/(m^2 \cdot h)$。当消化污泥投加 $4\% \sim 7\%$ FeCl，$11\% \sim 22.5\%$ CaO 时，过滤能力一般为 $2 \sim 4kg$ 干泥 $/(m^2 \cdot h)$。过滤周期一般只需 $1.5 \sim 4h$。

　　滤布选择是否适当对压力过滤装置的运行有显著的影响。在某些情况下，滤布不是直接装在板上，而是加在较粗的底层滤布上，以改善整个过滤表面的压力分配，便于排除滤液，并保证洗涤滤布有较高的效率。

　　板框压滤机几乎可以处理各种性质的污泥，对预处理的混凝剂以简单无机的无机絮凝剂为主，而且对其质量要求亦不高。由于它使用了较高的压力和较长的加压时间，脱水效果比真空滤机和离心机好，压滤过的污泥含水率可降至 $50\% \sim 70\%$。

　　缺点是不能连续运行，操作麻烦，产率低。

　　(3) 带式压滤机

　　滚压脱水使用的机械是带式压滤机，滚压带式过滤机由滚压轴和滤布带组成。带式压滤机的特点：把压力施加在滤布上，用滤布的压力或张力使污泥脱水，而不需要真空或加压设备。污泥先经过浓缩段 (主要依靠重力过滤)，使污泥失去流动性，以免在压榨段被挤出滤布，时间为 $10 \sim 20s$，然后进入压榨段压榨脱水，压榨时间 $1 \sim 5min$。滚压的方式有两种：一种是滚压轴上下相对，压榨的时间几乎是瞬时，但压力大；另一种是滚压轴上下错开，依靠滚压轴施于滤布的张力压榨污泥，因此压榨的压力受滤布的张力限制，压力较小，压榨时间较长，但在滚压的过程中，滤饼的弯曲度的交替改变 (或者说泥饼的变形)，对污泥有一种剪切力的作用，可促进泥饼的脱水。

　　带式压滤机的成功开发是滤带的开发和合成有机高分子絮凝剂发展的结果，带式压滤机的滤带是以高黏度聚酯切片生产的高强度低弹性单丝原料，经过纺织、热定型、接头加工而成。它具有拉伸强度大、耐折性好、耐酸碱、耐高温、滤水性好、质量轻等优点。预处理用药剂效果最好的是高分子有机絮凝剂聚丙烯酰胺。就城市污水厂污泥的调理，采用阳离子型聚丙烯酰胺效果最好，也可以采用石灰和阴离子聚丙烯酰胺或无机混凝剂和聚丙烯酰胺联合使用。无机混凝剂很少被单独使用，只有污泥中含有很多纤维物质时才采用。

对于初沉池的生污泥（含水率90%~95%），有机高分子絮凝剂的投量为污泥干重的0.09%~0.2%，生产能力为250~400kg干泥/（m·h），泥饼含水率为65%~75%，初沉污泥与二沉活性污泥混合生污泥（含水率92%~96.5%），有机高分子絮凝剂的投量为污泥干重的0.15%~0.5%，其生产能力为130~300kg干泥/(m·h)，泥饼含水率为70%~80%。

另外，滤带行走速度（带速）和压榨压力都会影响带式压滤机的生产能力和泥饼的含水率。对不同的污泥有不同的最佳带速，带速过快，则压榨时间短，滤饼含水率高，带速过慢，又会降低滤饼产率。因此，必须选择合适的速度，带速一般为1~2.5m/min。压榨压力直接影响滤饼的含水率，在实际运行中，为了与污泥的流动性相适应，压榨段的压力是逐渐增大的。特别是在压榨开始时，如果压力过大，污泥就要被挤出，同时滤饼变薄，剥离也困难；如果压力过小，滤饼的含水率会增加。

带式压滤机不能用于处理含油污泥，因为含油污泥使滤布有"防水"作用，而且容易使滤饼从设备侧面被挤出。

2. 污泥的离心脱水设备

离心脱水设备主要是离心机，离心机的种类很多，适用于污泥脱水的一般为卧式螺旋卸料离心脱水机。离心机是根据泥粒与水的相对密度不同而进行分离脱水。常速离心机是污泥脱水常用的设备，其转筒转速为1000~2000r/min。近年来，对于活性污泥，也有认为采用较高转速（5000~6000r/min）的离心机更好。

卧式螺旋离心机主要是由转筒、螺旋输送器及空心轴组成。螺旋输送器与转筒由驱动装置传动，朝同一个方向转动，但两者之间有一个小的速差，依靠这个速差的作用，使输送器能够缓缓地输送浓缩的泥饼。

离心脱水可以连续生产，操作方便，可自动控制，卫生条件好，占地面积小，但污泥预处理的要求较高，必须使用高分子聚合电解质作絮凝剂，投加量一般为污泥干重的0.1%~0.5%。通过离心机脱水后的泥渣含水率为70%~85%。离心机动力约为1.7W/[m³(泥)·h]。

四、污泥干化

污泥干化方法分为自然干化法和烘干法两种。

(一) 自然干化法

1. 污泥干化场的构造

污泥干化场的四周筑有土围堤，中间则用围堤或木板将其分成若干块 (常不少于 3 块)。为了便于起运污泥，每块干化场的宽度应不大于 10m。围堤高度为 0.5 ~ 1.0m，顶宽 0.5 ~ 1.0m。围堤上设输泥槽，坡度取 0.01 ~ 0.03。在输泥槽上隔一定距离设放泥口，以便往干化场上均匀分布污泥，输泥槽和放泥口一般可用木板或钢筋混凝土制成。

干化场应设人工排水层。人工排水层的填料可分为两层，层厚各为 0.2m，上层用细矿渣或砂等，下层用粗矿渣、砾石或碎石。排水层下可设不透水层，宜用 0.2 ~ 0.4m 厚的黏土做成。在不透水层上敷设排水管，如果污泥干化场需要设置顶盖，还需要支柱和透明顶盖。若采用混凝土做成时，其厚度取 0.10 ~ 0.15m，或用三七灰土夯实而成厚 0.15 ~ 0.30m，应当有 0.01 ~ 0.02 的坡度倾向排水设施。

污泥干化场，排水管可采用不上釉的陶土管，直径为 100 ~ 150mm，为了接纳下渗的污泥水，各节管子相连处不打口，相邻两管的间距取决于土壤的排水能力，一般可采用 4 ~ 10m，坡度采用 0.002 ~ 0.005，排水管最小埋深为 1 ~ 1.2m。收集污泥水的排水管干管，也可采用不上釉的陶土管，其坡度采用 0.008。从排水管排出的污泥水，卫生情况不好，应送至污水厂再次进行处理。

2. 干化场脱水的影响因素

影响污泥在干化场上脱水的因素有以下两个方面：

① 气候条件。由于污泥中占很大比例的水分是靠自然蒸发干化的，因此气候条件，包括降雨量、蒸发量、相对湿度、风速及年冰冻期对干化场的脱水有很大的影响。研究证明，水分从污泥中蒸发的数量约等于从清水中直接蒸发量的 75%，降雨量的 57% 左右要被污泥所吸收，因此，在干化场的蒸发量中必须加以考虑。由于中国幅员广大，上述有关数据不能作为定论，必须根据各地条件，加以调整或通过试验决定。

② 污泥性质。其对干化效果的影响很大。如消化污泥在消化池中，承受着比大气压高的压力，并含有很多消化气泡，排到干化场后，压力降低，体积膨胀，气体迅速释出，把固体颗粒挟带到泥层表面，降低水的渗透阻力，提高了渗透性能。对脱水性能差的污泥，水分不易从稠密的污泥层中渗透过去，往往会形成沉淀，分离

出上清液。这种污泥主要依靠蒸发进行脱水，并可在围堤或围墙的一定高度上开设撇水窗，撇除上清液，以加速脱水过程。对雨量多的地区，也可利用撇水窗，撇除污泥面上的雨水。

3. 污泥干化场面积的确定

干化场所需的面积根据污泥性质确定，因地区的平均降雨量及空气湿度等不同而异。一般来说，对生活污水的消化污泥而言，每 1.5～2.5 人应设置 0.84m³，当未消化的污泥不得不在干化场上干化时，则须提供比消化污泥更大的面积。一次送来的污泥集中放在一块干化场上，其所需的面积可根据一次排放在污泥量按每次放泥厚度 30～50cm 计算。

近年来，出现一种由沥青或混凝土浇筑，不用滤水层的干化场，这种干化场特别适用于蒸发量大的地区，其主要优点是泥饼容易铲除。

对于降雨量大或冰冻期长的地区，可在干化场上加盖。加盖后的干化场，能够提高污泥的干化效率。盖可做成活动式的，在雨季或冰冻期盖上，而在温暖季节、蒸发量大时不盖。加盖式干化场卫生条件好，但造价高，在实际工程中使用得较少。

污水干化场占地面积大，卫生条件差，大型污水处理厂不宜采用。但污水自然干化比机械脱水经济，在一些中小型污水处理厂，尤其是气候比较干燥、有废弃土地可资利用以及环境卫生允许的地区可以采用。

（二）烘干法

污泥脱水后，仍含有大量水分，其质量与体积仍较大，并仍可能继续腐化（根据污泥的性质而定）。如用加热烘干法进一步处理，则污泥含水率可降至 10% 左右，这时污泥的体积很小，包装运输也很方便。加热至 300～400℃时，可杀死残留的病原菌如寄生虫卵，用这种方法，污泥肥分损失会很少。

转筒式烘干机又称回转炉，由火室、干燥室、加泥室、卸料室和抽气管等组成。火室位于加泥室的进口一侧，以便热烟气能从加泥室向卸料室移动。加泥室位于干燥室的起端，干燥室呈圆筒形，外面有轮箍，用齿轮带动干燥室转动，转动速度为 0.5～4r/min，干燥室倾斜放置，起端高，末端低。当污泥被加热时，它由始端移至末端，最后出卸料室。

污泥烘干，加热所用的燃料可以是煤、干污泥或污泥消化过程中产生的沼气，烟气用过后用抽气机抽出。总之，污泥烘干要消耗大量能源，费用很高，只有当干污泥作为肥料、所回收的价值能补偿烘干处理运行费用或有特殊要求时，才有可能考虑此法。

五、污泥的最终处置

污泥经过消化、干化和脱水后，还存在最终处置问题。其方法决定于污泥的性质及当地条件。目前，在利用方面污泥主要用于作农业肥料，也可用于制作饲料。

污泥的肥分及有机物含量如表8-5所示。

表8-5　污泥的肥分及有机物含量

污泥种类		总氮 /%	磷 (P_2O_5)/%	钾 /%	有机物 /%	脂肪酸 (以乙酸计)/mg·L^{-1}
初次沉淀污泥		2.0	1.0 ~ 3.0	0.1 ~ 0.3	50 ~ 60	960 ~ 1200
消化污泥	初次沉淀污泥	1.6 ~ 3.14	0.55 ~ 0.77	0.24	25 ~ 30	240 ~ 300
	消化后腐殖污泥	2.8 ~ 3.14	1.03 ~ 1.98	0.11 ~ 0.79	50 ~ 60	
活性污泥	城市污水的污泥	3.51 ~ 7.15	3.3 ~ 4.97	0.22 ~ 0.44	50 ~ 60	
	印染废水的污泥	5.9	1.8	0.13	50 ~ 60	

活性污泥中的维生素含量如表8-6所示。

表8-6　活性污泥中的维生素含量

种　类	含　量	种　类	含　量
维生素 B	8.0	维生素 H	1.8
维生素 B	11.0	叶酸	2.0
维生素 B,	9.0	烟酸	120.0
维生素 Bg	1.9		

由此可见，污泥是可以作为肥料或饲料的，但必须满足卫生要求，即不得含有致病微生物和寄生虫卵。有毒物质含量也必须在限量以内，应满足作为农业用或饲料用的有关规定。有毒物质包括有机成分(如油脂、烷基苯磺酸钠 ABS 及酚等)与无机成分(如重金属离子)等。

有机有毒物质会破坏土壤结构或毒害作物。无机有害物质(重金属离子)可分为两部分：一部分为水溶性的，可被作物吸收；另一部分为非水溶性的，不易被作物吸收。通常以土壤中可用 0.5mol/L 乙酸萃取的重金属量作为可被作物吸收的指标。微量重金属离子对于动、植物都必不可少，但高浓度重金属离子对动、植物都有毒害作用，其毒害作用表现：① 抑制动、植物生长；② 使土壤贫瘠；③ 在动、植物体内积累与富集，造成对人、畜的潜在危险。

污泥肥料与化学肥料比较，其中氮、磷、钾含量虽较低，但有机物含量高，肥效持续时间长，可以改善土壤结构，所以以污泥作为肥料应该受到充分的重视。

污泥作为肥料，使用的方法：① 直接施用，仅适用于消化污泥；② 使用干燥污泥，这种用法方便、卫生，但成本较高；③ 制成复合肥料，即把污泥与化学肥料混合后使用。

当污水或沉渣中含有工业原料及产品时，应尽量设法予以回收利用。如酿酒废水中的酒糟，应尽可能利用。炼钢厂轧钢车间废水中的沉渣，主要是氧化铁，其总量为轧钢重量的 3% ~ 5%，回收利用价值很高。高炉煤气洗涤水的沉渣，含铁量也较高，均可加以综合利用。给水处理厂的混凝沉淀的沉渣数量很大，主要是无机物，为了更好地解决污泥问题和节约投药费用，已有人提出了一些新的处理流程和混凝剂。其中之一是碳酸镁工艺，可以循环使用。

(一) 弃置法

污泥去填地前必须首先脱水，使含水率小于85%，填地必须采取相应的人工措施。

若有废地 (如废矿坑、荒山沟等) 可利用，也可利用作为污泥弃置场地进行掩埋。

把污泥用船或压力管送入海洋进行处置，是较为方便和经济的，但必须注意防止对近海水域的污染，采用此法要慎重。

(二) 焚烧法

当污泥含有大量的有害污染物质，如含有大量重金属或有毒有机物，不能作为农肥利用，而任意堆放或填埋均可对自然环境造成很大的危害，这时往往考虑采用焚烧法处理。污泥焚烧前凡是能够进行脱水干化的，必须首先进行污泥的脱水和干化。这样可节省所需的热量。干污泥焚烧所需的热量可以由干污泥自身所含有的热量提供，如用干污泥所含的热量供燃烧有余，尚可回收一部分热量，只有当干污泥自身所含热值不能满足自身燃烧时才要外界提供辅助燃料。

常用的污泥焚烧炉有回转焚烧炉、立式焚烧炉和流化床焚烧炉等。回转焚烧炉的构造与转筒烘干机相似，为常用的立式多段焚烧炉。污泥由炉子顶部 (如上两层内) 进一步干化，而中间部分进行焚烧，炉灰则在底层用空气冷却，焚烧产生的气体应引入气体净化器，以免大气受到污染。

第九章　农村水环境生态治理模式

第一节　农村水环境污染源头控制利用模式及技术

一、农药、化肥污染源头控制

(一) 农药污染源头控制

1.农药对生态环境的污染

(1) 农药对水环境的污染

水体中农药的来源主要有以下几个方面：向水体直接施用农药；含农药的雨水落入水体；植物或土壤黏附的农药，经水冲刷或溶解进入水体；生产农药的工业废水或含有农药的生活污水等，时刻危害着地表水和地下水的水质，不利于水生生物的生存，甚至破坏水生态环境的平衡。在有机农药大量使用期，世界上一些著名河流，如密西西比河、莱茵河等的河水中都检测到严重超标的六六六和滴滴滴。有时为防治蚊子幼虫施敌敌畏、敌百虫和其他杀虫剂于水面，为消灭渠道、水库和湖泊中的杂草而使用水生型除草剂等，造成水中的农药浓度过高，大量的鱼和虾类等水生动物死亡。另外，在一些农药药液配制点有不少药瓶和其他包装物，降雨后会产生径流污染，施药工具的随意清洗也会造成水质污染。

(2) 农药对土壤的污染

农药进入土壤的途径有3种：第一种是农药直接进入土壤。这类农药包括施用的一些除草剂、防治地下害虫的杀虫剂和拌种剂，后者为了防治线虫和苗期病害与种子一起施入土壤，按此途径，这些农药基本上全部进入土壤。第二种是为防治病虫害喷洒到农田的各类农药。它们的直接目标是虫、草，目的是保护作物，但有相当一部分农药落于土壤表面或落于稻田水面而间接进入土壤。第三种是随着大气沉降、灌溉水和植物残体进入土壤。土壤农药对农作物的影响，主要表现在对农作物生长的影响和农作物从土壤中吸收农药而降低农产品质量。农作物吸收土壤农药的效果主要取决于农药的种类，一般水溶性的农药植物容易吸收，而脂溶性的被土壤强烈吸附的农药植物不易吸收。国外的试验资料显示，水溶性农药乐果很易被莴苣、燕麦和萝卜等作物吸收，植物对乐果的吸收系数是很高的。农作物易从砂质土中吸收农药，而从黏土和有机质中吸收农药比较困难。蚯蚓是土壤中最重要的无脊椎动物，它对保持土壤的良好结构和提高土壤肥力有着重要意义。但有些高毒农药，如毒石畏、对硫磷、地虫磷等，能在短时期内杀死蚯蚓。

除此之外，农药对土壤微生物的影响也是人们关心的，如农药对微生物总数的影响，对硝化作用、氨化作用、呼吸作用的影响。而对土壤微生物影响较大的是杀菌剂，它不仅杀灭或抑制了病原微生物，而且危害了一些有益微生物，如硝化细菌和氨化细菌。随着单位耕地面积农药用量的减少，除草剂和杀虫剂对土壤微生物的影响进一步减弱，而杀菌剂对土壤微生物的负面作用将会更加地成为我们关注的对象。

(3) 农药对大气的污染

由于农药污染的地理位置和空间距离的不同，空气中农药的数量分布表现为"三个带"。第一带是导致农药进入空气的药源带。在这一带的空气中，农药的浓度最高，之后由于空气流动，空气中的农药逐渐发生扩散和稀释，并迁离农药施用区。此外，由于蒸发和挥发作用，被处理目标上的农药和土壤中的农药向空气中扩散。由于这些作用，在与农药施用区相邻的地区形成了第二带。在此带中，因扩散作用和空气对流，农药浓度一般低于第一带。但是，在一定气象条件下，气团不能完全混合时，局部地区空气中农药浓度亦可偏高。第三带是大气中农药迁移最宽和农药浓度最低的地带。因气象条件和施药方式的不同，此带距离可扩散至离药源数百千米，甚至上千千米远。农药对大气污染的程度还与农药品种、农药剂型和气象条件等因素有关。易挥发性农药、气雾剂和粉剂污染相当严重，残留性强的农药在大气中的持续时间长。在其他条件相同时，风速起着重大作用，高风速增加农药扩散带与药源的距离和进入其中的农药量。

化学农药的大量使用不但造成了土壤、大气和水资源的污染，而且在动、植物体产生了化学农药的残留、富集和致死效应，已经成为破坏生态环境、生物多样性和农业持续发展的一个重大问题，应当给予充分的重视。而如何解决这一问题也成了人们关注的焦点。笔者认为，在农业生产中，应该充分发挥农田生态系统中业已存在的害虫自然控制机制，综合运用农业防治、物理机械防治、生物防治和其他有效的生态防治手段，尽可能减少化学农药的使用。

2. 农药污染源头控制模式

(1) 建立有害生物防治新思想体系

生物防治是综合治理的重要组成部分，是利用生物防治作用物 (天敌昆虫和昆虫病原微生物) 来调节有害生物的种群密度，通过生物防治维持生态系统中的生物多样性，以生物多样性来保护生物，使虫口密度持续地保持在经济所允许的受害水平以下。传统有害生物控制主要依靠抗病、虫品种植物检疫，耕作栽培制度以及物理化学防治等措施。从持续农业观念看，有害生物防治应在更高一级水平上实现，其中包括转抗病、虫基因植物的利用，病、虫、草害生态控制，生物抗药性的利用等。将克隆得到的抗病、虫基因通过生物工程手段转移至优良品种基因组内，以获得高抗病、虫优良新品种，是近20年来各国学者抗病、虫育种的热点，目前已取得重大突破。如通过转移苏云金芽孢杆菌的Bt基因已成功地获得高效抗虫棉、抗虫水稻和抗虫大白菜，其中抗虫棉已在生产上推陈出新广泛应用。中国科学院微生物研究所成功地将Bt基因转移至杨树中，获得的抗虫杨树已进入大田试验阶段。农作物、有害生物和环境是一个相互依赖、相互竞争的统一体，通过改善生态环境，如轮作休闲、作物布局、耕作制度、栽培管理等都可以调节农作物的生长发育，控制有害生物的发生和危害。近年来，转抗除草剂基因作物的培育和利用已成为育种和植保工作的重点之一，目前已获得抗草甘膦、草胺膦的玉米、大豆、油菜、棉花以及抗草胺膦的烟草、水稻等多种抗除草剂作物，使一些选择性不高的除草剂得以广泛使用，有效地控制杂草群落的演替。

(2)大力发展植物源农药

植物源农药具有在环境中生物降解快、对人畜及非靶标生物毒性低、虫害不易产生抗性、成本低、易得到等优点，尤其是热带植物中含有极具应用前景的植物源害虫防治剂活性成分，现已发现楝科中至少有10个属的植物对虫有杀灭活性作用，因此是潜在的化学合成农药的替代物。在克服害虫的抗药性及减少环境污染方面，植物源农药具有独特的优势，近几年来国内植物性农药产品的开发发展很快，先后有鱼藤精、硫酸烟碱、油酸烟碱、苦参素等小规模工业化生产。

(3)研究开发有害生物监测新技术

要在植物病原体常规监测方法中的孢子捕捉、诱饵植株利用、血清学鉴定基础上开展病原物分子监测技术的研究，采用现代分子生物学技术监测病原物的种、小种的遗传组成的消长变化规律，为病害长期、超长期预测提供基础资料。对害虫的监测也可利用现代遗传标记技术监测害虫种群迁移规律。对于杂草，应充分考虑到杂草群落演替规律，分析农作物–杂草、杂草–杂草间的竞争关系。另外，还应考虑使用选择性除草剂对杂草群落造成的影响，对杂草的生态控制进行研究。

(4)建立有害生物的超长期预测和宏观控制

为适应农业的可持续性发展，预测、预报应对有害生物的消长变化作出科学的判断，也就是要对有害生物消长动态实施数年乃至数十年的超长期预测。要在更大的时空尺度内进行预测和控制，其理论依据不只是与有害生物种群消长密切相关的气候因子，也包括种植结构、环保要求、植保政策以及国家为实现农业生产持久稳定发展所制定的政策措施。

（二）化肥污染源头控制

1. 化肥对环境的污染

（1）化肥对大气的污染

化肥对大气的污染是化肥本身易分解挥发及施用方法不合理造成的气态损失。常用的如尿素、硫酸铵、氯化铵和硫酸氢铵等铵态氮肥，在施用于农田的过程中，会发生氨的气态损失；施用后直接从土壤表面挥发成氨气、氮氧化物气体进入大气中；很大一部分有机、无机氮形态的硝酸盐进入土壤后，在土壤微生物反硝化细菌的作用下被还原为亚硝酸盐，同时转化成二氧化氮进入大气。此外，化肥在储运过程中的分解和风蚀也会造成污染物进入大气。氨肥分解产生挥发的氨气是一种刺激性气体，会严重刺激人体的眼、鼻、喉及上呼吸道黏膜，可导致气管、支气管发生病变，使人体健康受到严重伤害。高浓度的氨也影响作物的正常生长。氮肥施入土中后，有一部分可能经过反硝化作用，形成氮气和氧化亚氮，从土壤中逸散出来，进入大气。氧化亚氮到达臭氧层后，与臭氧发生作用，生成一氧化氮，使臭氧减少。由于臭氧层遭受破坏而不能阻止紫外线透过大气层，强烈的紫外线照射对生物有极大的危害，如使人类皮肤癌患者增多等。

（2）化肥对土壤的污染

一是增加土壤重金属和有毒元素。重金属是化肥对土壤产生污染的主要污染物质，进入土壤后不仅不能被微生物降解，而且可以通过食物链不断在生物体内富集，甚至转化为毒性更大的甲基化合物，最终在人体内积累，危害人体健康。土壤环境一旦遭受重金属污染，就难以彻底消除。产生污染的重金属主要有 Zn、Ni、Cu、Co 和 Cr。从化肥的原料开采到加工生产，总是给化肥带进一些重金属元素或有毒物质，其中以磷肥为主，我国目前施用的化肥中，磷肥约占20%，磷肥的生产原料为磷矿石，它含有大量有害元素 F 和 As，同时磷矿石加工过程还会带进其他重金属，如 Cd、Hg、As、F，特别是 Cd。另外，利用废酸生产的磷肥中还会带有三氯乙醛，会对作物造成毒害。因此，对用重金属含量高的磷矿石制造的磷肥要慎重使用，以免导致重金属在土壤中的积累。二是导致营养失调，造成土壤硝酸盐累积。目前，我国施用的化肥以氮肥为主，而磷肥、钾肥和复合肥较少，长期这样施用会造成土壤营养失调，加剧土壤 P、K 的耗竭，导致硝态氮累积。硝酸根本身无毒，但若未被作物充分同化可使其含量迅速增加，摄入人体后被微生物还原为亚硝酸根，使血液的载氧能力下降，诱发高铁血红蛋白症，严重时可使人窒息死亡。同时，硝酸根还可以在体内转变成强致癌物质亚硝胺，诱发各种消化系统癌变，危害人体健康。三是促进土壤酸化。长期施用化肥会加速土壤酸化，这一方面与氮肥在土壤中的硝化作用产生硝酸盐的过程相关，当氨态氮肥和许多有机氮肥转变成硝酸盐时，释放出 H^+，导致土壤酸化；另一方面，一些生理酸性肥料，如磷酸钙、硫酸铵、氯化铵等，在植物吸收肥料中的养分离子后土壤中 H^+ 增多，许多耕地土壤的酸化与生理性肥料长期施用有关。同时，长期施用 KCl 因作物选择吸收所造成的生理酸性的影响，能使缓冲性小的中性土壤逐渐变酸。同样，酸性土壤施用 KCl 后，K^+ 会将土壤胶体上的 H^+、Al^+ 交换下来，致使土壤溶液中 H^+、Al^+ 浓度迅速升高。此外，氮肥在通气不良的条件下，可进行反硝化作用，以氨气、氮气的形式进入大气，大气中的氨气、氮气可经过氧化与水解作用转化成硝酸，降落到土壤中引起土壤酸化。化肥施用促进土壤酸化现象在酸性土壤中最为严重。土壤酸化后可加速 Ca、Mg 从耕作层淋溶，从而降低盐基饱和度和土壤肥力。四是降低土壤微生物活性。土壤微生物是个体小而能量大的活体，它们既是土壤有机质转化的执行者，又是植物营养元素的活性库，具有转化有机质、分解矿物和降解有毒物质的作用。施用不同的肥料对微生物的活性有很大影响，我国施用的化肥以氮肥为主，而磷肥、钾肥和有机肥的施用量低，这会降低土壤微生物的数量和活性。

（3）化肥对水体的污染

一是对地表水的污染。农业生产中施用的氮肥、磷肥会随农田排水进入河流湖泊，水田中施用的化肥会随排水直接进入水源；旱田中施用的过多的氮肥、磷肥，会随人为灌溉和自然界暴雨冲刷形成地表径流进入水体，使地表水中营养物质逐渐增多，造成水体富营养化，水生植物及藻类大量繁殖，消耗大量的氧，致使水体中溶解氧下降，水质恶化，生物生存受到影响，严重时可导致鱼类死亡；同时，形成的厌氧性环境使好氧性生物逐渐减少甚至消失，厌氧性生物大量增加，改变水体生物种群，从而破坏水环境，影响人类的生产生活。二是对地下水的污染。主要是化肥施用于农田后，发生解离，形成阳离子和阴离子，一般生成的阴离子为硝酸盐、亚硝酸盐、磷酸盐等，这些阴离子因受带负电荷的土壤胶体和腐殖质的排斥作用而易向下淋失；随着灌溉和自然降雨，这些阴离子随淋失而进入地下水，导致地下水中硝酸盐、亚硝酸盐及磷酸盐含量增高。硝氮、亚硝氮的含量是反映地下水水质的一个重要指标，其含量过高则会对人畜直接造成危害，使人类发生病变，严重影响身体健康。

2.化肥污染源头控制模式

（1）加强污染防治技术培训及推广体系建设

以肥料为主的农业面源污染具有分布面广、排放量大、涉及千家万户的特点，治理农业面源污染必须依靠广大农村基层干部、群众的广泛参与。第一，各级农业部门要发挥职能部门的作用，广泛利用各种媒体、渠道，加强对治理农业面源污染的宣传和教育，普及污染防治知识，消除基层干部、农技推广人员及群众存在的模糊认识，使农民群众了解农业面源污染的现状、途径和严重危害性，增强防治污染的自觉性、主动性。第二，加强技术培训，有计划、分层次地开展对农民的技术培训及信息培训，使他们尽快掌握农业面源污染防治的知识和技能，为防治工作的开展提供足够的技术支持。第三，加强农民专业技术组织体系的建设，发展农业种植业专业户，提高种植业效益，促进农业技术推广和应用。

(2) 增施有机肥

有机肥是我国传统的农家肥，包括秸秆、动物粪便、绿肥等。施用有机肥能够增加土壤有机质、土壤微生物，改善土壤结构，提高土壤的吸收容量，增加土壤胶体对重金属等有毒物质的吸附能力。各地可根据实际情况推广豆科绿肥，比如，实行引草入田、草田轮作、粮草经济作物带状间作和根茬肥田等形式种植。另外，作物秸秆本身含有较丰富的养分，如稻草含有 0.5% ~ 0.7% 的氮、0.1% ~ 0.2% 的磷、1.5% 的钾，以及硫和硅等。因此，推行秸秆还田也是增加土壤有机质的有效措施。从发展来看，绿肥、油菜、大豆等作物秸秆还田前景较好，应加以推广。

(3) 推广配方施肥技术

配方施肥以养分归还学说、最小养分律、同等重要律、不可替代律、肥料报酬递减律等理论为依据，遵循土壤、作物、肥料三者之间的依存关系，以肥料与综合农业技术相配合为指导原则，产前确定施肥的品种、数量、比例以及相应的科学施肥技术，实现高产、优质、高效、土壤培肥、提高化肥利用率、保护生态环境的综合目标。配方施肥技术是综合运用现代化农业科技成果，根据作物需肥规律、土壤供肥性能与肥料效应，在以有机肥为主的条件下，提出施用各种肥料的适宜用量和比例及相应的施肥方法。推广配方施肥技术可以确定施肥量、施肥种类、施肥时期，有利于土壤养分的平衡供应，减少化肥的浪费，避免对土壤环境造成污染，值得推广。

(4) 采用肥料增效剂

特别是氮肥增效剂，能够抑制土壤中铵态氮转化成亚硝态氮和硝态氮，从而提高氮肥肥效，减少氮素的挥发和淋失。目前，研究得较多的有脲酶抑制剂和硝化抑制剂。脲酶抑制剂是对土壤脲酶活性有明显抑制作用的物质，尿素与氢醌等脲酶抑制剂混配施用，可延缓尿素在土壤中的水解进程，从而减少氨的挥发和毒害作用。硝化抑制剂能延缓或抑制土壤中氨的硝化作用，可减少氮的淋洗和反硝化损失，还可降低蔬菜等农产品中硝酸盐和亚硝酸盐的含量，改善食物品质，保护生态环境。

(5) 改进耕作方式和水肥综合管理技术

提高肥料利用率，采用化肥深施技术，即基肥在秋季要采用边耕翻边施肥的方法进行深施。通过机具将化肥按农艺配方要求施于 8~10cm 深的土壤中，将作物种子同步播在化肥上面，使化肥与种子间有 3cm 左右的隔离层，不仅避免了烧种烧苗现象，而且减少了化肥挥发损失，提高了肥料利用率，从而有效降低了 N、P 向水体的迁移量和 N_2O 向大气的排放量。

(6) 开发和应用新型肥料

如高效控释肥、微生物肥料、有机 - 无机复合肥等。如何在大量施肥获得高产的同时，减少及消除污染，已成为我国肥料科技创新的重大课题。控释肥可以根据作物对养分的需求特性供给肥料中的营养成分，控释肥养分释放速度可以通过物理、化学以及生物技术手段来调控，实现促释或缓释的双向调节，缓急相济，是可以实现纵向平衡的一种新型肥料。因此，它可以大幅提高肥料利用率，同时减少养分流失导致的面源污染，是一种实现农业清洁生产的绿色肥料。通过包膜和非包膜等技术途径开发中国特色的高效低成本控释肥，广泛使用控释肥能有效地减少氮、磷等养分的淋失，对农业面源污染进行源头治理，有明显的经济效益和生态效益。发展生物复合肥料，将无机化肥的速效、有机肥的长效和生物肥料的增效作用完美地结合起来，构成的生物复合肥可提高化肥利用率，达到充分利用土壤潜力、保持生态平衡和增加产量的目的。产品兼有无机肥和有机肥的优点，可实现有机 - 无机平衡、中微量元素平衡。生物有机肥缓急相济，长短结合，集用地养地于一身，不仅提高了自然资源的利用率，消除了废弃物的直接污染和大量施用化肥的间接污染，保护了生态环境，而且有机肥的施用还可促进自然物质的生态循环，培肥地力，使土地资源得到持续高效利用。

二、畜禽养殖污染源头控制

(一) 畜禽养殖废水对环境的危害

1. 对水体的污染

养殖业废水属于富含大量病原体的高浓度有机废水，直接排放进入水体或存放地点不合适，受雨水冲洗进入水体，可能造成地表水或地下水水质的严重恶化。畜禽粪尿的淋溶性很强，粪尿中的氮、磷及水溶性有机物等淋溶量很大，如不妥善处理，就会通过地表径流和渗滤进入地下水层，污染地下水。对地表水的影响则主要表现为：大量有机物质进入水体后，有机物的分解将大量消耗水中的溶解氧，使水体发臭；当水体中的溶解氧大幅度下降后，大量有机物质可在厌氧条件下继续分解，分解中将会产生甲烷、硫化氢等气体，导致水生生物大量死亡；废水中的大量悬浮物可使水体浑浊，降低水中藻类的光合作用，限制水生生物的正常活动，使对有机物污染敏感的水生生物逐渐死亡，从而进一步加剧水体底部缺氧情况，使水体同化能力降低；氮、磷可使水体富营养化，富营养化的结果会使水体中硝酸盐和亚硝酸盐浓度过高，人畜若长期饮用会引起中毒，而一些有毒藻类的生长与大量繁殖会排放大量毒素于水体中，导致水生动物的大量死亡，从而严重地破坏水体生态平衡；粪尿中的一些病菌、病毒等随水流动可能导致某些流行病的传播等。

2. 对农田及作物的影响

畜禽养殖业废水中含有较多的氮、磷、钾等养分，如果能做到合理施用，可有效地提高土壤肥力，改良土壤的理化特性，促进农作物的生长。但如果未经任何处理就直接、连续、过量地施用，则会给土壤和农作物的生长造成不良的影响，如引起作物徒长、返青、倒伏，使产量大大降低，推迟成熟期，影响后续作物的生产等。废水中的大量有机物质在土壤中不断累积，虽然可为土壤中栖居的小动物、昆虫、真菌、细菌等提供营养物质和适宜的环境，但也可能导致一些病原菌大量滋生，引起病虫害的发生。此外，大量有机物的积累会使土壤呈强还原性，强还原性的条件不仅影响作物的根系生长，而且易使土壤中原本处于惰性状态的有害元素得到还原而释放。大量无机盐在土壤中的积聚则会引起作物的盐害。

3. 矿物元素和重金属污染

一方面，在畜禽饲料中大量添加的无机磷约 75% 为植酸磷，由于植酸磷不能被动物吸收利用而直接排出体外，引起污染；另一方面，各饲料厂和养殖场均普遍采用高铜、高铁、高锌等微量元素添加剂，这些金属元素的吸收率和利用率都很低，易随粪便排出体外进入环境，已成为我国的一大环境公害。

4. 残留兽药的污染

在畜禽养殖过程中，为了防治畜禽的多发性疾病，常在饲料中添加抗生素和其他药物，这些药物随饲料进入动物消化道后，短时间内进入动物血液循环，最终绝大多数的药物经肾脏过滤随尿液排出体外，只有极少部分的药物和抗生素残留在动物体内。大量研究表明，大多数饲料用抗生素都有残留，只是残留量大小不同。随着科技水平的不断提高，人们发现抗生素作为饲料添加剂使用，已对养殖环境造成了严重的负面后果。首先，使畜禽体内的耐药病原菌或变异病原菌不断产生并不断向环境中排放；其次，畜禽不断向环境中排泄这些抗生素或其代谢产物，使环境中的耐药病原菌与变异病原菌不断产生。这两者反过来又刺激生产者增加用药剂量、更新药物品种，这就造成了"药物污染环境—耐药或变异病原菌产生—加大用药剂量—环境被进一步污染"的恶性循环。另外，畜禽产品中药物残留进入环境后，可能转化为环境激素或环境激素的前体物，从而直接破坏生态平衡并威胁人类的身体健康。

5. 微生物污染

畜禽体内的微生物主要是通过消化道排出体外，通过养殖场废物的排放进入环境，从而造成严重的微生物污染。如果对这些粪污不进行无害化处理，大量的有害病菌一旦进入环境，不仅会直接威胁畜禽自身的生存，还会严重危害人体健康。

（二）畜禽养殖污染源头控制模式

1. 加大宣传力度，增强环保意识

组织相关部门，采用印发资料、举办培训班、召开现场会、进场入户等方式，向养殖户重点宣传畜禽养殖污染的产生、危害及其防治方法，提高养殖业主对畜禽污染及其防治的科学认识，增强环保意识，引导督促养殖业主及时、无害化处理养殖畜禽产生的粪便、污水、废渣及病死畜禽。引导畜禽养殖场户走农牧结合的道路，对畜禽污染进行综合治理，防止任意排污现象的发生。

2. 科学选址，合理布局

在对养殖业进行规划时，应选择地形开阔平整、地势高燥、平坦、向阳的地区，必须避开生活饮用水水源保护区、风景名胜区、文教区、城镇居民区；必须符合当地土地利用规划和城镇发展规划，符合环境保护和动物防疫要求。还应排水良好，距离农田、果园、菜地、林地或池塘较近，便于粪便及时利用。在总体布局上应做到生产区与生活区分开、净道与污道分开。

3. 实施规模化畜禽养殖业废弃物综合利用工程

加强对规模化畜禽养殖业的环境管理，推广生态循环养殖模式，改善饲养技术，指导养殖户进行养殖场规划布局改造，推广粪尿减量化技术和无害化处理技术，以沼气为纽带，形成"猪—沼—菜""猪—沼—果""猪—沼—林""猪—沼—鱼"多功能的生态模式，实现养殖废弃物的资源化再利用。

4. 开发推广环保型饲料，提高饲料转化率

通过营养调控降低畜禽排泄物对环境的污染。在配制饲料时要综合考虑动物的生产性能、环境污染和资源利用情况，有效提高饲料转化率，减少粪便中氮素的含量。

5. 搞好绿化，合理利用中草药

利用养殖场空地，栽种绿化树木和中草药，可以净化有害气体，吸附粉尘，改善圈舍小气候，起到遮阳、降温的作用。

6. 建立畜禽养殖环境监管协调联动机制

畜禽养殖污染治理是一个系统工程，为彻底遏制畜禽养殖污染问题，各级政府应制定畜禽养殖污染防治办法，建立畜禽养殖环境监管协调联动机制。畜牧、环保、

工商、财政、发改、各乡镇（经开区）人民政府等单位应协调联动，形成齐抓共管的合力，推行畜禽养殖场排污许可证制度，从规划、选址、建设等阶段实施依法监管。

7.加大对畜禽污染环境治理资金的审计力度

一是加强对资金规模、资金结构的合理有效性审计；二是对项目建设内容的合理有效性进行审计；三是考察项目资金的环境效益情况。重点审查其选址是否合理，是否达到要求标准，是否进行科学养殖、规范养殖，是否建立粪污处理设施，是否能够做到建立良性循环的生殖环境，在不断增加畜牧业收入的前提下，使农民的家园更加优化、美化。

三、农村生活污染源头控制

（一）加强农村生活垃圾的管理

1.加大环保宣传的力度，充分发挥新闻媒体和社会舆论的导向作用，提高农民对卫生保洁重要性的认识，使其克服随处扔垃圾的习惯。让群众积极、主动地参与环境卫生整治及卫生监督管理，特别是要发挥妇女的卫生清洁和老人的监督管理作用，形成群策群治的良好氛围。

2.充分调动村级班子的积极性，增强村干部环境整治的责任感，让村干部认识到搞好农村环境卫生，是为民办实事、建设和谐新农村的主要内容，是一项上下关注的大事。

3.加大"脏、乱、差"治理力度。逐步完善村镇污水、垃圾处理系统，建设中心镇和重点乡镇生活污水集中处理工程，防止城镇污水污染。

（二）建立适合农村的生态卫生系统

对人粪尿、厨余等农村生活污染源进行更生态、更经济的无害化处理，达到营养物质的农业资源再利用，减少后续污水处理的能耗。农村在人粪尿的资源化过程中存在两方面的问题：一是生态农业的发展，需要人粪尿的还田，以改善土壤性能，减少化学肥料的危害；二是传统的粪便农用过程，缺少对粪便有效的无害化处理，造成肠道等疾病的传播，加上一些水冲式厕所冲走粪便，造成粪便农用率的降低。解决这些问题的有效措施就是推广应用生态厕所。这种厕所安全卫生，节约水资源，能够实现变废为宝。目前，国内外已开发出来的生态厕所有太阳能厕所、循环水冲洗厕所、免水冲洗厕所等。粪尿分离式厕所对于旱厕有很好的替代价值，解决了旱厕粪尿混合带来的无害化处理难的弊端。对于已使用了水冲式厕所的农户，可以改建成沼气生态厕所：将人畜粪便和厨房有机垃圾及农作物秸秆破碎后，一同在沼气池中处理，产生的沼气可作为能源供家庭使用，沼渣、沼液可用于农田、果林、菜地等。此种技术在国内较典型的应用是南方推广的"人畜—沼气—果树"模式、北方推广的"人畜—沼气—蔬菜—大棚"模式，这两种模式都能把污染的治理和农业生产有机地结合起来，实现物质能量在农村内部的闭路生态循环利用。

（三）垃圾处理的主要方法

1. 填埋法

根据工艺的不同，分为传统填埋法和卫生填埋法两类。传统填埋法实际上是在自然条件下，利用坑、塘、洼地将垃圾集中堆置在一起，不加掩盖，未经科学处理的填埋方法。卫生填埋法是采取工程技术措施，防止产生污染及危害环境土地的处理方法。垃圾填埋历史久远，是普遍采用的处理方法。因为该方法简单、投资省，可以处理所有种类的垃圾，所以世界各国广泛沿用这一方法。从无控制的填埋，发展到卫生填埋，包括滤沥循环填埋、压缩垃圾填埋、破碎垃圾填埋等。

填埋法处理量大，方便易行，投资省，是我国目前处理城市垃圾的一种主要方法。但此法的缺点是填埋后易造成二次污染（污染地下水源），被填埋的垃圾发酵产生的甲烷气体易引发爆炸等，还占用大量农田面积，垃圾填埋场周围的臭气等严重影响大气环境。

2. 堆肥法

堆肥是使垃圾、粪便中的有机物，在微生物作用下，进行生物化学反应，最后形成一种类似腐殖质土壤的物质，用作肥料或改良土壤。堆肥法就是把城市垃圾运到郊外堆肥厂，按堆肥工艺流程处理后制作为肥料，其成本低、产量大。由于经济实用的化肥大量普及，堆肥量大，劳动强度大，其市场越来越小。根据堆肥原理，可分为厌氧分解与好氧分解两种。厌氧分解须在严格缺氧条件下进行，厌氧微生物分解生长较慢，故不多用。好氧分解过程可同时产生高温，可以杀灭病虫卵、细菌等，我国主要采用好氧分解法。

堆肥技术的工艺比较简单，适合于易腐有机质含量较高的垃圾处理，可对垃圾中的部分组分进行资源利用，且处理相同质量垃圾的投资比单纯的焚烧处理大大降低。

3. 焚烧法

焚烧是指垃圾中的可燃物在焚烧炉中与氧进行燃烧的过程。实质是碳、氢、硫等元素与氧的化学反应。垃圾焚烧后，释放出热能，同时产生烟气和固体残渣。热能要回收，烟气要净化，残渣要消化，这是焚烧处理必不可少的工艺过程。焚烧处理技术的特点是处理量大，减容性好，无害化彻底，焚烧过程产生的热量用来发电可以实现垃圾的能源化，因此是世界各发达国家普遍采用的一种垃圾处理技术。通过焚烧，可以使可燃性固体废物氧化分解，达到去除毒性、回收能量及获得副产品的目的。几乎所有的有机废物都可以用焚烧法处理。对于无机－有机混合性固体废物，如果有机物是有毒有害物质，最好采用焚烧法处理。焚烧法适用于处理可燃物较多的垃圾。采用焚烧法，必须注意不造成空气的二次污染。

焚烧处理的优点是减量效果好（焚烧后的残渣体积减少90%以上，质量减少80%以上），处理彻底。

(四) 各种垃圾处理方法的缺陷

1. 填埋处理

填埋处理埋掉了可利用物，填埋场地的选择越来越困难，运输、填埋、管理等费用也不断提高。填埋场占地面积大，同时存在严重的二次污染，如垃圾渗出液会污染地下水及土壤，垃圾堆放产生的臭气严重影响场地周边的空气质量。另外，垃圾发酵产生的甲烷气体既是火灾及爆炸隐患，排放到大气中又会产生温室效应，而且填埋场处理能力有限，服务期满后仍须投资建设新的填埋场，进一步占用土地资源。

2. 堆肥处理

堆肥处理不能处理不可腐烂的有机物和无机物，垃圾中的石块、金属、玻璃、塑料等废弃物不能被微生物分解，这些废弃物必须分拣出来，另行处理，因此减容、减量及无害化程度低；堆肥周期长，占地面积大，卫生条件差；堆肥处理后产生的肥料肥效低、成本高，与化肥相比销售困难，经济效益差，而且引进国外技术投资巨大，不适合中国国情。发达国家由于生活垃圾中的易腐有机物含量大大低于我国的一般水平，因此靠堆肥只能处理15%左右的垃圾组分，这在一定程度上阻碍了堆肥技术的推广。运用堆肥技术，必须先将新鲜的垃圾进行分类，再将易腐有机组分进行发酵，才能有效地防止重金属的渗入，从而保证有机肥产品达到国家标准，真正实现无害化和资源化。

3. 焚烧处理

焚烧处理对垃圾低位热值有一定要求，不是任何垃圾都可以焚烧。垃圾中可利用资源被销毁，是一种浪费资源的处理方法，即使回收热能，也只能达到废物一次性再生的目的，无法实现资源的多次循环利用。焚烧产生的大量烟气，带走的热能是一种很大的损失。产生的烟气必须净化，净化技术难度大、运行成本高，焚烧产生的残渣还必须消化。

由于焚烧设备一次性投资大，运行成本太高，因此目前我国农村垃圾处理应该以卫生填埋和高温堆肥技术为主。

第二节　农村水环境污染终端生物、生态修复技术

一、湿地处理系统

湿地处理系统包括自然湿地与人工湿地系统。湿地系统主要利用土壤、植物、微生物、人工介质等的物理、化学、生物多重协同作用，对污水、污泥进行处理。其原理是通过建造、控制运行类似于沼泽地的地面，将污水有目的地投配到湿地上，使污水沿一定方向在湿地表面和土壤缝隙流动过程中，通过土壤、植物、微生物、人工介质的物理、化学、生物多重协同作用，对污水进行处理。受自然环境的限制，自然湿地应用较少，主要应用人工湿地系统。

人工湿地污水处理技术是一种人工将污水有控制地投配到种有水生植物的土地上，按不同方式控制有效停留时间并使其沿着一定的方向流动，在物理、化学、生物共同作用下，通过过滤、吸附、沉淀、离子交换、植物吸收和微生物分解等来实现水质净化的生物处理技术。

(一) 人工湿地去除污染机制

1. 湿地基质的过滤吸附作用

污水进入湿地系统，污水中的固体颗粒与基质颗粒之间会发生作用，水流中的固体颗粒直接碰到基质颗粒表面被拦截。

水中颗粒迁移到基质颗粒表面时，在范德华力和静电力作用、某些化学键和某些特殊的化学吸附力作用下，被黏附于基质颗粒上，也可能因为存在絮凝颗粒的架桥作用而被吸附。此外，由于湿地床体长时间处于浸水状态，床体很多区域内基质形成土壤胶体，土壤胶体本身具有极大的吸附性能，也能够截留和吸附进水中的悬浮颗粒。物理过滤和吸附作用是湿地系统对污水中的污染物进行拦截从而达到净化污水的目的的重要途径之一。

2. 湿地植物的作用

植物是人工湿地的重要组成部分。人工湿地根据主要植物优势种的不同，分为浮水植物人工湿地、浮叶植物人工湿地、挺水植物人工湿地、沉水植物人工湿地等不同类型。湿地中的植物对于湿地净化污水的作用能起到极重要的影响。首先，湿地植物和所有进行光合自养的有机体一样，具有分解和转化有机物与其他物质的能力。植物通过吸收同化作用，能直接从污水中吸收可利用的营养物质，如水体中的氮和磷等。水中的铵盐、硝酸盐及磷酸盐能通过这种作用被植物体吸收，最后通过植物被收割而离开水体。其次，植物的根系能吸附和富集重金属及有毒有害物质。

植物的根、茎、叶都有吸收富集重金属的作用，其中根部的吸收能力最强。在不同的植物种类中，沉水植物的吸附能力较强。根系密集发达交织在一起的植物也能对固体颗粒起到拦截吸附作用。再次，植物为微生物的吸附生长提供了更大的表面积。植物的根系是微生物重要的栖息、附着和繁殖的场所。植物根际的微生物数量比非根际微生物数量多得多，而微生物能起到重要的降解水中污染物的作用。最后，植物能够为水体输送氧气，增加水体的活性。由此可见，湿地植物在控制水质污染、降解有害物质上也起到了重要的作用。

3. 微生物的消解作用

湿地系统中的微生物是降解水体中污染物的主力军。好氧微生物通过呼吸作用，将废水中的大部分有机物分解成为二氧化碳和水，厌氧细菌将有机物分解成二氧化碳和甲烷，硝化细菌将铵盐硝化，反硝化细菌将硝态氮还原成氮气，等等。通过这一系列的作用，污水中的主要有机污染物都能得到降解同化，成为微生物细胞的一部分，其余的变成对环境无害的无机物回归到自然界中。

此外，湿地生态系统中还存在某些原生动物及后生动物，甚至一些湿地昆虫和鸟类也能参与吞食湿地系统中沉积的有机颗粒，然后进行同化作用，将有机颗粒作为营养物质吸收，从而在某种程度上去除污水中的颗粒物。

(二) 人工湿地的分类

人工湿地污水处理技术经过多年的发展和研究，根据湿地中主要植物形式将人工湿地划分为沉水植物系统浮水植物系统、挺水植物系统。其中，沉水植物系统还处于实验室研究阶段，其主要应用领域为初级处理和二级处理后的精处理。浮水植物主要用于 N、P 去除和提高传统稳定塘效率。目前，一般所说的人工湿地系统都是指挺水植物系统。国内外学者从工程设计的角度出发，按照系统布水方式的不同或水在系统中流动方式的不同，将人工湿地处理系统划分为以下几种类型：

1. 自由水面人工湿地处理系统

它是一种污水从湿地表面漫流而过的长方形构筑物，结构简单，工程造价低；但由于污水在填料表面漫流，易滋生蚊蝇，对周围环境会产生不良影响，而且其处理效率较低。污水从湿地表面流过，在流动的过程中得到净化。水深一般为 0.3~0.5m，水流呈推流式前进。污水从入口以一定速度缓慢流过湿地表面，部分污水或蒸发或渗入地下。近水面部分为好氧生物区，较深部分及底部通常为厌氧生物区。表面流人工湿地中氧的来源主要靠水体表面扩散、植物根系的传输和植物的光合作用。由于传输能力十分有限，因此人工湿地大部分采用潜流式湿地系统。

2. 人工潜流人工湿地处理系统

污水在填料缝隙之间渗流，可充分利用填料表面及植物根系上生物膜及其他作用处理污水，出水水质好。由于水平面在覆盖土层或细砂层以下，卫生条件较好，因此被广泛采用。潜流式湿地一般由两级湿地串联、处理单元并联组成。与自由水面人工湿地相比，人工潜流人工湿地的水力负荷大，对 BOD、COD、TSS、TP、TN、藻类、石油类等有显著的去除效率。潜流湿地一般设计成有一定底面坡降的、长宽比大于 3 且长大于 20m 的构筑物，其污水流程较长，有利于硝化和反硝化作用的发生，脱氮效果较好。

3. 垂直水流人工湿地处理系统

污水沿垂直方向流动，氧供应能力较强，硝化作用较充分，占地面积较小，可实现较大的水力负荷长期运行。垂直水流人工湿地的硝化能力高，对于氨氮含量较高的污水废水有较好的处理效果。垂直水流人工湿地一般设计成高约 1m 的圆形或方形构筑物，污水的流程较短，反硝化作用较弱，且工程技术要求较高。垂直水流人工湿地可方便地采用工程手段来改善系统的供氧状况，提高布水均匀性，营造更加有利于硝化和反硝化发生的系统环境。垂直水流人工湿地的缺点是对于污水中的有机物的处理能力不足，控制相对复杂，夏季有滋生蚊蝇的现象。

(三) 人工湿地的构造

人工湿地一般由 5 种结构单元构成：① 底部的防渗层；② 由填料、土壤和植物根系组成的基质层；③ 湿地植物的落叶及微生物尸体等组成的腐殖质层；④ 水体层；⑤ 水生植物 (主要是根生挺水植物)。

1. 防渗层

防渗层是为了防止未经处理的污水通过渗透作用污染地下含水层而铺设的一层透水性差的物质。如果现场的土壤和黏土能够提供充足的防渗能力，那么压实这些土壤作为湿地的衬里已经足够。

2. 基质层

基质层是人工湿地的核心。基质颗粒的粒径、矿质成分等直接影响着污水处理的效果。目前，人工湿地系统可用的基质主要有土壤、碎石、砾石、煤块、细沙、粗沙、煤渣、多孔介质、硅灰石和工业废弃物中的一种或几种组合的混合物。基质一方面为植物和微生物生长提供介质，另一方面通过沉积、过滤和吸附等作用直接去除污染物。

3. 腐殖质层

腐殖质层中的主要物质就是湿地植物的落叶、枯枝、微生物及其他小动物的尸体。成熟的人工湿地可以形成致密的腐殖质层。

4. 水体层

水体在表面流动的过程就是污染物进行生物降解的过程，水体层的存在提供了鱼、虾、蟹等水生动物和水禽等的栖息场所。

5. 水生植物

首先，植物可以有效地消除短流现象；其次，植物的根系可以维持潜流型湿地中良好的水力输导性，使湿地的运行寿命延长；再次，通过其中微生物的分解和合成代谢作用，能有效地去除污水中有机污染物和营养物质；最后，水生植物能够将氧气输送到根系，使植物根系附近有氧气存在，通过硝化、反硝化、积累、降解、络合、吸附等作用而显著增加去除率。另外，致密的植物可以在冬季寒冷季节起到保温作用，减缓湿地处理效率的下降。

(四) 人工湿地系统植物的选用原则

1. 植物具有良好的生态适应能力和生态营建功能

管理简单、方便是人工湿地生态污水处理工程的主要特点之一。若能筛选出净化能力强、抗逆性相仿，而生长量较小的植物，将会减少管理上尤其是对植物体后处理上的许多麻烦。一般应选用当地或天然湿地中存在的植物。

2. 植物具有很强的生命力和旺盛的生长势

具体要求：①抗冻、抗热能力。由于污水处理系统是全年连续运行的，因此要求水生植物即使在恶劣的环境下也能基本正常生长，而那些对自然条件适应性较差或不能适应的植物都将直接影响净化效果。②抗病虫害能力。污水生态处理系统中的植物易滋生病虫害，抗病虫害能力直接关系植物自身的生长与生存，也直接影响其在处理系统中的净化效果。③对周围环境的适应能力。由于人工湿地中的植物根系要长期浸泡在水中和接触浓度较高且变化较大的污染物，因此所选用的水生植物除了耐污能力要强外，对当地的气候条件、土壤条件和周围的动植物环境也要有很好的适应能力。

3. 所引种的植物必须具有较强的耐污染能力

水生植物对污水中的 BOD_3、COD、TN、TP 主要是靠附着生长在根区表面及附近的微生物去除的，因此应选择根系比较发达、对污水承受能力强的水生植物。

4. 植物的年生长期长，最好是冬季半枯萎或常绿植物

人工湿地处理系统中常会出现因冬季植物枯萎死亡或生长休眠而导致功能下降的现象，因此应着重选用常绿的、冬季生长旺盛的水生植物类型。

5.具有一定的经济效益、文化价值、景观效益和综合利用价值

若所处理的污水不含有毒、有害成分，其综合利用可从以下几个方面考虑：① 用作饲料，一般选择粗蛋白的含量＞20%（干重）的水生植物；② 用作肥料，应考虑植物体含肥料有效成分较高，易分解；③ 生产沼气，应考虑发酵、产气植物的碳氮比，一般选用植物体的碳氮比为(25~30.5)∶1；④ 用作工业或手工业原料，如芦苇可以用来造纸，水葱、灯芯草、香蒲、莞草等都是编制草席的原料。由于城镇污水的处理系统一般都靠近城郊，同时面积较大，因此美化景观也是必须考虑的。然而在实际工作中，很多人工湿地的工艺设计者和建设者考虑得最多的是植物的独有性和观赏价值等外在因素，没有考虑到栽种该植物后的植株生长效果、湿地的运行效果、生长表现以及对生态的安全性等，导致人工湿地在运行一段时间后功能骤降或运行费用剧增，最后导致系统瘫痪或闲置。

（五）人工湿地植物特性的研究及植物配置分析

1.植物类型分析

(1)漂浮植物

漂浮植物中常用作人工湿地系统处理的有水葫芦、大藻、水芹菜、李氏禾、浮萍、水雍菜、豆瓣菜等。根据对这些植物的植物学特性进行分析，发现它们具有以下几个特点：① 生命力强，对环境适应性好，根系发达；② 生物量大，生长迅速；③ 具有季节性休眠现象，如冬季休眠或死亡的水葫芦、大藻、水雍菜，夏季休眠的水芹菜、豆瓣菜等，生长的旺盛季节主要集中在每年的3~10月或9月至次年5月；④ 生育周期短，以营养生长为主，对 N 的需求量最高。

由于漂浮植物具有上述植物学特性，因此在进行人工湿地植物配置的时候必须充分考虑它们各自的优点：① 由于这类植物的环境适应能力强，因此在进行植物配置时应当作地方优势品种予以优先考虑；② 人工湿地系统中，水体中养分的去除主要依靠植物的吸收利用，因此生物量大、根系发达、年生育周期长和吸收能力好的植物成为选择的目标；③ 利用植物季节性休眠特性，可以给予正确的植物搭配，如冬季低温时配置水芹菜，而夏季高温时则配置水葫芦、大藻等适宜高温生长的植物，以避免因植物品种选择搭配单一而出现季节性的功能失调现象；④ 由于这类植物以营养生长为主，对 N 的吸收利用率高，因此在进行植物配置时应重视其对 N 的吸收利用效果，可作为 N 去除的优势植物而加以利用，从而提高系统对 N 的去除效果。

(2)根茎、球茎及种子植物

这类植物主要包括睡莲、荷花、马蹄莲、慈姑、荸荠、芋头、泽泻、菱角、薏米、芡实等。它们或具有发达的地下根茎或块根，或能产生大量的种子果实，多为

季节性休眠植物类型，一般冬季枯萎、春季萌发，生长季节主要集中于4~9月。根茎、球茎、种子类植物具有以下特点：① 耐淤能力较好，适宜生长在淤土层深厚肥沃的地方，生长离不开土壤；② 适宜生长的水深一般为40~100cm；③ 具有发达的地下块根或块茎，其根茎的形成对P元素的需求较多，因此对P的吸收量较大；④ 种子果实类植物，其种子和果实的形成需要大量的P和K元素。

由于这类植物具有以上特点，因此在进行人工湿地植物应用配置时应予以充分考虑：① 基于这些植物的特性，其应用一般为自由水面人工湿地系统和湿地的稳定系统；② 利用这些植物的生长（主要是块根、球茎和果实的生长）需要大量的P、K元素的特性，将其作为去除P的优势植物应用，以提高系统对P的去除效果。

（3）挺水草本植物

这类植物包括芦苇、茭草、香蒲、旱伞竹、皇竹草、蔗草、水葱、水莎草、纸莎草等，为人工湿地系统主要的植物选配品种。这些植物的共同特性：① 适应能力强，多为本土优势品种；② 根系发达，生长量大，营养生长与生殖生长并存，对N和P、K的吸收都比较多；③ 能于无土环境生长。根据这类植物的生长特性，它们可以搭配种植于潜流人工湿地系统中，也可以种植于自由水面人工湿地系统中。

根据植物的根系分布深浅及分布范围，可以将这类植物分成4种生长类型。① 深根丛生型的植物，其根系的分布深度一般在30cm以上，分布较深而分布面积不广。植株的地上部分丛生，如皇竹草、芦竹、旱伞竹、茭草、纸莎草等。由于这类植物的根系入土深度较大，根系接触面广，配置栽种于潜流人工湿地中更能显示出它们的处理净化性能。② 深根散生型植物，根系一般分布深度在20~30cm，植株分散，这类植物有香蒲、菖蒲、水葱、蔗草、水莎草、野山姜等，这类植物的根系入土深度也较深，因此适宜配置栽种于潜流人工湿地。③ 浅根散生型植物，如美人蕉、芦苇等，其根系分布深度一般在5~20cm。由于这些植物的根系分布浅，而且一般原生于土壤环境，因此适宜配置于自由水面人工湿地中。④ 浅根丛生型植物，如灯芯草等丛生型植物，由于根系分布浅，且一般原生于土壤环境，因此仅适宜配置于自由水面人工湿地系统中。

（4）沉水植物类型

沉水植物一般原生于水质清洁的环境，其生长对水质要求比较高，因此沉水植物只能作为人工湿地系统中最后的强化稳定植物加以应用，以提高出水水质。

（5）其他类型的植物

如水生景观植物，由于长时间的人工选择，其对污染环境的适应能力比较弱，因此只能作为最后的强化稳定植物或湿地系统的景观植物而应用。

2.植物原生环境分析

原生于实土环境的一些植物，如美人蕉、芦苇、灯心草、旱伞竹、皇竹草、芦竹、薏米等，其根系生长有一定的向土性，配置于自由水面湿地系统中，生长会更旺盛。但由于它们的根系大多垂直向下生长，因此净化处理的效果不及应用于潜流人工湿地系统中；对于一些原生于沼泽、腐殖质层、湖泊水面的植物，如水葱、菱草、野山姜、蔗草、香蒲、菖蒲等，由于其生长已经适应了无土环境，因此更适宜配置于潜流人工湿地系统中；而对于一些块根、块茎类的水生植物，如荷花、睡莲、慈姑、芋头等，则只能配置于自由水面湿地系统中。

3.植物对养分的需求类型分析

根据植物对养分的需求情况分析，由于潜流人工湿地系统填料之间的空隙大，植物根系与水体养分接触的面积要较自由水面人工湿地广，因此对于营养生长旺盛、植株生长迅速、植株生物量大、一年有数个萌发高峰的植物，如香蒲、水葱、苔草、水莎草等，适宜栽种于潜流人工湿地系统中；而对于营养生长与生殖生长并存、生长相对缓慢、一年只有一个萌发高峰期的一些植物，如芦苇、菱草、薏米等，则配置于自由水面人工湿地系统中。

4.植物对污水的适应能力分析

不同植物对污水的适应能力不同。一般高浓度污水主要集中在湿地工艺的前端部分。因此，在人工湿地建设时，前端工艺部分如强氧化塘、潜流湿地等工艺一般选择耐污染能力强的植物品种。末端工艺如稳定塘、景观塘等处理段中，由于污水浓度降低，因此可以更多考虑植物的景观效果。

二、稳定塘处理技术

稳定塘，旧称氧化塘或生物塘，是一种利用天然净化能力对污水进行处理的构筑物的总称。其净化过程与自然水体的自净过程相似。通常是将土地进行适当的人工修整，建成池塘，并设置围堤和防渗层，依靠塘内生长的微生物来处理污水。主要利用菌藻的共同作用处理废水中的有机污染物。稳定塘污水处理系统具有基建投资和运转费用低、维护和维修简单、便于操作、能有效去除污水中的有机物和病原体、无须污泥处理等优点。

在中国，特别是在缺水干旱的地区，生物氧化塘是实施污水的资源化利用的有效方法，所以稳定塘处理污水成为我国着力推广的一项新技术。

①能充分利用地形，结构简单，建设费用低。采用污水处理稳定塘系统，可以利用荒废的河道、沼泽地、峡谷、废弃的水库等地段建设，结构简单，大多以土石结构为主，在建土地具有施工周期短、易于施工和基建费低等优点。污水处理与利

用生态工程的基建投资为相同规模常规污水处理厂的 1/3 ~ 1/2。

②可实现污水资源化和污水回收及再利用，实现水循环，既节省了水资源，又获得了经济效益。稳定塘处理后的污水，可用于农业灌溉，也可在处理后的污水中进行水生植物和水产的养殖。将污水中的有机物转化为水生植物、鱼、水禽等的营养物质，提供给人们使用或其他用途。如果考虑综合利用的收入，可达到收支平衡，甚至有所盈余。

③处理能耗低，运行维护方便，成本低。风能是稳定塘的重要辅助能源之一，经过适当的设计，可在稳定塘中实现风能的自然曝气充氧，从而达到节省电能、降低处理能耗的目的。此外，在稳定塘中无须使用复杂的机械设备和装置，这使稳定塘的运行更加稳定并保持良好的处理效果，而且其运行费用仅为常规污水处理厂的 1/5 ~ 1/3。

④美化环境，形成生态景观。将净化后的污水引入人工湖中，用作景观和游览的水源。由此形成的污水处理与利用生态系统不仅成为有效的污水处理设施，而且成为现代化生态农业基地和游览的胜地。

⑤污泥产量少。稳定塘污水处理技术的另一个优点是产生的污泥量小，仅为活性污泥法所产生污泥量的 1/10，前端处理系统中产生的污泥可以送至该生态系统中的藕塘或芦苇塘或附近的农田，作为有机肥加以使用和消耗。前端带有厌氧塘或碱性塘的塘系统，通过厌氧塘或碱性塘底部的污泥发酵坑使污泥发生酸化、水解和甲烷发酵，从而使有机固体颗粒转化为液体或气体，实现污泥等零排放。

⑥能承受污水水量大范围的波动，其适应能力和抗冲击能力强。我国许多城市污水的 BOD 浓度很小，低于 100mg/L，使活性污泥法尤其是生物氧化沟无法正常运行，而稳定塘不仅能够有效地处理高浓度有机污水，也可以处理低浓度污水。

缺点：①占地面积过大；②气候对稳定塘的处理效果影响较大；③若设计或运行管理不当，则会造成二次污染；④易产生臭味和滋生蚊蝇；⑤污泥不易排出和处理利用。

(一) 运行原理

稳定塘以太阳能为初始能量，通过在塘中种植水生植物，进行水产和水禽养殖，形成人工生态系统，在太阳能（日光辐射提供能量）作为初始能量的推动下，通过稳定塘中多条食物链的物质迁移、转化和能量的逐级传递、转化，将进入塘中污水的有机污染物进行降解和转化，最后不仅去除了污染物，而且以水生植物和水产、水禽的形式作为资源回收，净化的污水也可作为再生资源予以回收再利用，使污水处理与利用结合起来，实现污水处理资源化。

人工生态系统利用种植水生植物和养鱼、鸭、鹅等形成多条食物链。其中，不仅有分解者生物即细菌和真菌、生产者生物即藻类和其他水生植物，还有消费者生物，如鱼、虾、贝、螺、鸭、鹅、野生水禽等，三者分工协作，对污水中的污染物进行更有效的处理与利用。如果在各营养级之间保持适宜的数量比和能量比，就可以建立良好的生态平衡系统。污水进入这种稳定塘后，其中的有机污染物不仅被细菌和真菌降解净化，而且其降解的最终产物，即一些无机化合物作为碳源、氮源和磷源，以太阳能为初始能量，参与到食物网中的新陈代谢过程，并从低营养级到高营养级逐级迁移转化，最后转化成水生作物、鱼、虾、蚌、鹅、鸭等产物，从而获得可观的经济效益。

(二) 类型

按照占优势的微生物种属和相应的生化反应，稳定塘可分为好氧塘、兼性塘、曝气塘和厌氧塘四种类型。

1. 好氧塘

好氧塘是一种主要靠塘内藻类的光合作用供氧的氧化塘。它的水深较浅，一般在 0.3 ~ 0.5m，阳光能直接透射到池底，藻类生长旺盛，加上塘面风力搅动进行大气复氧，全部塘水呈好氧状态。按照有机负荷的高低，好氧塘可分为高速率好氧塘、低速率好氧塘和深度处理塘。高速率好氧塘用于气候温暖、光照充足的地区处理可生化性好的工业废水，可取得 BOD 去除率高、占地面积少的效果，并提供副产藻类饲料。低速率好氧塘通过控制塘深来减小负荷，常用于处理溶解性有机废水和城市二级处理厂出水。深度处理塘 (精制塘) 主要用于接纳已被处理为二级出水标准的废水，因而其有机负荷很小。

2. 兼性塘

兼性塘的水深一般在 1.5 ~ 2m，塘内好氧和厌氧生化反应兼而有之。在上部水层中，白天藻类光合作用旺盛，塘水维持好氧状态，其净化能力和各项运行指标与好氧塘相同；在夜晚，藻类光合作用停止，大气复氧低于塘内耗氧，溶解氧急剧下降至接近于零。在塘底，由可沉固体和藻、菌类残体形成了污泥层，由于缺氧而进行厌氧发酵，称为厌氧层。在好氧层和厌氧层之间存在一个兼性层。兼性层是氧化塘中最常用的塘型，常用于处理城市一级沉淀或二级处理出水。在工业废水处理中，兼性塘常在曝气塘或厌氧塘之后作为二级处理塘使用，有的也作为难生化降解有机废水的储存塘和间歇排放塘 (污水库) 使用。由于它在夏季的有机负荷要比冬季所允许的负荷高得多，因此特别适合处理在夏季进行生产的季节性食品工业废水。

3.曝气塘

为了强化塘面大气复氧作用，可在氧化塘上设置机械曝气器或水力曝气器，使塘水得到不同程度的混合而保持好氧或兼性状态。曝气塘有机负荷和去除率都比较高，占地面积小，但运行费用高，且出水悬浮物浓度较高，使用时可在后面连接兼性塘来改善最终出水水质。

4.厌氧塘

厌氧塘的水深一般在2.5m以上，最深可达4~5m。当塘中耗氧超过藻类和大气复氧时，就使全塘处于厌氧分解状态。因此，厌氧塘是一类高有机负荷的以厌氧分解为主的生物塘。其表面积较小，深度较大，水在塘中停留20~50 d。它能以高有机负荷处理高浓度废水，污泥量少，但净化速率慢、停留时间长，并产生臭气，出水不能达到排放要求，因而多作为好氧塘的预处理塘使用。

第三节　农村水环境生态治理模式技术

一、农村河道生态治理模式

农村河道污染主要包括污染源污染、面源污染等多种方式的污染，污染治理需要从水环境、河道结构两方面入手。农村河道存在的主要污染源为生活垃圾、其他建筑废料，这些垃圾与废料的长期堆积会影响河道的通畅。目前大部分农村河道中的河水水质污染严重、河水水流较小，对于河道生态的退化现象，需要政府与相关部门投入人力和物力进行长久的治理。

(一) 农村河道的特点

1.农村河道功能多样

农村河道主要有以下几个方面的作用：首先，农村河道是农村生产灌溉的主要水源，也是在山洪暴发时农村排涝的主要通道；其次，河道也是农村居民出行的主要通路，农村居民通过渡船来往于村镇间以完成生产经营活动。有些农村河道是农村生活的主要保障条件，农村居民从河道中获取水资源、生物资源等资源；再次，农村河道也是生态环境的主要调节工具，干净与健康的农村河道能够使农村环境保持优良状态；最后，农村河道不仅能够提供生产生活的饮用水，也能够带动农村的旅游开发与建设，从而间接提高农民的生活水平。

2.河道结构自然多样

农村河道根据不同的地形地貌，可以分为山区河道、平原区河道。山区河道的坡度大，相较于平原河道来说流向不明显，呈现蜿蜒曲折的形状；河道的水流较急，对河岸两端的冲刷严重。平原区河道坡度平缓，呈现缓慢下降的趋势；河道的水面宽水流缓，河床会随着泥沙的淤积而逐渐上升。在坡度较缓的平原地带河道具有通航的作用，所以河道会由于船行波的影响而产生崩塌；而山区河道也会由于雪崩或寒冷天气的影响，产生不同程度的河岸崩塌现象。农村河道由于人为干预较少，所以河道建设能够根据自然河道进行改造。但与此同时，农村河道由于人为管理的落后，也会产生人为污染、河道生态环境污染的情况。

3. 污染源复杂多样

农村河道的污染来源多种多样，主要有工业废水污染、水产养殖与畜禽养殖污染、面源污染、生活垃圾污染、废弃物污染等。面源污染是农村河道污染的主要污染源，面源污染产生的污染情况也多种多样。面源污染也分为以下几种情况：化肥的过量会导致河流水体的富营养化。化肥中含有大量的氮、磷、钾等营养元素，农田在施肥完成后，肥料会随着排水或雨水的冲刷进入农村河道产生水源污染；农药的大量使用也会使河流水体受到严重污染，农药在进行喷洒的过程中，会随着空气、雨水、灌溉水等多种途径进行不定向的迁移，而其中大量农药会随着水滴或尘微粒进入农村河道，造成严重的水源污染情况。除此之外，还有农村集约化养殖造成的畜禽粪尿污染，农村河道的污水灌溉污染等多种形式的污染。

（二）河道水环境治理模式

1. 循环利用生态治理模式

水资源的循环利用主要通过多种水资源处理方式，达到水资源废水的安全排放与循环。我国以往的水资源处理指的是在进行水资源利用后，将废水输入废水处理厂进行处理后排放。这种处理方式只能保证废水对水资源的污染较小，而不能完全解决水资源的污染情况。倡导的水资源循环利用模式是一种可持续发展的健康水循环利用方式，它不仅将工业废水、商业废水进行无害化的处理，而且将废水处理后进行其他用途的再利用。在废水处理的过程中，要完成水资源的分离任务，使上游地区的用水循环不影响下游的水体功能，地表水的循环利用不影响地下水的功能与水质，水的人工循环不损害水的自然循环。这种健康的水资源循环利用模式，能够极大地改善生态环境，提高企业的经济效益。

2. 多功能整体优化生态治理模式

农村河流生态的治理需要考虑多方面的问题，主要是在给排水、防洪排涝、农田灌溉、水生物资源有效利用、污水处理等多方面总结分析，最终要达到农村水资源的循环利用效果。因此，要将统筹规划供水、节水与水污染防治结合起来，从整体上保证水资源生态的健康循环。通过提供安全可靠的供水水源，完成农村河流的污水处理、供水排水等一系列的水资源治理活动。在治理完成的水资源中逐渐增加多种生物，从改良水体的生物多样性方面促使水体逐渐恢复修复能力。

3. 多尺度相结合的生态治理模式

农村河道河流形态多种多样，有单独流向的直流河，也有纵横交错的网状河流。山地地区的河流大多属于直流河，平原地区的河道纵横交错相互沟通，形成庞大的网状河流体系。有些河流是在狭小的区域内进行流动，而那些流量较大的河流会跨越几个地区进行流动与交汇。农村的河道具有多尺度的特性，这些河道尺度、流域尺度相互交错相互影响。在进行农村河流生态治理时，需要结合多种尺度综合治理，不仅要对单一河道尺度污染进行针对性治理，还要对多种河道尺度、流域尺度进行综合治理。

（三）河道结构的生态治理模式

1. 自然生态型治理模式

在农村河道旁应该栽种杨树、柳树等喜水特性的植物，这些植物有着强大的根系，能够稳固土壤颗粒来防止水土流失。同时，柳树垂入水中的枝条能减缓水流的水速，达到抗洪防涝的作用。根据地区的水土条件采用土壤生物工程法，将栽种的杨树、柳树与其他木桩植物进行固定。这种所有植物的联合方式，能够减少土质沉积状况的发生，最终改善农村河道疏松的水土特性。可以根据当地土质特性，进行防洪防水土流失植物的选择。在土地资源充足岸坡较缓的情况下，对植物进行有规律的栽种以达到防治水土流失的目的。

2. 工程生态型治理模式

对于冲刷较为严重的山区河道、航运河道，需要采取工程措施进行加固处理，才能达到防护排涝的效果。在河道两岸栽种丰富的植被与树木，并将坚固的石料安放在河流两岸，通过多种防护方式来使河道的结构更加稳定、安全。在石料的选择上使用浆砌块石、干砌块石、现浇混凝土、预制混凝土块体等材料进行搭砌，坚硬的石料能够减缓河道岸坡的冲刷情况。

3. 景观生态型治理模式

在农村河道治理中，最难完成的治理是景观生态型河道治理。景观生态型河道治理首先需要考虑河道的景观游览功能，在河道治理过程中要建立流畅而完整的整体观感，使游人产生良好的审美感受。要根据河道周围的景物特征、风土人情进行基础设施的搭建工作，通过搭建凉亭、广场、植物园、健身设施等休闲娱乐设施，满足当地人与游客的审美需要。同时，采用复式断面的河道横断面结构设置，通过多角度景观设置产生良好的景深效果。景观生态型河道治理要"以人为本",将人文景观与自然景观巧妙融合在一起,形成独特和谐的审美观感。在社会主义新农村的建设中,农村河道治理是建设居民良好生态环境的保障。农村河道生态环境的恶化,是长期人为污染的结果。而农村河道生态的治理,也要针对不同的污染状况选择恰当的治理方式。根据河道存在的化肥农药污染、生活垃圾污染、工业废水污染、水土流失、河道冲刷等多种状况,需要采取不同措施进行长时间的治理。

二、厌氧沼气池原理、类型及设计

(一)厌氧沼气池原理

厌氧沼气池处理技术是在厌氧条件下,通过厌氧细菌分解、代谢、消化污水中的有机物,使污水中的有机物含量大幅减少,并产生沼气的一种高效的污水处理方式。它将污水处理与无害利用有机结合,实现了污水的资源化。沼气池投资少、成本低,容易维护,适合农民家庭采用。

随着中国沼气科学技术的发展和农村家用沼气的推广,根据当地使用要求和气温、地质等条件,家用沼气池有固定拱盖水压式池、大揭盖水压式池、吊管式水压式池、曲流布料水压式池、顶返水水压式池、分离浮罩式池、半塑式池、全塑式池和罐式池。其形式虽然多种多样,但归纳起来大体是由水压式池、浮罩式池、半塑式池和罐式池4种基本类型变化形成的。与四位一体生态型大棚模式配套的沼气池一般为水压式沼气池,它又有几种不同形式。

(二)厌氧沼气池类型

1. 固定拱盖水压式沼气池

固定拱盖水压式沼气池有圆筒形、球形和椭球形3种池型。这种沼气池的池体上部气室完全封闭,随着沼气的不断产生,沼气压力相应提高。这个不断增高的气压,迫使沼气池内的一部分料液进到与池体相通的水压间内,使得水压间内的液面升高。这样一来,水压间的液面与沼气池体内的液面就产生了一个水位差,这个水位差就叫作"水压"(也就是U形管沼气压力表显示的数值)。用气时,打开沼气开关,沼气在水压下排出;当沼气减少时,水压间的料液又返回池体内,使得水位差不断下降,导致沼气压力也随之相应降低。这种利用部分料液来回窜动引起水压反复变化来储存和排放沼气的池型,就称为水压式沼气池。

水压式沼气池是中国推广最早、数量最多的沼气池,是在总结"三结合""圆、小、浅""活动盖""直管进料""中层出料"等群众建池的基础上,加以综合提高而形成的。"三结合"就是厕所、猪圈和沼气池连成一体，人畜粪便可以直接打扫到沼气池里进行发酵。"圆、小、浅"就是池体圆、体积小、埋深浅。"活动盖"就是沼气池顶加活动盖板。

水压式沼气池具有以下几个优点：

①池体结构受力性能良好，而且充分利用土壤的承载能力，所以省工省料，成本比较低。

②适于装填多种发酵原料，特别是大量的作物秸秆，对农村积肥十分有利。

③为便于经常进料，厕所、猪圈可以建在沼气池上面，粪便随时都能打扫进池。

④沼气池周围都与土壤接触，对池体保温有一定的作用。

水压式沼气池也存在一些缺点：

①由于气压反复变化，而且一般在 4 ~ 16kPa（40 ~ 160cm 汞柱）之间变化，这对池体强度和灯具、灶具燃烧效率的稳定与提高都有不利的影响。

②由于没有搅拌装置，池内浮渣容易结壳，又难于破碎，所以发酵原料的利用率不高，池容产气率（每立方米池容积一昼夜的产气量）偏低，一般池容产气率每天仅为 0.15m/m² 左右。

③由于活动盖直径不能加大，对发酵原料以秸秆为主的沼气池来说，大出料工作比较困难，因此出料的时候最好采用出料机械。

2. 无活动盖底层出料水压式沼气池

无活动盖底层出料水压式沼气池是一种变形的水压式沼气池。该池将水压式沼气池活动盖取消，把沼气池拱盖封死，只留导气管，并且加大水压间容积，这样可避免因沼气池活动盖密封不严带来的问题。无活动盖底层出料水压式沼气池为圆柱形，斜坡池底。它由发酵间、储气间、进料口、出料口、水压间、导气管等组成。

进料口与进料管分别设在猪舍地面和地下。厕所、猪舍及收集的人畜粪便，由进料口通过进料管注入沼气池发酵间。

出料口与水压间设在与池体相连的日光温室内。其目的是便于蔬菜生产施用沼气肥，同时出料口随时放出二氧化碳进入日光温室内促进蔬菜生长。水压间的下端通过出料通道与发酵间相通。出料口要设置盖板，以防人、畜误入池内。

池底呈锅底形状，在池底中心至水压间底部之间，建一 U 形槽，下返坡度 5%，便于底层出料。

其工作原理：①未产气时，进料管、发酵间、水压间的料液在同一水平面上。②产气时，经微生物发酵分解而产生的沼气上升到储气间，由于储气间密封不漏气，沼气不断积聚，便产生压力。当沼气压力超过大气压力时，便把沼气池内的料液压出，进料管和水压间内水位上升，发酵间水压下降，产生了水位差，由于水压气而使储气间内的沼气保持一定的压力。③用气时，沼气从导气管输出，水压间的水流回发酵间，即水压间水位下降，发酵间水位上升。依靠水压间水位的自动升降，使储气间的沼气压力能自动调节，保持燃烧设备火力的稳定。产气太少时，如果发酵间产生的沼气跟不上用气需要，则发酵间水位将逐渐与水压间水位相平，最后压差消失，沼气停止输出。

3. 太阳能沼气池

太阳能沼气池主要是靠收集太阳光的热量来提高沼气池发酵温度，从而更好地实现产气。下面介绍一种采用聚光凸透镜的太阳能沼气池，它是一种新型太阳能沼气池，包括发酵集料箱、复合凸透镜、防护罩、太阳能集热板、保温容器、电热转换器、温度传感器、保温控制器盒、快速发酵集料箱和支撑座。复合凸透镜由多个凸透镜以曲面为基面组成，复合凸透镜上的多个凸透镜所集聚光线的焦点都在太阳能集热板上，太阳能集热板位于保温容器的顶部，保温容器安装在快速发酵集料箱的上部，快速发酵集料箱上开设有与发酵集料箱连通的通气口，其通过支撑座安装在发酵集料箱内的上部。它能将太阳能热量聚集在沼气池中心部位，提供并控制甲烷菌等所需或最佳生存温度或繁殖温度，并将产气原料适当分类处置，保证有机废物和沼气池充分使用。

(三) 沼气池的设计

1. 沼气池的设计原理

建造沼气池，要先做好设计工作。总结多年来科学试验和生产实践的经验，设计沼气池必须坚持下列原则：

①必须坚持"四结合"原则。"四结合"是指沼气池与畜圈、厕所、日光温室相连，使人畜粪便不断进入沼气池内，保证正常产气、持续产气，并有利于粪便管理，改善环境卫生，沼液可方便地运送到日光温室蔬菜地里作为肥料使用。

②坚持"圆、小、浅"的原则。"圆"，是指池型以圆形为主，池容 6～12m，池深 2m 左右。圆形沼气池具有以下优点：第一，根据几何学原理，相同容积的沼气池，圆形比方形或长方形的表面积小，比较省料。第二，密闭性好，且较牢固。圆形沼气池内部结构合理，池壁没有直角，容易解决密闭问题，而且四周受力均匀，池体较牢固。第三，我国北方气温较低，圆形沼气池置于地下，有利于冬季保温和安全越冬。第四，适于推广。无论南方、北方，建造圆形沼气池都有利于保证建池质量，做到建造一个，成功一个，使用一个，巩固一个，积极稳步地普及推广。"小"，是指主池容积不宜过大。"浅"，是为了减少挖土深度，也便于避开地下水，同时发

酵液的表面积相对扩大，有利于产气，也便于出料。

③ 坚持直管进料，进料口加箅子、出料口加盖的原则。直管进料的目的是使进料流畅，也便于搅拌。进料口加箅子是为了防止人、畜陷入沼气池进料管中。出料口加盖是为了保持环境卫生，消灭蚊蝇滋生场所和防止人、畜掉进池内。

2. 沼气池的设计依据

设计沼气池，制定建池施工方案，必须考虑下列因素：

① 选择池基应考虑土质。建造沼气池，选择地基很重要，这是关系到建池质量和池子寿命的问题，必须认真对待。由于沼气池是埋在地下的建筑物，因此与土质的好坏关系很大。土质不同，其密度不同，坚实度也不一样，容许的承载力就有差异，而且同一个地方，土层也不尽相同。如果土层松软或是沙性土或地下水位较高的烂泥土，池基承载力不大，在此处建池，承受不了，必然引起池体沉降或不均匀沉降，造成池体破裂，漏水漏气。一般自然土层，每平方米容许承载力都超过10t,在这样的自然土层上建造沼气池，是没有什么问题的。因此，池基应该选择在土质坚实、地下水位较低，土层底部没有地道、地窖、渗井、泉眼、虚土等隐患之处；而且池子与树木、竹林或池塘要有一定距离，以免树根、竹根扎入池内或池塘涨水时影响池体，造成池子漏水漏气；北方干旱地区还应考虑池子离水源和用户都要近些，若池子离用户较远，不但管理（如加水、加料等）不方便，输送沼气的管道也要很长，这样会影响沼气的压力，燃烧效果不好。此外，还要尽可能选择背风向阳处建池。

② 设计池子应考虑荷载。确定荷载是沼气池设计中一项很重要的环节。所谓荷载，是指单位面积上所承受的重量。如果荷载过大，设计的沼气池结构截面必然过大，导致用料过多，造成浪费；如果荷载过小，设计的强度不足，就容易造成池体破裂。荷载的计算标准：池身自重（按混凝土量计算）每立方米为2.5t左右，拱顶覆土每立方米为2t左右，池内发酵原料每立方米为1.2t左右，沼气池产气后池内每平方米受压为1t左右。此外，经常出现在池顶的人、畜等以最大量考虑为1t左右。所以，地基承载力至少不能小于每平方米8t。

③ 设计池子应考虑拱盖的矢跨比和池墙的质量。建造沼气池，一般都用脆性材料，受压性能较好，抗拉性能较差。根据削球形拱盖的内力计算，池盖矢跨比为1：5.35，是池盖的环向内力变成拉力的分界线，大于这个分界线，若不配以钢筋，池盖则可能破裂，因此在设计削球形池拱盖时矢跨比（矢高与直径之比，矢高指拱脚至拱顶的垂直距离）一般在1：4~1：6；在设计反削球形池底时矢跨比为1：8左右（具体的比例还应根据池子大小、拱盖跨度及施工条件等决定）。注意，在砌拱盖前要砌好拱盖的蹬脚，蹬脚要牢固，使之能承受拱盖自重、覆土和其他荷载（如畜

圈、厕所等) 的水平推力 (一般来说, 一个直径为 5m、矢跨比为 1∶5、厚度为 10cm 的混凝土拱盖, 其边缘最大拉力约为 10t), 以免出现裂缝和下塌的危险, 而且池墙必须牢固。池墙基础 (环形基础) 的宽度不得小于 40cm(这是工程构造上的最小尺寸), 基础厚度不得小于 25cm。一般基础宽度与厚度之比, 应在 1∶ (1.5 ~ 2) 范围内。

参考文献

[1] 刘雪婷.现代生态环境保护与环境法研究[M].北京：北京工业大学出版社，2023.

[2] 郝润龙，齐萌，袁博.环境保护与绿色化学[M].北京：冶金工业出版社，2023.

[3] 付旭东，杜亚鲁，冉谷.环境监测与环境污染防治[M].哈尔滨：东北林业大学出版社，2023.

[4] 杨青松，崔佳.微生物在环境保护中的作用及其新技术研究[M].哈尔滨：东北林业大学出版社，2023.

[5] 张铁亮，张永江，刘艳.农业农村环境保护投资研究[M].北京：经济科学出版社，2023.

[6] 刘红波，李勋，杨衍超.化工生产安全技术与环境保护[M].北京：化学工业出版社，2023.

[7] 王仁敏，钱文敏，梅向阳.绿色铝产业发展及环境保护[M].北京：冶金工业出版社，2023.

[8] 王开德，李耀国，王溪.环境保护与生态建设[M].长春：吉林人民出版社，2022.

[9] 张丽颖.安全生产与环境保护[M].北京：冶金工业出版社，2022.

[10] 殷丽萍，张东飞，范志强.环境监测和环境保护[M].长春：吉林人民出版社，2022.

[11] 张勤芳，王凯英，汪洋.安全生产与环境保护[M].北京：机械工业出版社，2022.

[12] 张志兰，俞华勇，鲁珊珊.生态视域下环境保护实践研究[M].长春：吉林科学技术出版社，2022.

[13] 李向东.环境监测与生态环境保护[M].北京：北京工业大学出版社，2022.

[14] 崔淑静，王江梅，徐靖岚.环境监测与生态保护研究[M].长春：吉林科学技术出版社，2022.

[15] 徐标，王程涛，张建江.环境保护与检测技术[M].长春：吉林科学技术出

版社，2021.

[16] 徐静，张静萍，路远．环境保护与水环境治理 [M]．长春：吉林人民出版社，2021.

[17] 蔡金傍．山美水库流域生态环境保护研究 [M]．南京：河海大学出版社，2021.

[18] 胡智泉，胡辉，李胜利．生态环境保护与可持续发展 [M]．武汉：华中科技大学出版社，2021.

[19] 张艳．污水治理与环境保护 [M]．昆明：云南科技出版社，2020.

[20] 李道进，郭瑛，刘长松．环境保护与污水处理技术研究 [M]．北京：文化发展出版社，2020.

[21] 李永新．环境保护概论 第 2 版 [M]．北京：化学工业出版社，2020.

[22] 邱梅，徐建春．能源与环境保护 [M]．北京：科学出版社，2020.

[23] 张晴雯，展晓莹．农村生态环境保护 [M]．北京：中国农业科学技术出版社，2020.

[24] 马桂铭．环境保护 第 3 版 [M]．北京：化学工业出版社，2020.

[25] 任月明，刘婧媛．环境保护与可持续发展 [M]．北京：化学工业出版社，2020.

[26] 能子礼超．污染防治基础 [M]．成都：四川大学出版社，2020.

[27] 张宪光，段奕，黄连华．农用地膜应用与污染防治技术 [M]．北京：中国农业科学技术出版社，2020.

[28] 王靓．环境保护与治理基础知识 [M]．北京：中国石化出版社，2020.

[29] 俞成乾，张桂娥．农村资源利用与环境保护 [M]．北京：中国农业科学技术出版社，2020.

[30] 韩莉．环境监测和环境保护研究 [M]．长春：吉林科学技术出版社，2020.

[31] 陆文龙，谢忠雷．环境保护与可持续发展 [M]．长春：吉林出版集团股份有限公司，2020.